普通高等教育"十二五"规划教材

道路交通安全丛书

汽车使用安全技术

主　编　罗子华　李　卫

副主编　尤丽刚　刘宝杰　刘　滔

中南大学出版社

www.csupress.com.cn

内容简介

本书依据中国现代道路交通实际情况,结合交通、汽车、机械、医学、心理学等方面的知识,从驾驶人的安全和汽车的安全两大方面着手,详细阐述了汽车使用安全方面的相关技术知识。主要内容有机动车驾驶感知基础,驾驶疲劳、饮酒与行车安全,驾驶员的个性差异与行车安全,驾驶员生理健康与行车安全,汽车主动安全技术,汽车被动安全技术,汽车安全检测,高速公路汽车使用安全,汽车安全与维护等。

本书可供本、专科院校师生教学及自学使用,也可供从事交通运输业的管理人员,汽车驾驶员学习使用。

前言 PREFACE

截至 2011 年年底,我国高速公路通车总里程数已经超过了 8.2 万公里,全国民用汽车保有量 10578 万辆(包括三轮汽车和低速货车 1228 万辆),其中私人汽车保有量 7872 万辆,私人轿车保有量 4322 万辆。道路客货运输能力迅速提升,家用轿车普及率也在不断增加,导致交通事故一直居高不下,交通事故已成为"世界第一害",而中国是世界上交通事故死亡人数最多的国家之一。

汽车使用安全是一个永恒的话题,随着汽车保有量的增多,交通事故率也节节攀升,汽车使用安全性逐渐成为消费者所关注的主要话题。在现代道路交通条件下,减少交通事故,安全合理地使用汽车这一现代交通工具,成为每一位汽车驾驶者和全社会的迫切要求。为满足此需要,除了加速道路建设外,解决这个问题的办法,一是要加强科学交通管理,二是要对驾驶员进行安全行车教育,这正是编写此书的目的。本书依照新的《中华人民共和国道路交通安全法》的相关要求,以及当代道路交通与汽车产业的发展,结合驾驶人的行车安全和汽车的安全两大方面,详细阐述了汽车使用安全技术方面的相关知识。全书简明扼要,通俗易懂,注重了科学性与实用性的结合。

参加本书编写的人员有尤丽刚(第一、二、三章)、罗子华(第四、五、九章)、李卫(第六、七、八章)、刘宝杰(第十章)、刘滔(第三、四章部分内容)。全书由罗子华统稿,在本书编写过程中,参阅了国内外许多文献及同类教材和其他书籍,并在某些部分引用了许多专家、学者的成果资料,谨在此深表感谢。

由于作者水平有限,加之时间仓促,书中难免有贻误之处,敬请读者批评指正。

编 者

1

CONTENTS 目录

第一章
绪论

第一节　道路交通安全概况

自 1899 年美国发生第一次汽车交通事故以后，随着道路交通和汽车运输的发展，全世界范围内的道路交通事故和伤亡人数大幅上升。据统计，全世界每年死于道路交通事故的人数高达 120 万，受伤者多达 5000 万，即每天有 3000 多人死于道路交通伤害，故有人称其为"世界第一公害"、"和平时代的战争"。

近年来，随着国内国民经济的持续快速发展和人民群众交通出行需求的日益增长，带来了公路交通的日益繁忙和机动车辆保有量高速增长，也带来了道路交通事故的高位运行。道路交通伤害对我国人群健康和社会安全的威胁也日渐增大，道路交通伤害已成为我国伤害死亡主要原因，每年交通事故死亡人数占各类安全事故的 75%。

我国自 1951 年开始统计交通事故数据，当年全国共发生交通事故 5922 起，死亡 852 人，伤 5159 人。1951—1984 年的 30 多年间，交通事故各项指标的变化基本上是平稳的。20 世纪 80 年代中期以后至今，社会交通需求日益旺盛，城乡交通活动随之剧增，而道路建设和交通管理的发展却不能满足交通运输发展的客观需要，道路交通事故急剧增加，尤其是 1991 年后随着国家总体经济实力的不断增强，机动车保有量急剧增加，交通运输发展迅速，交通事故及其死亡人数急剧增长。从 1998—2002 年的 5 年中，全国道路交通事故绝对数呈上升趋势，事故起数、死亡人数、受伤人数年均增长率分别为 32.5%、8.8%、42.7%。2002 年全国一般以上道路共发生交通事故 77.31 万起，造成 109381 人死亡、562074 人受伤，直接经济损失 33.2 亿元，达到历史最高记录。此外，据相关数据显示，我国交通事故死亡人数超过全世界五分之一，万车死亡率也远远高于发达国家水平。据最新资料显示，日本万车死亡率是 0.77，英国是 1.1，加拿大是 1.2，澳大利亚是 1.17，法国是 1.59，美国是 1.77，而我国万车死亡率为 5.1，是发达国家的 4~8 倍。表 1-1 为我国 2001—2011 年交通事故统计表。

表 1-1　我国 2001—2011 年交通事故统计表

年份	事故次数	死亡人数	受伤人数	经济损失（亿元）
2001	754919	105930	546485	30.9
2002	773137	109381	562074	33.2
2003	667507	104372	494174	33.7
2004	567753	99217	451810	27.8
2005	450254	98738	469911	18.8
2006	378781	89455	431139	14.9
2007	327209	81649	380442	12

年份	事故次数	死亡人数	受伤人数	经济损失（亿元）
2008	265204	73484	304919	10
2009	238351	67759	275125	9.1
2010	219521	65225	250000	9.3
2011	210812	62387	237000	10

第二节　交通事故的特点

了解交通事故的特点对预防交通事故有非常重要的作用，其特点主要有三点：

（1）后果的严重性。一旦发生交通事故轻则损物受伤，重则残废、家破人亡，甚至数十人一起遭殃，会对亲人带来撕心裂肺的痛苦，造成永远无法弥补的损失。从一定角度讲，除了战争，道路交通事故对人类生命财产的危害最大。

（2）行为的违法性。通过分析交通事故，绝大多数事故都是由当事人的违法行为造成的，诸如疲劳驾驶、酒后驾驶、超速驾驶、超载、超限、超员行驶、违法超车，还有不按规定会车、避让、占道、抢道等都是发生交通事故的"罪魁祸首"。

（3）事故的突发性。道路交通事故往往发生在一刹那，在极短的 1 s 甚至 0.1 s 内发生，在事主认为不会发生的时候发生了，让人猝不及防。

除了交通事故共有特点外，我国道路交通事故也有其自身特点：

（1）公路交通事故多，公路交通的事故死亡率远高于城市道路交通事故死亡率。

（2）道路交通事故伤亡人数多，经济损失大，道路交通事故致死率和万车死亡率高。

（3）道路交通事故按全年、全天时间不均衡分布，除了早、中、晚高峰事故较多外，在凌晨零至一时也是一个高峰时段。

（4）经济发达地区较不发达地区交通事故相对较多，死亡人数多；沿海地区较内陆地区交通事故相对较多，死亡人数多。

（5）绝大多数交通事故都是由于交通违法而引起的。

（6）摩托车驾驶人、电动车驾驶人、自行车骑车人和行人因交通违章造成的伤亡严重。

（7）低龄机动车驾驶员成为交通事故的主体尤其突出。

（8）因大货车、摩托车肇事致死人数下降幅度较大，因小货车、农用运输车肇事致死人数略有增加。

（9）机动车数量迅速增加，机动化水平不断提高，导致交通事故死亡人数大幅度上升。

（10）农村人口、进城农民工以及城市个体劳动者是交通事故伤亡的主要人员。

第三节　交通事故的原因

形成交通事故发生的原因是多元化和复杂化的，只有通过对交通事故原因的分析，才能发现形成交通事故特点的原因。道路交通事故的影响因素基本上可归结为人的因素、车辆因素、道路因素、经济因素、管理因素及交通法规因素。

一、人的因素

交通是人类生存的四大根本需求之一，在道路交通事故中人的因素起着决定性作用，许多交通事故都是由于人的原因造成的。人是道路交通安全的主体，包括所有使用道路者，如机动车驾驶员、乘车人、骑车人、行人等。道路交通事故的发生，其中有的是因机动车驾驶员的疏忽大意、违章行驶、操作失误；有的是因行人、非机动车驾驶员不遵守交通规则所致。随着社会的发展，交通活动的频繁，人与车、车与车之间的交通冲突机会增加。其中最为突出的就是机动车驾驶员引发的事故，直接影响到我国的道路交通安全。

1. 从机动车驾驶员分析

机动车驾驶员数量激增，群体文化素质不高，安全驾驶技术水平不高，部分驾驶员缺乏职业道德，交通违法行为严重，是发生交通事故的重要原因。驾驶员在行车过程中注意力分散、疲劳过度、休息不充分、睡眠不足、酒后驾车、身体健康状况欠佳等潜在的心理、生理性原因，造成反应迟缓而酿成交通事故。

引发交通事故及造成损失的驾驶员主要违规行为包括疏忽大意、超速行驶、措施不当、违规超车、不按规定让行这5个因素。其中疏忽大意、措施不当与驾驶员的驾驶技能、观察外界事物能力及心理素质等有关，而超速行驶、违法超车、不按规定让行则主要是驾驶员主观上不遵守交通法规或过失造成的，驾驶员驾驶技术生疏，情绪不稳定，也会引发交通事故。此外驾龄与交通事故也有很大关系，驾龄在2~3、4~5年的驾驶员发生交通事故次数多，造成的死亡人数多，而驾龄为1年的驾驶员人数在驾驶员总数中并不占优势，但造成损失的比例却是最大的。

2. 从骑车人分析

骑自行车、电动车不走非机动车道，抢占机动车道；路口、路段抢行猛拐；对来往车辆观察不够；自行车制动系统失灵或根本就没有；骑车技术不熟练，青少年骑车追逐嬉戏等均可造成交通事故的发生。

3. 从行人分析

不走人行横道、地下通道、天桥；翻越护栏、横穿和斜穿路口；任意横穿机动车道，翻越中间隔离带；青少年或儿童突然跑到道路上，对突然行进的车辆反应迟缓、不知所措；不遵守道路交通信号及各种标志等，从而导致交通事故。

二、车辆因素

车辆是现代道路交通中的主要元素，影响汽车安全行驶的主要因素是转向、制动、行驶和电气四个部分。我国机动车种类多数量大，动力性能差别大，安全性能低，管理难度大。机动车在长期使用过程中处于各种各样的环境，承受着各种应力，如外部的环境应力、内部功能应力和运动应力，以及汽车、总成、部件等由于结构和使用条件，如道路气候、使用强度、行驶工况等的不同，汽车技术状况参数将以不同规律和不同强度发生变化，或性能参数劣化，导致机动车的性能不佳、机件失灵或零部件损坏，最终成为造成道路交通事故的直接因素。

此外，有些不符合本地标准，安全技术检测状况差甚至报废的车辆仍在行驶，有些个体户的出租车昼夜兼程，多拉快跑，只用不修，导致车辆技术性能差，故障多，机件很容易失灵，引发交通事故。

3

三、道路因素

道路是交通运输的基础设施,是影响道路交通安全的重要因素之一。道路建设逐步加大,公路里程增加,高等级公路增加幅度明显,交通客货用量增加,道路结构和交通条件日益改善,为道路交通安全改善打下了基础。但是,在我国尤其是城市道路交通构成不合理,交通流中车型复杂,人车混行、机非混行问题严重;部分地方公共交通不发达,服务水平低,安全性差;自行车交通比率大,骑车者水平不一,个性不同,非机动车与机动车和行人争道抢行;无效交通如空驶出租车较多、私人车辆增加,这些无疑恶化着我国城市的交通安全状况。

许多城市道路结构不合理,直线路段过长,道路景观过于单调,容易使驾驶员产生疲劳,注意力分散,致使反应迟缓而肇事。汽车的转弯半径过小,易发生侧滑。驾驶员的行车视距过小,视野盲区过大;线形的骤变、"断背"曲线等线形的不良组合,易使驾驶员产生错觉,操作不当,酿成事故。

另外,路面状况对交通安全影响也较大。道路等级搭配不科学,路网密度不足,交通流不均衡,个别道路交通负荷度过大,交通安全性差;道路建设方面缺乏有效的交通影响分析,缺乏足量配套的措施、交通管理措施、停车设施等,容易形成交通安全隐患。我国道路基础设施建设速度低于交通需求的发展速度,有的道路的设计要求与实际运行状况不协调;各地区道路线形、道路结构、道路设施不一,客观上给过境车辆的驾驶员适应交通环境带来难度;道路标志标线设置不科学、数量不足、设置不连续;道路周边的环境建设和配套设施建设没有与交通安全混为一体,设计标准和实际不协调,所有这些必然会导致交通事故层出不穷。

四、经济因素

我国属于发展中国家,面积大、人口多,国家经济水平并不发达,东西部经济发展极其不平衡,经济的增长给交通安全带来了许多负面的影响。由于经济的快速发展,刺激交通需求的增长,交通需求与供给矛盾加剧,给我国的交通设施带来巨大压力,快速的经济增长也影响了局部地区的交通安全,我国东部省份与沿海经济发达省份(苏、浙、鲁、粤等)的交通事故就比较多,这主要是因为当地的交通需求旺盛,交通活跃造成的,这些地区的经济条件相当发达,处于国家经济的最前沿,交通设施较齐全,交通流量大,导致交通事故频发。相反,我国大部分地区属于内陆,在这些地方经济发展缓慢,交通需求量相对较小,交通设施还未完善,交通流量小,交通事故相对较少。

随着经济的好转,农村的生产力水平亦不断提高,能够田间作业,也能代步和运输的"三栖"型交通工具急剧增长,特别是农用运输车发展迅速,以成为农民上山下田、走亲访友、进城赶集的主要交通工具,致使通往农村的公路上畜力车不断减少,机动车急剧增多。但由于农村各种社会管理机构、管理人员、管理机制滞后并奇缺,仅有的个别的管理部门也是人少力薄,加上农民本来文化及法律意识就不足,多种有意无意的拒管、抗税、逃费等,在农村形成了相当的管理"真空"区,致使通往农村的道路上,各种车辆肆意横行,"三无"车辆随处可见,农村几近是"黑车王国",随着这些"黑车"的横行,导致道路交通事故频频发生。

五、管理因素

随着社会的发展、科技的进步，给交通管理带来了新局面。交通安全管理涉及的部门较多，工作责任分散，道路规划、设计、建设、维护、施工和管理等方面分属不同的部门，各部门之间缺乏统一的交通安全指导目标，各环节之间的不协调增加了道路潜在的安全隐患。

道路交通安全工作出现"三多三少"的现象，即面上管理多，源头管理少；上路执勤多，深入到单位宣传少；经济处罚多，实际教育少。管理滞后于存在是道路交通管理的一般规律，但严重滞后于道路交通存在，必然导致交通事故的重化趋势。机动车管理与驾驶员管理不严格，增加了交通事故的源头。部分地方车辆检验、牌照管理、年度审核和车辆报废制度执行不严；机动车驾驶员培训及其再教育、管理和监督方面不完善以及执法不严；机动车和驾驶员异地管理难度较大，监管不利，不能实现对车辆和驾驶员跟踪管理，这些问题间接增加了交通事故的源头。

此外，我国交通管理人员素质、文化水平和管理水平参差不齐，交通安全管理水平低，缺乏与交通管理需求以及所应用新技术、新手段相适应的知识型、综合型的管理人员。交通秩序不良恶化了道路交通安全状况，许多城市道路拥堵日益严重，尤其是东部沿海地区，交通秩序混乱，缺乏有效的交通组织、控制、交通渠化等手段，交通秩序难以改观，加之无效交通所占比例增加，交通量的增加和不良的交通秩序降低了微观道路系统的安全性。我国交通管理对交通安全管理重视不够，改善道路交通安全投入人力和财力较少甚至不投入；有的地方只有在发生重特大交通事故后才引起对交通安全的重视；有的地方缺乏有效交通安全工作机制，对现有危险路段鉴别和改造重视不够或者对已知危险路段的改造等问题没有引起足够的重视；交通事故的防治措施缺乏科学性、有效性和长期性。

六、交通法规因素

道路交通法规是秩序化交通，是遏制道路交通事故的前提。道路交通规则的意义就在于秩序化交通，减少因无序交通而产生的交通堵塞、交通碰撞及因碰撞现象给人的生命和财产造成的不必要的损失，维护广大交通参与者的共同利益，让每一个交通者都能平安、顺利地实现交通目的。然而目前，由于我国刚颁布实施的《道路交通安全法》还没有被广大老百姓完全的了解，有的地方老百姓甚至都不知道《道路交通安全法》，在这样的情况下，致使各种交通隐患得以上路，从而造成交通事故的发生，而路上尽管有一定的秩序规范，但它不仅缺少对隐患的制约能力，而且对路面秩序控制能力也明显不足。

第四节　汽车安全技术与道路交通安全

道路交通安全主要与"人—车—路—环境"组成的系统有关，就是把人、车、道路及环境四者统一在一个交通系统中，探索各自及相互间的内在规律性及其最佳配合，以达到减少交通事故的目的。

对于人、车、路及环境分别所需考虑的因素为：人——驾驶员行车过程中接受外界信息的反应特性，驾驶员生理、心理和操作特性；车——汽车结构、性能及技术状况；路——道路几何线型路面、道路设施及道路条件变化对交通事故的影响；环境——对人和道路的影响以及对汽车性能的影响。汽车是这一系统中潜在危险性最大的环节。汽车作为交通系统中的主体，其结构和性能对交通安全有直接影响。

随着社会的发展，交通安全问题越来越凸显，传统的汽车安全理念也在逐渐发生变化，传统的安全理念很被动比如安全带、安全气囊、保险杠等多是些被动的方法并不能有效解决交通事故的发生，随着科技的进步，汽车的安全被细化，按交通事故发生的前后进行分类，汽车的安全性是分为主动安全、被动安全，其划分方法如图 1-1 所示。

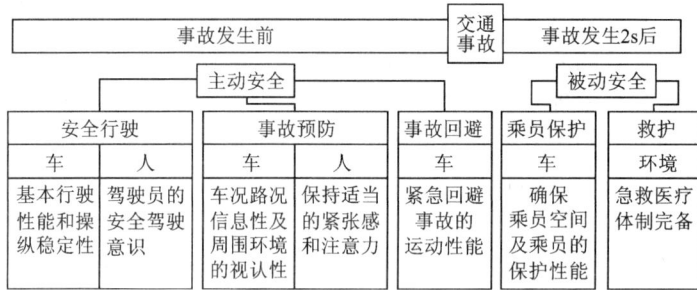

图 1-1　汽车安全性

1. 主动安全

汽车主动安全性是指汽车本身防止或减少道路交通事故发生的能力。由交通事故统计可知，很多交通事故的发生都与汽车的制动安全相对较差有很大关系，如直接影响汽车行驶安全性的汽车制动效能较差，出现后轴严重侧滑或制动跑偏而发生的交通事故占交通事故总数的 35% 左右。另外汽车操纵稳定性与感觉安全性有很大关系的汽车照明和驾驶员的视野等都直接影响汽车交通事故的发生率。因此，提高汽车的主动安全性，对于预防交通事故的发生具有积极意义。

汽车的主动安全性可以从行驶安全性、环境安全性、感觉安全性换个操作安全性等方面入手提高汽车的安全性。

（1）行驶安全性。

汽车的行驶安全性是指保证汽车在正常行驶过程中运行安全，同时具有最佳动态性能的能力，其影响因素包括汽车的制动性能、操纵稳定性能、动力性和通过性等。其中保证良好的制动性能和良好的操纵稳定性能对保证汽车的安全行驶、预防事故的发生起到决定性的作用。

（2）环境安全性。

驾驶员的工作环境对主动安全性的影响主要体现在工作环境的舒适性和驾驶操作的方便性。工作环境的舒适性要保证振动、噪声和各种气候条件加于驾驶员的心理压力尽可能减少到最低程度，它在减少行车中可能产生的不正确操作方面具有重要意义。

（3）感觉安全性。

感觉安全性是指从照明设备、声光报警装置，直接或间接视线等方面入手提高汽车的安全性，也就是要求汽车能够提供足够的信息，以便于驾驶员掌握汽车的运行状况和道路状况，作出正确判断以减少交通事故的能力。如汽车的前照明灯应照亮道路，以便驾驶员能看清道路交通状况，及时辨别障碍物；另外在驾驶员改变汽车行驶方向时，应给出示意或指示危险状况。据统计，夜间发生的交通事故大约是白天的 3 倍，具有良好照明条件的道路上的交通事故是没有照明或照明条件不良道路的 30%。因而，改善汽车灯光产品的品质，对提高汽车的主动安全性具有重要意义。

(4)操作安全性。

操作安全性主要指驾驶操作的方便性，是指对驾驶员周围的工作环境做出优化的设计，使驾驶操作方便容易，从而降低驾驶员工作时的紧张感，提高汽车的驾驶安全性。这就要求驾驶操纵机构的布置要符合人机工程学要求，便于操纵以减少驾驶员驾车的疲劳。

与汽车主动安全相关的是汽车主动安全技术，主要有：预防安全技术(信息显示和报警)、事故回避技术、全自动驾驶技术、碰撞安全技术(乘员保护和减轻对行人伤害)、防止灾害扩大技术、碰撞检测与防护系统、车距保持系统、行驶路线改变时的事故避免系统、车道保持系统、弯道减速系统、自动停止报警和调节系统、超声波停车装置、驾驶盲区报警系统、夜视系统等。

2. 被动安全

汽车被动安全性是指发生事故时，汽车保护车内乘员、行人和其他车辆乘员的能力。另外，还考虑防止事故车辆发生火灾以及迅速疏散乘员的性能。由于汽车的被动安全性总是与广义的汽车碰撞事故联系在一起，故又称为"汽车碰撞安全性"。汽车被动安全性可以分为内部被动安全和外部被动安全性。

从车辆的被动安全性考虑，对汽车外部设计的最基本要求应是使碰撞的不良后果减轻到最低程度。汽车外部被动安全性的因素：发生碰撞后汽车车身变形的状态；汽车车身外部形状。

车内被动安全性包括事故中使作用于乘员的加速度和力降到最小；在事故发生以后提供足够的生存空间，以及确保那些对从车辆中营救乘员起关键作用部件的可操作性等有关措施。

(1)内部被动安全技术。

内部被动安全性是指汽车所具有的在事故中使作用于乘员的加速度和力降低到最小的性能。在事故发生以后提供足够的生存空间，以及确保那些对从车辆中营救乘员起关键作用的部件的可操作性等能力。车内安全的决定性因素有：车身变形状态、车厢强度、当碰撞发生时和发生后的生存空间尺寸、约束系统、撞击面积(车内部)、转向系统、乘员的解救及防火。

研究表明，在事故中受到伤害时，人体的内伤和脑损伤与减速度直接有关，骨伤与作用力有关，而组织损伤与剪切应力有关。所以研究内部被动安全性的重要内容是降低人体的减速度。提高汽车的内部被动安全性的主要措施首先应该是降低人体的减速度，即减少惯性载荷。

(2)外部被动安全技术。

外部被动安全性是从减轻在事故中汽车对行人、自行车、摩托车和其他车辆及其乘员的伤害方面提高汽车被动安全性的能力。决定汽车外部被动安全性的因素主要有：发生碰撞后汽车车身变形的状态；汽车车身外部形状。目前常用的外部被动安全装置有：保险杠、追尾缓冲器等。

第二章
机动车驾驶员感知基础

第一节　驾驶员的视觉特性

汽车驾驶员在行车中，有80%以上的信息是依靠视觉获得的，驾驶员的眼睛是保证安全行车的重要感觉器官。但驾驶员的视力、视野、判断力是与汽车的车速、运行空间的亮度及其变化等有关的。视觉随车速和运行环境的变化而变化的特性称为视觉特性。眼睛的视觉特性与交通安全有密切的关系。

一、视觉与视知觉

人能根据眼睛获得的视觉信息进行加工和解释，从而更深刻地认识客观事物，这就是人的视知觉能力。例如当汽车在山区弯道上行驶时，由于山坡的遮挡，驾驶员眼睛看到的只是弯道的一部分，但驾驶员根据自己经验知道，道路并非到此为止，而是继续向前延伸。这样，驾驶员通过自己的视知觉，对山区弯道这一客观事物有了全面的认识。

虽然每人都具有视知觉能力，但由于处境以及生活经验、兴趣爱好等不同，不同人对于同一视觉处理的加工和解释可能有所不同，因而产生出不同的视知觉。人的视知觉具有如下特点：

（1）优先知觉自己关心的、想要注意的事物，例如驾驶员很容易发现在前面行驶的自己同伴的汽车；

（2）容易知觉曾有过亲身体验的事物，例如行车中曾见过同方向行驶的自行车截头猛拐，以后对同方向行驶的自行车便格外注意；

（3）对于外界事物容易按照自己设想的方向去知觉，例如在路口前看见前车向左侧靠，便认为前车想要左转弯，而实际上前车很可能是在为右转弯做准备；

（4）对于自己认为关系重大的事物容易知觉，例如在路口转弯时，有的驾驶员只注意其他的机动车辆而忽视了行人；

（5）对于移动的、变化的事物容易知觉，例如闪烁的灯光比亮度不变的灯光更容易引起注意。

二、视野

人的眼睛注视前方，头部固定时，所能看到的范围称为视野（静视野），仅将头部固定，眼球自由转动时能够看到的全部范围称为动视野；驾驶员在行车中注视正面一点，可以看到上下左右的范围则称为驾驶视野。视野也可分为单眼视野和双眼视野。

驾驶员视野按其功能可分为前方视野、侧方视野和后方视野。前方视野是从汽车挡风玻璃上看到的外界范围，是汽车运行中最主要的视野；侧方视野是通过侧窗所能看到的外界范围，它对车辆起步、停车、转弯和低速行驶时有重要作用；后方视野是从后视镜所看到的外界范围，在超车、制动和转弯时发挥作用。

如果驾驶员的双眼视野过小不利于行车安全。静止状态下，正常水平、垂直视野范围分别达到160°、120°。随着车速的提高，驾驶员眼睛的有效视野会越来越狭窄，注意点向远伸展，周围景物就难以看清，容易导致交通事故。交通心理学研究指出，车速为40 km/h，注视点在车前180 m处，视野范围可达80°～100°；当车速达60 km/h时，注视点在车前325 m处，视野范围则缩小到75°；如车速达70 km/h时，视野范围只有60°；如车速提高到100 km/h，视野范围就只有40°。如图2－1、2－2为人体眼睛水平视野、垂直视野示意图。

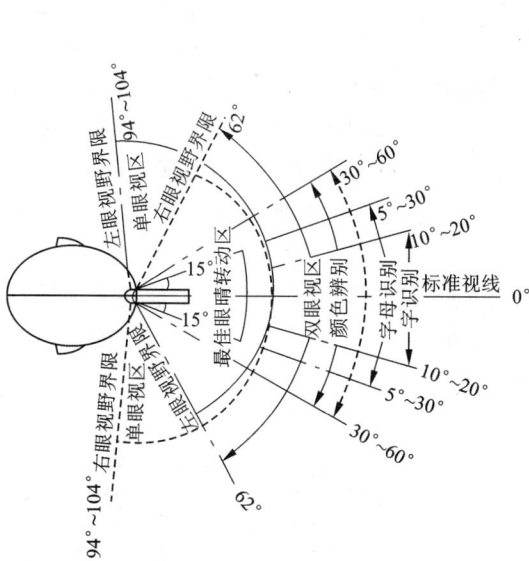

图 2－1　眼睛水平视野

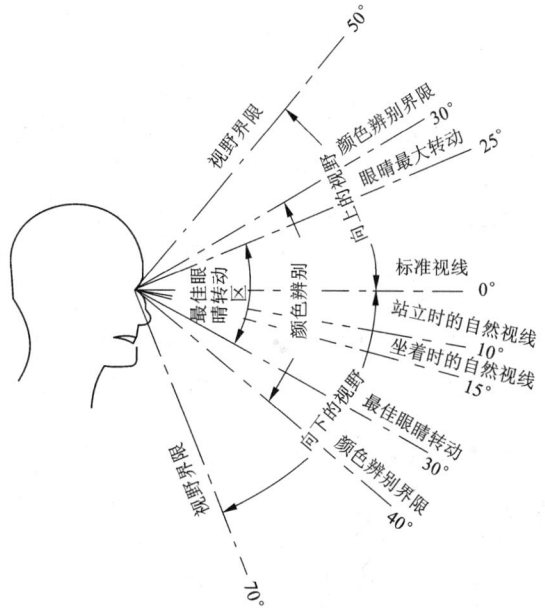

图 2－2　眼睛垂直视野

三、视力

视力也叫视敏度，是指分辨细小的或遥远的物体或物体的细微部分的能力。在一定条件下，眼睛能分辨的物体越小，视觉的敏锐度越大，视敏度的基本特征在于辨别两点之间距离的大小。视力分为静视力、动视力和夜间视力3种。

1.静视力

静视力是指人和视标都在不动状态下检查的视力。我国通用E型视力表测试人的两眼视力（中心视力），国际上常用C型视力表。用这两种方法检查的视力都反映的人在静止状态下的视力，即静视力。如图2－3所示为E型视力表，图2－4所示C型视力表。

2.动视力

汽车驾驶员在行车中的视力为动视力，动视力是

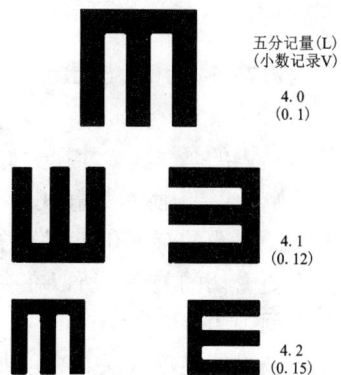

五分记量(L)
(小数记录V)

4.0
(0.1)

4.1
(0.12)

4.2
(0.15)

图 2－3　E型视力表

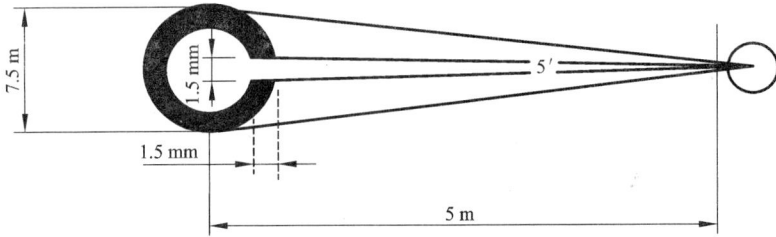

图 2 - 4　C 型视力表

指人和视标处于运动状态(其中的一方运动或两方都运动)时检查的视力。研究结果表明,驾驶员的动视力随着车速的变化而变化,一般来说动视力比静视力低 10% ~ 20% ,特殊情况下比静视力低 30% ~ 40% 。例如,以 60 km/h 的速度行驶的车辆,驾驶员可看清前方 240 m 处的交通标志;可是当车速提高到 80 km/h 时,则连 160 m 处的交通标志都看不清楚。如图 2 - 5 所示为动视力与速度的关系。

当驾驶员驾驶汽车高速行驶时,会感到车外的树木、房屋等固定物体的映像在人眼视网膜上停留的时间太短,人眼来不及仔细分辨物体的细节,驾驶员的视力随刺激露出的时间长短而变化。如图 2 - 6 所示为刺激露出时间与视力的关系。

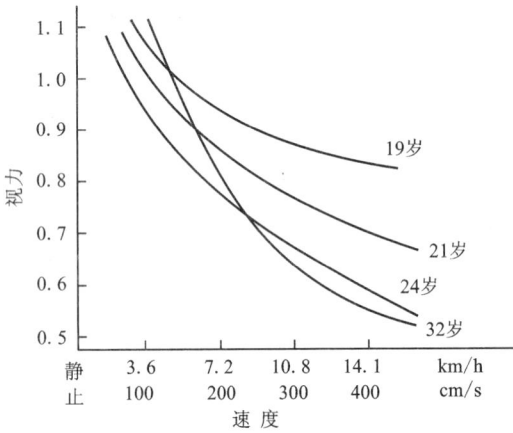

图 2 - 5　动视力与速度的关系

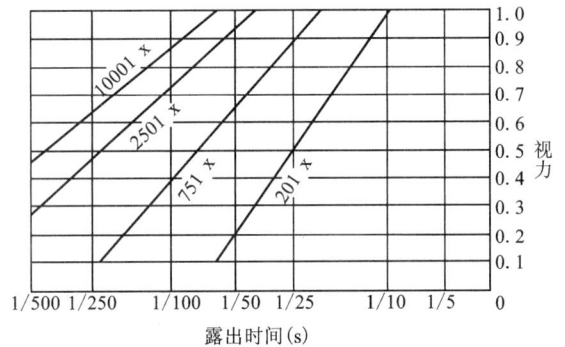

图 2 - 6　刺激露出时间与视力的关系

值得注意的是,虽然静视力好是动视力好的前提,但是静视力好的人不一定就会有好的动视力,如图 2 - 7 所示为静视力与动视力之间的关系。静视力为 1.0 的 277 人,其中动视力等于和大于 0.5 的有 170 人,占总人数的 61% 。许多研究分析都认为,驾驶员的动视力与交通事故有更密切的关系,所以在视力检查时,不仅要检查静视力,还应重视对动视力的检查。

3. 夜间视力

视力与光线亮度有关,亮度加大可以增强视力。白天,大的物体即使在远处也可以确认;在夜间,离汽车前照灯的距离越远,照度越低,因此远处大的物体也不易看清。由于夜晚照度低引起的视力下降叫做夜近视,通过研究发现,夜间的交通事故往往与夜间光线不足、视力下降有直接关系。夜间视力与光线亮度有关,亮度加大可以增强夜间视力,在照度

10

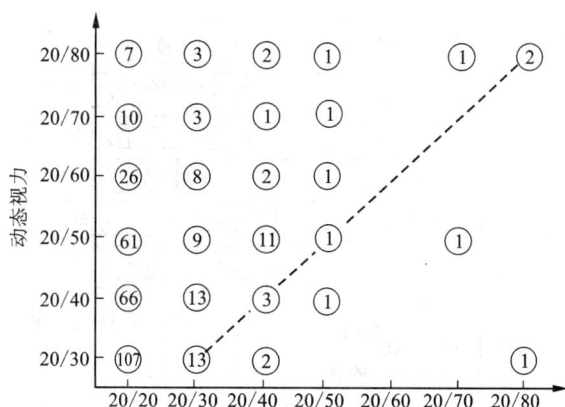

图2-7　静视力与动视力的关系

为0.1~1000 lx的范围内,两者几乎成线性的关系。

对于驾驶员来说,黄昏是一天中最危险的时刻。据统计,每天17—19 h发生的交通事故约占全部事故的1/4。黄昏时光线暗淡,物体反射出的光线也很弱。行车时不开前灯,看不清道路前方的情况;开灯,车灯的光线与环境的光度差不多,驾驶员对周围各种车辆和行人的动态反应看不清楚。这种光线会导致驾驶员判断失误,从而引发交通事故。

夜间行车时,由于汽车前照灯的照明距离有限,特别是会车使用近光灯,照明距离只有60 m。夜间视力与物体对比度的关系有很大关系,在夜间对比度大的物体比对比度小的物体容易确认。表2-1是用国际视标缺口环测试夜间视力的数据,实验时,在夜间开启前照灯行驶,当驾驶员看到视标的距离为认知距离,能确认视标缺口方向的距离为确认距离。

表2-1　不同对比度下的认知与确认距离

光　源	距　离	对比度为88%的视标	对比度为35%的视标
远光灯	认知距离 S_1(m)	70.4	20.3
	确认距离 S_2(m)	60.5	17.0
	$S_1 - S_2$	9.9	3.3
近光灯	认知距离 S_1(m)	43.3	9.7
	确认距离 S_2(m)	25.5	8.0
	$S_1 - S_2$	17.8	1.7

夜间行车时,驾驶员对于物体的视认能力,会因物体颜色不同而不同的,行人衣服颜色对驾驶员辨认距离影响很大。红色、白色及黄色最容易辨认,绿色次之,蓝色则最不容易辨认。由图2-8可知,在使用近光灯时,要认知路肩上是否有物体存在,白色的识别距离平均为80 m,黑色为43 m;要确认是否为人时,白色服装为42 m,黑色服装为20 m;要确认人的动作方向时,白色为20 m,黑色为10 m。因此,在夜间,行人的衣服颜色不同,对驾驶员辨认距离有很大影响。所以在夜间道路工作的人员必须穿黄色反光安全服。

11

距 离

80 70 60 50 40 30 20 10 0 (m)

	白
	黑
	乳白
	红
	灰
	绿

确认有物体的地点 →　　　　　　　A
确认为人的地点 →　　　　　　　　B
确认动作方向的地点 →　　　　　　　C

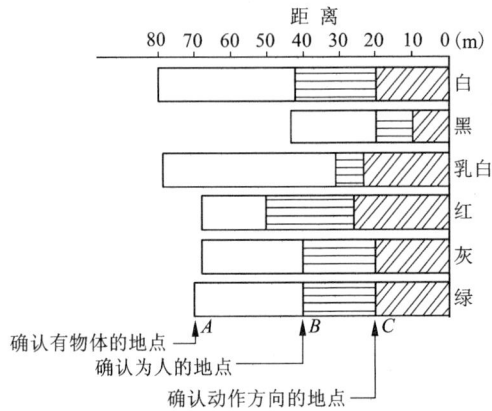

图 2 - 8　夜间行驶时颜色对辨别的影响

夜间会车时，驾驶员由于受到对面来车前照灯的影响，对行人辨认能力降低，降低的程度与对方来车前照灯的光轴方向，对方车辆与本车以及行人的位置等因素有关。在图 2 - 9 中行人若穿黑衣服，无对面来车时的认知距离为 42 m；当对面来车从行人后边逐渐接近时，认知距离也随之缩短。

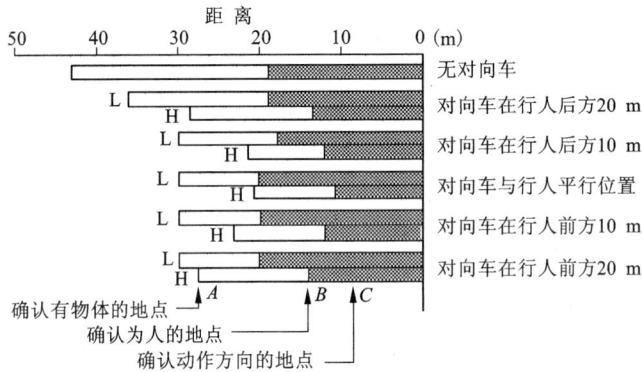

距 离

50 40 30 20 10 0 (m)

	无对向车
L H	对向车在行人后方20 m
L H	对向车在行人后方10 m
L H	对向车与行人平行位置
L H	对向车在行人前方10 m
L H	对向车在行人前方20 m

确认有物体的地点 →　　　　　A
确认为人的地点 →　　　　　　B　C
确认动作方向的地点 →

实验车：用近光灯；L：对向车用近光灯；H：对向车用远光灯

图 2 - 9　夜间会车时对行人的辨别

夜间行车减少视觉特性影响的措施：

驾驶员夜间行车时，为了减少或避免人体视觉机能特性对夜间行车的影响，确保夜间行车安全，通常可采取如下措施：

(1)严格控制车速。

严格控制车速，是保证夜间行车安全的根本性措施。夜间行车由于视觉机能特性发生变化，增加了驾驶员行车的难度和危险，尤其是驶经弯道、坡路、桥梁、窄路和不易看清的路段，以及在繁华街道、霓红灯和其他灯光对驾驶员视线有影响的路段时，另外，在夜间行车遇到雨、雪和雾等恶劣天气时也须降低车速。

12

（2）灵活使用灯光。

夜间灯光具有照明和信号两方面作用，须根据具体情况灵活使用。

①在有路灯的街道和市郊公路上，行驶速度在 30 km/h 以下时，可使用近光灯或小灯；在无路灯的街道和公路上，行车速度在 30 km/h 以上时可使用近光灯。

②在通过有指挥的交叉路口时，应在进入交叉路口 30 ~ 50 m 距离以外关闭大灯，改用小灯，并按需要使用转向指示灯示意。

③在雨、雾中，使用防雾灯或近光灯，不宜用远光灯，以免出现眩眼的光幕，妨碍对方驾驶员的视线。

④在夜间交会车辆时，当距对面来车 150 m 以外时，将大灯由远光灯改为近光灯，并降低车速，选择交会地点，并使车辆靠道路右侧保持直线行进；距来车 100 ~ 150 m 时，关闭大灯改用小灯。如来车未能及时变换灯光，应在减速的同时，用喇叭或反复明灭灯光示意，切不可以强烈灯光对射，以防发生撞车或翻车事故。

⑤在夜间停车时，应在车辆停稳停妥后再关闭灯光，如系临时停车，应选择一个比较宽敞的地段，并打开小灯和尾灯，以便过往车辆能够及时发现，防止撞车。

（3）防止夜间疲劳驾驶。

夜间行车，由于驾驶的时间过长而容易疲劳，尤其是到午夜以后最易瞌睡。如果感觉到疲劳和瞌睡时，切勿勉强行驶，就地停车休息，待体力和精神得到适当恢复后，方可继续行驶。

（4）正确防眩光。

有些驾驶员职业道德差，趁夜间交通民警少，会车时开远光灯高速行驶，不顾别人行车困难，只图自己方便，迎面而来的灯光直射你的双眼，使你产生眩目，给行车安全带来很大威胁。当遇到此种情况时，首先不能心慌意乱，也不要闭目或眯眼。而应该将头稍转向右侧，用眼睛侧视前方，这样既可以看清前方道路情况，又可以避免眩光感，待会车过后再正视前方。从而保证夜间的行车安全。

总之，夜间行车时遇到的情况大都比较复杂，作为驾驶员必须要了解夜间行车的各种知识，要高度集中注意力，中速谨慎驾驶，要善于观察和分析，从而确保夜间行车安全。

四、色觉与色觉异常

色觉是不同波长的光线作用于视网膜而在人体大脑引起的感觉。色觉是视觉系统的基本机能之一，对于图像和物体的检测具有重要意义。人眼可见光线的波长是 380 ~ 780 nm，如表 2 - 2 为可见光波长及频率，一般可辨出包括紫、蓝、青、绿、黄、橙、红 7 种主要颜色在内的 120 ~ 180 种不同的颜色。辨色主要是视锥细胞的功能，因视锥细胞集中分布在视网膜中心部，故该处辨色能力最强，越向周边部，视网膜对绿、红、黄、蓝 4 种颜色的感受力依次消失。

由物理学可知，用红、绿、蓝 3 种色光作适当混合，可产生白光以及光谱上的任何颜色。关于色觉的机理，目前多用"三原色学说"来解释。这个学说认为，在视网膜上存在着分别对红、绿和蓝三种光线的波长特别敏感的三种视锥细胞或相应的感光色素，当不同波长的光线入眼时，可引起敏感波长与之相符或相近的视锥细胞发生不同程度的兴奋，于是在大脑产生相应的色觉；三种视锥细胞若受到同等程度的刺激，则产生白色色觉。如缺乏色觉或色觉不正常，就是色觉异常，常见的色觉异常有色盲或色弱。

表 2-2　可见光波长及频率

颜色	频率	波长
紫色	668~789 THz	380~450 nm
蓝色	631~668 THz	450~475 nm
青色	606~630 THz	476~495 nm
绿色	526~606 THz	495~570 nm
黄色	508~526 THz	570~590 nm
橙色	484~508 THz	590~620 nm
红色	400~484 THz	620~780 nm

色盲是由于缺乏某种视锥细胞而出现的色觉紊乱,包括红色盲、绿色盲、蓝色盲和全色盲(单色觉)几种类型。其中红色盲和绿色盲较为多见,习惯上统称红绿色盲,患者不能分辨红、紫、青、绿各色,仅能识别整个光谱中的黄、蓝两色。全色盲极少见,患者视物只有明暗之别,犹如观黑白电影一样。

色弱主要是辨色功能低下,比色盲的表现程度轻,也分红色弱、绿色弱等。色弱者,虽然能看到正常人所看到的颜色,但辨认颜色的能力迟缓或很差,在光线较暗时,有的几乎和色盲差不多或表现为色觉疲劳。

色盲除了极少数可以由于视网膜后天病变引起外,绝大多数是由遗传因素决定的。色弱或色盲患者不能正确分辨交通信号容易导致交通事故。红绿色觉异常的驾驶员对红绿交通信号等的反应时间和正确率与色觉缺陷程度有显著关系。有研究表明红绿色盲或色弱是导致交通事故的一个危险因素。在澳大利亚禁止患有红绿色弱或色盲的驾驶员获得运营驾照,但对该类人并不限制其获得普通驾照。

五、视觉适应与眩光

1. 暗适应

人从光亮的地方突然进入黑暗的地方,开始时因视觉感受性很低看不清东西,经过一定时间,视觉敏感度才逐渐增加,恢复了在暗处的视力,称为暗适应。暗适应受视网膜内视紫质功能的影响,视网膜内的视杆细胞需要通过视紫质的积累来获得感光度,但视紫质的积累需要一定的时间。通常情况下,从明亮处进入黑暗的地方,看清东西也需要一定的时间。暗适应需 3~6 min 才能基本适应,10~13 min 才能完全适应。

驾驶员夜晚在没有路灯的公路上会车时,双方突然关掉前照灯,以及大白天突然进入没有照明的隧道时,都会有个暗适应过程,这时要特别注意行车安全。人与人之间暗适应时间的长短区别很大,不言而喻,暗适应时间长的人,夜晚行车或穿过隧道的安全性比较低。

2. 明适应

当人由黑暗骤然进入非常明亮的环境时,感到光线耀眼,眼睛也有个习惯和视力恢复过程,这叫做明适应。在黑暗的地方,我们积累了很多视紫质以适应黑暗环境,但突然进入明亮的地方后,太多的视紫质会导致感光度太强,使我们感觉刺眼。不过,视紫质会在光的作用下分解。过一会儿，视紫质的量就恢复到了普通水平，我们便能正常看东西了。视紫质的分解速度比积累速度快，因此人的明适应也比暗适应来得快，一般只需数秒至 1 min。

3. 眩光

驾车时对方灯光还易引起眩光，所谓眩光就是由于光在眼球内角膜与视网膜之间的媒质中产生的散射现象，这种散射现象使人感到晃眼，视力下降。对于每个驾驶员来说，其视觉适应能力是有差异的，当汽车高速运行在明暗急剧变化的道路上，由于视觉不能立即适应，容易危及行车安全，眩光敏感更易导致夜间交通事故。

在进行成年驾驶员的眩光感觉引起的视觉失能实验测试中发现，车前灯照射使驾驶员产生的眩光是诱导在黄昏或隧道中行驶的驾驶员视觉失能的一个关键因素，老年驾驶员以及白内障初期因为眩光感的原因不能满足夜间安全驾驶的视觉要求。所以我国交通法规对车前灯的使用进行了规范，一些有经验的驾驶员在隧道出、入口处减慢速以消除视觉适应明暗过渡阶段的危险因素。

第二节　驾驶员其他感知觉及影响

一、听觉

汽车在运行中，要求驾驶员要耳听八方，对外界车辆的声音、交通指挥人员发出的音响信号，以及其他声响，迅速听清、辨别，准确处理，否则就容易发生事故。

外界声波通过介质传到外耳道，再传到鼓膜，引起鼓膜振动，通过听小骨传到内耳，刺激耳蜗内的纤毛细胞而产生神经冲动。神经冲动沿着听神经传到大脑皮层的听觉中枢，形成听觉。听觉是仅次于视觉的重要感觉通道，它在人的生活中起着重大的作用。人耳能感受的声波频率范围是 16 ~ 20 000 Hz，以 1000 ~ 3000 Hz 是最为敏感。

驾驶员听力要求左、右耳距音叉 0.5 m 要能辨清声音方向。驾驶员在驾驶操作过程中常用听觉去弥补视觉的不足。由于陡坡、弯道、雾天、房屋遮挡视线或后车要超车时，驾驶员要通过听觉去辨别和判断情况，尤其在行车速度判断中，听觉起着重要的作用。所以驾驶员对声音的分辨能力越强，即听觉的感受性越高，就越有利于行车安全。保持良好的听觉，可以提高驾驶员处理紧急事故的灵敏度。

驾驶员为适应工作的需要，必须强化和提高自己听觉能力。一般情况下，驾驶员的听觉适应性比视觉快，外界的声音刺激几乎立刻就能听到。驾驶员在行车中，应注意保护听觉，并积极地有意识地培养训练，以提高听觉能力，但是驾驶员的听觉在一定条件下，也会出现下降，如长期连续行车，体力消耗过大，发动机噪音、外界噪音刺激过重等，都会使听觉疲劳。在这种情况下，驾驶员的听觉下降，觉察不出有可能造成后果的危险声响。所以驾驶员一旦感觉疲劳，就要适时休息，以保护自己的听觉器官。

二、触觉

触觉是指分布于全身皮肤上的神经细胞接受来自外界的温度、湿度、疼痛、压力、振动等方面的感觉。狭义的触觉，指刺激轻轻接触皮肤触觉感受器所引起的肤觉。广义的触觉，还包括增加压力使皮肤部分变形所引起的肤觉，即压觉，一般统称为"触压觉"。

触觉信息虽然比视觉信息少，但对行车安全却非常重要，如制动踏板的力度、转向盘的控制自如程度、汽车的振抖情况等，触觉都能获得信息并反映到大脑，让驾驶员知道制动和转向装置的工作状态。触觉反应迟钝，则容易丧失良机，导致驾驶失控而酿成事故。

三、平衡觉

平衡觉又称静觉，它是反映头部运动的速率和方向的感觉。这种感觉是由于人体位置重力方向发生的变化刺激位于内耳的前庭感受器而产生的感觉。前庭感受器包括椭圆囊、球囊和3个半规管。半规管位于3个相互垂直的平面上，是反应身体（或头部）旋转运动的感受器。半规管的感受器是按照惯性规律发生作用的。在加速旋转运动时，半规管内的液体（内淋巴）推动感觉纤毛，使其产生兴奋，但其在等速运动并不引起兴奋。椭圆囊和球囊内部有耳石器官，其感受器位于膜质小囊里，由感觉细胞和支持细胞构成。耳石（含有极微小的晶体）位于上述两种细胞之上。在发生直线的位移、圆形运动或头部及身体的移动时，晶体的位置发生变化而引起前庭内感受器的兴奋。

前庭器官是与小脑密切联系的。刺激前庭器官所产生的感觉在重新分配身体肌肉紧张度、保持身体自动平衡等方面起着重要的作用。前庭感觉也与视觉有联系。当前庭器官受刺激时，可能会使人看见物体发生位移的现象。

平衡觉对安全行车有一定影响：一是驾驶人平衡觉异常迟疑，在次级路面特别是在起伏盘旋的山地驾驶中，就很难准确地判断行车方向；二是驾驶人平衡异常灵敏，也难以适应次级路面特别是山地驾驶；三是如果驾驶人平衡觉发生病变，行车中对路面和车辆的倾斜程度就会判断不准而发生翻车事故。

平衡觉还与视觉、内脏感觉有密切联系。在平衡器官受到一定的刺激时，人们会感到视野中的物体在移动或跳动，眩晕甚至眼花缭乱，这时内脏器官的活动会发生剧烈变化，驾驶人会恶心呕吐，这就是人们常说的晕车。驾驶人在行驶过程中如果出现晕车现象应立即停车休息，等平衡觉回复正常后再驾车。如果晕车现象发生较勤，较严重，应停止驾驶进行治疗。

四、错觉与驾驶错觉

1. 错觉

在现实生活中常会产生错觉现象，其中尤以视错觉表现得最为明显，比如在图2-10中，直线段 a 和 b 是等距离的，但给 a 和 b 加上不同的箭头后，就非常明显的觉得 b 中的直线段比 a 中的直线段要长，这种感觉就是错觉。错觉是一种似是而非的感觉。明明知道错了但若去观察，还是改不过来就像图2-11中，上方与下方的线段是等长的，但是把它们放在了一个梯形线条中，会感觉上方线段比下方线段长。

2. 速度错觉

一般认为，汽车驾驶员不必看车速表，只根据周围景物的移动身体的感受和听到的风声就能判断汽车的行驶速度。实际上这种判断并不准确，带有明显的倾向性，特别是在高速短距离行驶时更是如此。引起驾驶员产生速度错觉的视知觉因素主要有两点：即连续对比感觉的影响和适应性的影响。当人连续受到有差异的某种刺激后，所产生的差异感往往比差异本身实际的客观物理量差别大，这就是连续对比感觉的影响。

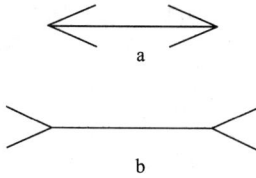

图 2 - 10　错觉实例(1)

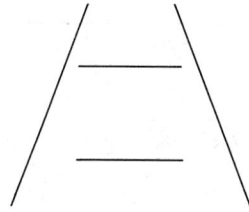

图 2 - 11　错觉实例(2)

适应性是人体自身的一种特性，这种特性决定了人对外界有变化的情况比较敏感，而对缺少变化的刺激则感觉迟钝。减速前等速行驶的距离越长，车速判断的误差越大。这是因为在长直线高速公路上等速行驶一段时间后，由于适应性的影响，驾驶员的速度感减弱，虽然实际车速很高，但主观上觉得车速并不高。

(1)迎面车的速度判断错觉。

驾驶员对迎面车的速度进行判断时，容易把高速估计过低而把低速估计过高。在一项抽样试验中，取 30 ~ 40 岁的驾驶员 30 名，60 ~ 70 岁的驾驶员 20 名，让汽车从距离 100 m 或 150 m 处迎面驶来。然后，由被试驾驶员目测来车速度，试验结果如图 2 - 12 所示，可见，两组驾驶员均表现为对低速估计偏高，对高速估计过低，且年龄大的驾驶员对速度估计呈偏低的趋势。

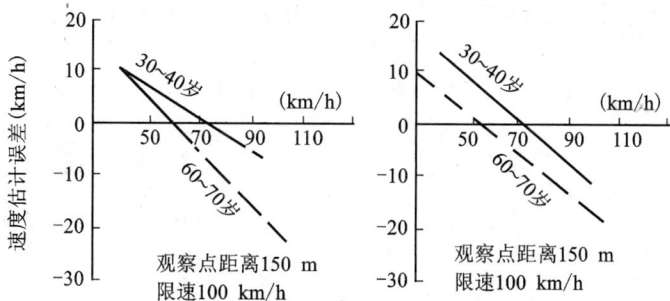

图 2 - 12　迎面车速度判断错觉

(2)自驾车的速度错觉。

有许多驾驶员，尤其是具有一定经验的驾驶员，都非常自信地认为在行驶中不需要看车速表，单凭自己的感觉，便能准确地判断出汽车行驶的速度。然而通过实验证明这种判断的误差相当大，在高速运行时则更为明显。英国道路研究所曾在一段 65 km 的直线高速公路上做过下述试验：先让驾驶员以 100 km/h 的速度行驶 5 min，然后要求驾驶员凭主观感觉把车速降低至 60 km/h；第二次让驾驶员以 100 km/h 车速行驶 30 km 后，降低至 60 km/h；第三次是在行驶 60 km 后降低车速至 60 km/h，试验结果如表 2 - 3 所示。

表 2 - 3　车速判断试验结果

试验条件	驾驶员主观估计车速为 60 km/h 的实际车速	误差
100 km/h 车速保持 5 min 后减速	66.7 km/h	11%
100 km/h 车速连续行驶 30 km 后减速	75.7 km/h	26%
100 km/h 车速连续行驶 60 km 后减速	80.1 km/h	32%

从表中数据可以看出，每次实验驾驶员对实际车速的判断都偏低，而且减速前等速行驶的距离越长，车速判断的误差越大。这种错觉会给行车安全带来极大隐患。首先，速度判断错觉对于汽车在弯道行驶时不利。车辆在进入弯道以前，驾驶员以为车速已经降低很多了，但实际车速并不低，进入弯道后，汽车容易出现侧滑及转向困难等现象。例如车辆在高速公路出口处准备驶出高速公路时，如果实际车速估计过低，而未充分减速，在出口匝道上就有转弯不及而碰撞护栏的危险。其次，这种错觉对车辆长时间高速行驶不利。例如在高速公路上以 100 km/h 的速度行驶一段时间后，驾驶员往往并不觉得车速快，无意识地加速踏板继续往下踩而出现超速行驶，在遇到突然情况时，会因车速过高而处理不及，引发事故。

此外，研究还发现加速、减速对驾驶员的速度判断有直接的影响，驾驶员减速后控制的车速比要求的车速要高，也就是说，驾驶员在减速后对速度估计偏低，试验结果如图 2 - 13 所示。这会造成驾驶员在通过交叉口、弯道等处，因减速不够而发生事故。同样，让驾驶员把车速提高一倍，其试验结果如图 2 - 14 所示。很显然，驾驶员主观感觉已把车速提高一倍时，实际上车速并未达到规定要求，即驾驶员在加速后对速度估计偏高。

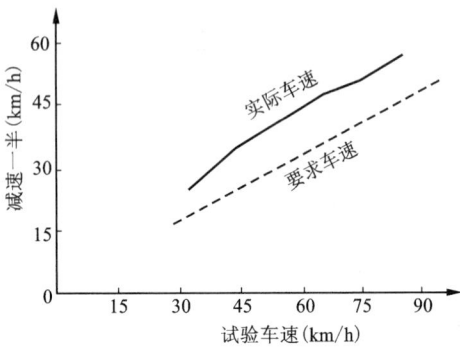

图 2 - 13　减速试验

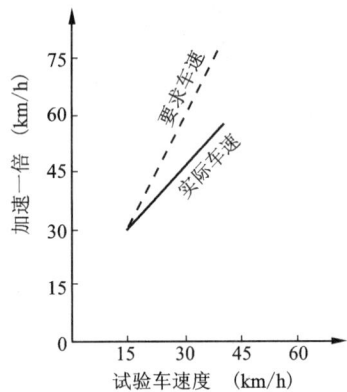

图 2 - 14　加速试验

3. 距离错觉

人对距离的判断往往有很大误差。国外曾做过一次试验，在夜间 100 名驾驶员轮流坐在静止的汽车里，凭主观感觉判断停放在前方的一辆载货汽车的距离。载货汽车的真实距离为 23 m。试验结果，只有 3 名被试者判断正确，有 45 名被试者判断的距离比实际距离短 4% ~ 80%，52 名被试者的判断超过实际距离 4% ~ 120%，可见凭主观判断距离的偏差很大。

（1）跟车距离判断错觉。

美国的洛克威曾对 12 名驾驶员做过两种试验，每种试验进行 140 次观察，数据处理结果如表2-4所示。结果表明，在跟随行驶时，驾驶员判断的车头间距往往比实际间距要小。同时研究还发现，车辆的大小也影响距离的判断。小轿车由于体积小，容易产生距离远的感觉。所以，大车与小车相比，即使在同样的距离上，也容易误认为小车距离远。这种由于形状、大小引起的视觉误差，很容易使跟车距离过近而诱发追尾事故特别是在高速公路上，追尾才是高速公路交通事故最多的一种。为了保证车辆之间留有一定的安全间距，高速公路一般都设置有供驾驶员判断车间距离的标志牌，一般是在0 m，50 m，100 m，200 m处设置四块标志牌，以供驾驶员在判断车间距离时参考。

表2-4 跟车距离试验结果

项目	试验时的车速	80 km/h			112 km/h		
试验一	实际的车头间距(m)	20	91	152	30	91	152
	驾驶员判断的车头间距(m)	21	55	85	15	40	64
试验二	指定的车头间距(m)	30	91	152	30	91	152
	驾驶员调整到的车头间距(m)	27	55	73	18	40	55

（2）会车距离判断错觉。

两车相会时准确地判断会车地点是保证行车安全的一个重要方面。但驾驶员对会车距离的判断容易出现错觉，在行车中驾驶员很难准确地估计实际距离。如图2-15为会车距离判断试验，驾驶员用几种不同的速度会车，让驾驶员估计相遇点的位置。实验结果如图2-16所示，当自驾车与迎面车同样以时速120 km/h接近时，实际相遇点应在两车距离的中点，距自驾车50 m处；当迎面车时速提高至160 km/h而自驾车时速降为80 km/h时，实际相遇点将移动至距自驾车33 m处；当迎面车时速提高到180 km/h而自驾车时速降为60 km/h，实际相遇点将移动至距自驾车25 m处。实验结果表明，驾驶员始终都把相遇点估计在两车间距离的中点，而且，很容易把迎面车的速度估计得和自己的车速一样。这说明驾驶员不能根据迎面车速度的变化正确估计相遇点的位置。

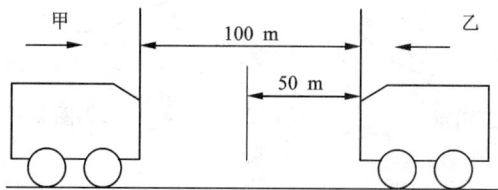

图2-15 会车距离判断试验

（3）超车距离判断错觉。

为了说明驾驶员对超车距离的判断能力，常做下面两个试验：条件都是选择一段可超车的路段，并让驾驶员尾随控制车辆以不同车速行驶，一种是要求驾驶员判断在行驶终点前最后一次可超车的地点，另一种是要求驾驶员完成超车，不论哪种试验，结果都表明，驾驶员低估了超车所需的最小距离。估计误差是实际超车距离的20%～50%，且随着车速的提高，估计误差增大。这就是高速情况下超车事故多的重要原因。

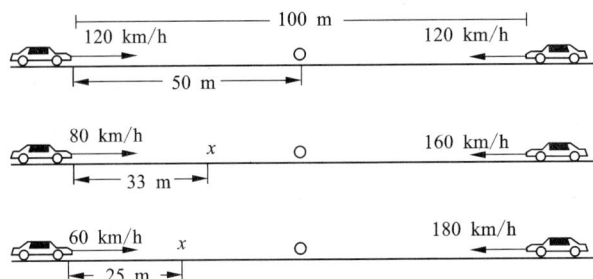

图 2-16 会车距离判断试验结果

4. 道路线形错觉

（1）弯道错觉。

实验表明：弯道可见部分愈小，驾驶员就愈会低估其曲率。在实际道路上，对于不超过半圆的圆弧线形，总觉得它的弯度比实际弯度要小，而且对于同样曲率半径的弯道，前方容易看清楚时，会产生弯度小的错觉，如图 2-17 所示。在蛇形弯道行驶时，由于视线需要向相反方向改变，注视相反方向的弯道，则会产生弯道更为弯曲的错觉。前种错觉会使驾驶员一直高速行驶，后种错觉则会使驾驶员过急过多地转向，这对安全行车都是不利的。

（2）坡道错觉

汽车在坡道上行驶，尤其是坡度发生变化的坡道，驾驶员常常产生坡道错觉。比如下坡行驶到坡度变缓的路段时，由于路边景物与路面倾斜度降低所造成的影响，驾驶员会觉得下坡已完，开始上坡了。将图 2-18 所示（a）的情况看做像（b）那样。如果在坡道两旁设有交通标志，驾驶员可根据交通标志来克服这种错觉，但在没有交通标志的坡道上就麻烦了，驾驶员容易采取提速冲坡动作。同样，在上坡时，也会因中途坡度变缓而误认为上坡结束开始下坡了，从而盲目换挡。

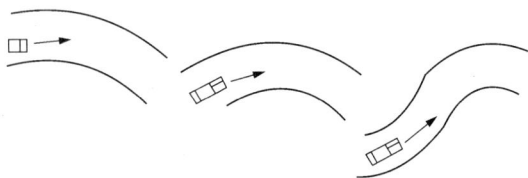

图 2-17 弯道错觉

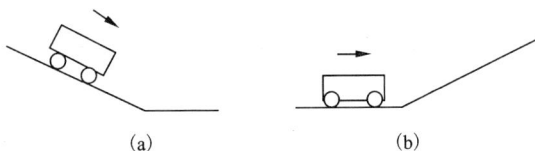

(a)   (b)

图 2-18 坡道错觉

再就是山区公路隧道在修建时，由于工程技术上的原因在隧道中常常是有坡度的，如图 2-19 所示。进入洞内时是上坡，到洞中部又转为下坡。驾驶员在封闭的隧道内行驶时，由于找不到适当的参照物，因

图 2-19 山区隧道

此无法判断路面坡度的变化，总以为是在水平路面上行驶。这样在到达最高点以前，车速会逐渐下降，但凭感觉驾驶员会将加速踏板向下踏，越过最高点后，汽车已在下坡了，但驾驶员没意识到，还会继续像上坡时那样踏加速踏板，结果造成超速行驶。

20

第三节　驾驶员信息处理

作为道路交通系统的信息处理者，驾驶员的主要功能是处理通过视觉等输入的信息，然后根据这些信息采取相应的控制活动，即进行观察并作出反应。

一、信息来源、分类

人的感觉器官可以接收到各种各样的刺激，如驾驶员的眼睛可以看见车内的仪表、车外的道路、车辆、行人、交通信号和标志，耳朵可以听见发动机和喇叭的声音，鼻子可以闻到异常气味，手脚可以感觉到振动等。所有这些可以被人直接或间接感知到的各种刺激，都是信息。

一般地说，车外道路交通情况及车内情况的变化，都可以形成信息。若将其归纳，常见的信息有以下几类。

1. 突显信息

即突如其来的信息（或称"变化"）。诸如儿童突然从车前横穿马路，自行车突然在车头前侧倒，前车突然停止，自己车辆制动突然失灵等。

2. 潜伏信息

指具有一定隐蔽性、驾驶员不能直接观察到的信息。如在雨雾中行驶，在视线受到障碍的视线盲区中行驶；在路面附着系数降低，潮湿或冰雪路面行驶（易引起侧滑）；以及未被驾驶员发现的车辆带病行驶等。

3. 微弱信息

指刺激量过小，驾驶员不易觉察的信息。正由于刺激量微小，虽然感觉器官反映到大脑之中，但大脑往往辨别不清，容易产生犹豫、疏忽、甚至错觉。如夜间穿黑色衣服的行人、月光下挨近公路的农田、弯道及上下坡等，均属微弱信息。

4. 先兆信息

指信息到来之前具有某种征兆的信息，此种信息又称已现信息。如车辆带病出车，酒后开车，超速、超载、超长、超高、超宽，违章操作，以及急弯陡坡前设置的警告标志等。

二、信息的特点

在行车过程中，驾驶员需要处理的信息有如下几个特点：

1. 需要处理的信息多

在车辆行驶过程中，驾驶员要主动地收集和处理来自车内、车外的各种信息，并针对道路和交通情况（如道路的宽窄、弯曲、凹凸、交通标志、交通信号、行人及其他车辆等）作出反应，若为市内早晚职工上下班高峰期，则需要驾驶员处理的信息更多。

2. 需要处理的信息变化大

道路尤其交通信息变化无常，特别是我国的混合交通，其信息的出现杂乱无章，往往超出了驾驶员预测的能力。

3. 要长时间地进行快速处理

从发车到收车，驾驶员在全过程中要接连不断地来处理那些众多而且变化多端的信息。

运输生产驾驶员工作时间较长，有时长达 10 多小时。不言而喻，驾驶员处理信息是受时间限制的，尤其在高速行驶时。关于处理信息的限制，不在于接收信息量的多少，而在于信息处理的速度上，如果信息处理速度缓慢必将产生失误而导致事故。

4. 要随时区分必要信息和不必要信息

在行车过程中，驾驶员只能把有限的能力用于接受和处理那些与行车安全有直接关系的必要信息上，在信息超负荷的情况下，驾驶员只能选择那些有用的信息来加以处理，而忽视其他不必要的信息。

三、信息处理过程

车辆在行驶过程中，驾驶员通过视、听、触觉器官从交通环境中获取信息，如图 2 - 20 所示，经过大脑进行处理，作出判断和反应，再支配手脚（运动器官）操纵汽车，使其按驾驶员的意志在道路上行进，这就是信息处理过程，如图 2 - 21 所示。在这一过程中，驾驶员要受到自身生理、心理因素的制约和外部条件的影响，如果在信息的采集、判断和处理的任何一个环节上发生差错，都会危及交通的安全和通畅。

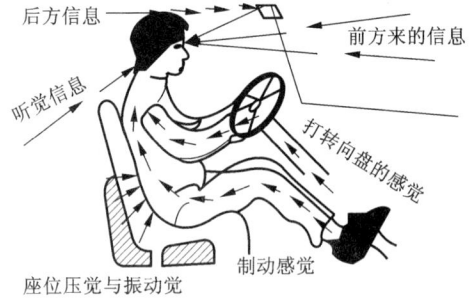

图 2 - 20　驾驶员信息接受

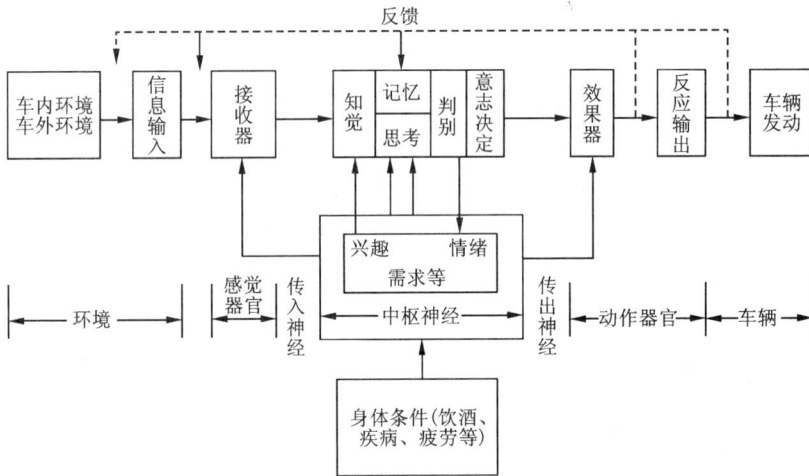

图 2 - 21　驾驶员信息处理过程

当驾驶员发现外界刺激信息时，一般都能在 0.5 ~ 1 s 内作出正确的判断，采取相应的措施，调节驾驶操作，从而改变车辆运动状态。从图 2 - 21 可以看出，信息来自车内环境与车外环境，其中尤以来自道路环境的车外信息最为重要，驾驶员对车辆的操纵形成车辆的某种运动状态，而车辆在道路环境中的运动状态又作为新的信息反馈给驾驶员，作为连续进行操纵的根据。

1. 信息感知阶段

信息感知阶段即收集并理解信息的阶段，是感觉器官获取的信息在头脑中的反映。其过程是：信息先由感觉器官接收，再经传入神经传到大脑皮层，产生相应的映像。如果这一过程出现某种意外，就会造成感知迟缓、感知错误。

发生感知迟缓或感知错误的原因，除了刺激方面的原因（如有些信息过于突然、过于隐蔽、刺激强度过于微弱等）以外，主要是驾驶员心理和生理方面的原因。

2. 分析判断阶段

信息被感知以后，驾驶员把感知到的情况与自己的知识经验进行对照、分析，然后判断出道路、前后车、行人等等情况，并根据自驾车辆的技术状况、本人的健康状况及心理机能等，决定采取相应的措施。在驾驶员的判断中，对距离的判断非常重要。在驾驶过程中，经常进行加速、减速、超车、会车、制动等行为，距离是影响这些行为的重要因素。

3. 操作反应阶段

驾驶员处理信息的最后阶段，是肢体的操作反应阶段，即手脚按大脑决策后的指令进行具体操作，并产生效果。尽管由于操作错误造成的事故不多，但常常是一些比较严重的事故。因此要求驾驶员的操作技能必须熟练，才能在紧急情况下不致出现失误。

实际驾驶过程中，感知、判断、操作是有机地结合的。感知是判断的前提，为判断提供材料，是分析判断的源泉；分析判断又为操作反应提供指令；操作是感知和判断的结果。操作的结果，又反馈到感觉器官，对操作进行修正、调整。如果没有反馈，难以保证动作的准确性。

感知、判断、操作三位一体，构成驾驶员的信息处理过程，其中任何一项错误，都将导致整个信息处理过程的失败，这一信息处理过程通过反馈进行循环往复。所以整个驾驶过程实质上就是不断地进行信息处理的循环过程。

四、驾驶员信息来源

驾驶员要安全地驾驶车辆，必须有效地获取汽车运行环境中的有关信息，因为安全驾驶的前提是需要获取有用的信息量。例如，当你开车途经一个无信号设施的十字路口时，你需要对车辆、行人、骑车者等进行充分的观察。前车是否要左转弯，行人行走在人行横道线的什么位置，是大人还是小孩，在视线出现盲区的地方会不会突然窜出汽车来等等。只有看清楚这些情况后，才能获取必要的所需信息，进而操纵汽车顺利通过。但是，如若在获取所需情报时，出现看错或遗漏时，且正好看错或遗漏的是重要的信息，那么再好的操作技术也是无用的，发生事故是难免的。

从驾驶员信息加工的过程可以看出，当车辆运行时，对环境信息的收集和处理都是在快速中进行的，并要不断根据变化进行车辆行驶的校正操作。

1. 从不同方位获取信息

驾驶员在行车中一般要从以下几个方面获取信息：

（1）从前后方向获取信息。

一方面要从前挡风玻璃上获取道路前方的车辆行人等信息，这是获得信息的主要途径。要根据自己是想直行还是要转弯，观察前方是否有车辆，是大车还是小车，注意保持合适的跟车距离；道路状况如何，有无妨碍车辆行驶的障碍物。另一方面是从车内后视镜、车外后视镜以及后车窗获取车辆后方的信息，如图 2－20，这主要是观察跟随车辆的状态和其他一些情况，注意发生追尾和刮擦现象。

（2）从左右方向获取信息。

这主要是收集车辆行驶方向的横向位置上的有关信息，主要依靠车辆左右两侧车窗获取信息。例如行人要横穿，前方交叉路口有无车辆的横行，在交叉路口有无车辆转弯，近旁有无车辆超越，和左方骑自行车人的安全间隔距离等，要注意他们的位置、移动方向和速度，根据其呈现的现状而获取必要的信息。

（3）注意获取突显和潜伏信息。

在我国现行的交通条件下，多数道路交通事故是由于信息的突然呈现而驾驶员来不及反应的情况下发生的。驾驶员获取信息时，这一方面要切实引起注意。当车辆行驶在道路上，前方道路上没有任何妨碍车辆行驶的信息，但要留神当你看见路缘上站着一个小孩，而路的对面是一商店时，可能会出现一个妇女手里拿着小食品或玩具从商店门口出来，这时路缘上的小孩会不顾一切地冲上马路向对方横穿。另外，在我国，自行车是城乡人出行的主要交通工具，在马路上骑自行车的人中，有些可能是昨天刚学会今天就骑到公路上来了。因此，随时都有可能出现异常的情况，因而对类似于这些情况要有思想准备。

2. 从繁杂的信息中获取有用信息

车辆行驶在现代都市中，即处在一个五彩缤纷的环境里，在车辆的前后左右呈现眼花缭乱的各种状况，大量的繁杂信息会向驾驶员而来，如汽车、行人、信号灯、交通标志、各种商店的橱窗布设、霓虹灯、广告牌等。驾驶员在行车中，观察所需要的有用信息时，难免要对那些广告等顺便看一眼，即使时间很短，但它是与驾驶操作无关的信息。

在车辆运行的前、后、左、右的车辆，行人、交通信号及标志与安全驾驶有直接的关系，是有用的信息；而其他的信息与驾驶员的安全驾驶没有直接关系，如路旁的霓虹灯广告等就属于无用信息。驾驶员倘若在闹市中行车，一边观赏一边操作，当遇到一个危急情况时，将会措手不及。如对无用信息观察时间过长，则必然会影响有用信息的接收，即出现发觉有用信息滞后或漏掉有用信息。这都将造成很大的不利，甚至会导致事故。

据研究，驾驶员行车中，一般人在1s的时间内可连续移动三个注视点，在1s内变换五个注视点的人是很少的。当汽车在闹市中行进时，道路环境中的有用信息是非常多的，即运行的场面是复杂的。车辆不断前进，环境情况也在不断变化，驾驶员倘若过多地光顾无用信息，由于观察的有限性，则必然会漏掉一些有用信息。所以，要想不漏掉有用信息，就没有多余时间去观赏那些无用的信息。

即使对于行车中的有用信息，驾驶员1s也只能变动3~5个注视点，这对行车来说是不够的，要想在复杂的环境中保证安全驾驶，不但要获得注视点位置处的信息，而且还要用周边视力，即眼睛的余光去收集注视点周围的信息。试验发现，新驾驶员大多只注意观察自己汽车行进方向上的情报，这和刚学会骑自行车的人骑车时只顾看自己的车前一样。有经验的驾驶员他们不仅注意自己汽车行进方向的情况，而且也能顾及到周围环境，可以在同样时间内，同样的行车状态下而获取更多的信息量。

据观察，在汽车超车时，有经验的驾驶员不仅注意观察车辆前方的情况，而且还能注意到周围有无可能要超车行驶的其他车辆，但新驾驶员做不到这一点。新驾驶员在超车过程中，大多只注意汽车前方的情况，不会观察到车辆周围的动态。行车中用眼睛的余光去收集信息，一般就是收集视野边缘上的情况，如若视野边缘上的信息是以声光信号的方式出现，则它比注视中心的信息还要敏感，易于被人发现。因此，驾驶员在车辆运行过程中，要学会充分利用眼睛的余光观察作用，去获取周围的有用信息。在刚学会驾驶的新驾驶员中，由于经验少，行车途中，对许多该观察到的信息却没注意到，而对行车无关的一些信息却观察的较仔细，致使漏掉了一些有用信息，这一点希望新驾驶员要特别予以注意。

五、获取信息的要点

1. 获取信息的位置

驾驶员应根据自己所驾车型和所承担的运输货物种类，使自己的车辆尽可能处在一个较为有利的位置上。例如，当自己驾驶小车跟在大型货车或是大型公共车后面时，就很不容易观察到前方道路的情况，当前方突然出现一个情况时，则可能会出现追尾相撞的事故，因此，在这种状态下，就要适当调整自己与大型车之间的跟车距离，以便能及时获取情报。尤其当自己处在一个拥挤的车流中行驶时，要尽可能地使自己处在容易获取信息的位置上。

2. 获取信息的时刻

具有经验的驾驶员都知道，当心不在焉地驾驶汽车时，往往会遗漏掉许多有用信息，不管是对有用的信息发现迟了，还是根本就没有发现，都会对安全驾驶造成不利的影响。所以，当汽车起动后，驾驶员都应积极地去获取车内外的信息。例如，当在野外行车时，道路交通标志对安全行驶作用很大，许多道路信息可由它向驾驶员提供。

因此，驾驶员在野外行车时，就必须积极地观察交通标志。像高速公路上的出口标志，总共是四块，那每一块的出现都向驾驶员提供了不同的信息，第一块出口预告标志牌设于出口之前 2 km 处，驾驶员如果准备在这一出口驶出高速公路，见到 2 km 预告标志后，就应开始做驶出准备，应尽可能不再超车，已经行驶在超车道上的车辆要尽快返回主车道。第二块出口预告标志设于出口处之前 1 km 处。见到这一标志后，绝不可再进行超车。如没有注意到再行超车的话，则有可能到达出口处时来不及返回主车道，因而无法驶向出口。高速公路的出口一旦错过，则必须从下一出口出去，而高速公路的出口设置有时相距很远路程。第三块出口预告标志设于出口之前 500 m 处，驾驶员一见到此标志，就应打开右转向灯表示即将驶出高速公路的意图，做好进入减速车道的准备。第四块就立于减速车道起点上，见到此标志，驾驶员就要平稳地向右转动转向盘进入减速车道。所以，如若心不在焉，则必然会出现差错，有时可能在慌乱中冲向出口，就必然导致事故。

3. 获取信息的数量

通过对交通肇事较多的驾驶员检测发现，他们的注意力只在一方（左或右），这就说明他们在驾驶时，不能较全面地观察环境情况，当只注意一方时，不管是左方还是右方，这都将必然漏掉了一些有用信息，对行车很不利。因此，要求驾驶员在驾驶操作中，注视点应不断移动，进行多方观察。尤其在城市混合式交通的情况下更应如此，尽可能多地掌握有用的信息。

4. 获取信息的范围变化

随着车速的提高，汽车的制动距离会延长。因此，当车速提高后，要把注视点适当地向前移，以获取更远距离范围以内的信息。当车辆行驶在市区时，由于人多车杂，加之许多的混合式交通，驾驶员无法掌握远方的情况，为了能及时停车而避免危险，就必须降低车速。

另外，在弯道处当视线出现盲区，或者夜间无法观察远方的情况，以及在雨天、雾天当视线受到阻碍，驾驶员要获取远方的信息困难时，都应降低车速行驶，以便获取一定距离以

25

内的信息，以使车辆安全运行。

第四节　驾驶员反应特性

一、心理反应特性

驾驶员受车速、路况、交通信号、行人等外部信息刺激，对自己心理变化（如注意力是否集中，思维力是否清晰，情绪是否稳定）等内部信息刺激及时作出反应。当驾驶员在驾车行驶途中，一旦遇到某个行人在其车前违章横穿马路，不同的驾驶员都会在大脑中产生刺激反应并采取相应的措施。就生理反应特性而言，也仅仅是这些驾驶员在反映灵敏度和动作熟练程度、快慢速度等具体环节上的差异而已。但从心理反应特性角度上看，问题就变得复杂多变，不良的心理因素往往会引起交通事故。图 2－22 是对 50 名出租车司机问卷调查得出的驾驶员心理反应，从图中可以发现，驾驶员在遇到交通危险时，情绪失常，反应迟钝，注意力分散占了很大的比例。

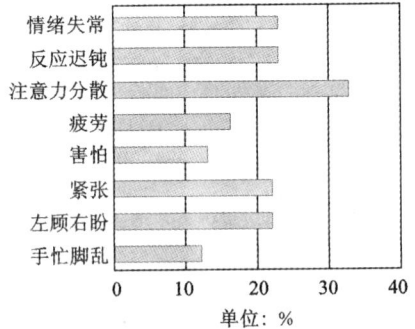

图 2－22　驾驶员心理反应调查

驾驶员的心理特征反映一个驾驶员能力、气质和性格等方面基本心理素质。驾驶员的气质和性格使每位驾驶员的心理活动披上了个人独特的色彩，形成了独特的驾驶风格。驾驶员与驾驶员之间或不同行业驾驶员之间存在的各种差异，对安全驾车有潜在的影响。例如公交车驾驶员的心理特征主要有：

（1）每天按照固定的路线行驶，注意力不集中、观察不仔细、反应不及时，思想容易麻痹；

（2）公交车驾驶员时常由于交通堵塞等原因，心情容易急躁；

（3）休息时间短，容易产生疲劳感；

（4）与其他行业相比，风险高，待遇低，心理容易不平衡。

在兴奋的心理状态下，心理活动就积极有效，开汽车时精神饱满、视野开阔、思维清晰、反应灵敏、动作敏捷。反之在疲惫的状态下，其心理活动效能低下、开起车来精神萎靡、视野狭窄、思维模糊、反应迟钝、动作缓慢。驾驶员的心理状态还与驾驶员的年龄结构有着相当密切的关系。

影响驾驶员心理反应的主要原因：

（1）因生理原因引起的心理反应，如眼睛有疾、听力下降、血压不正常等；

（2）因情绪引起的心理反应；

（3）因环境引起的心理反应，优美的环境让你感到轻松愉快，嘈杂、拥挤的不良环境会使人产生焦虑、烦闷、紧张的情绪。

二、生理反应特性

行车过程中，驾驶员需对各种与行车安全密切相关的信息迅速作出判断处理，其基本过程包括感知、判断、动作，称之为生理反应特性。

汽车驾驶员在行车途中，信息的感受和处理都是在瞬间完成的。汽车驾驶员反应的快慢与行车安全有着直接联系。据资料介绍，在汽车驾驶员责任事故中因反应迟缓而发生的事故，约占汽车驾驶员责任事故的60%。因此，在汽车驾驶员的生理反应特征中，反应时间显得尤为重要。

反应是人体器官受到外界刺激后而发生的效应动作。整个反应过程所需要的时间称为反应时间。当人受到外界因素的刺激时，通过视觉、听觉、触觉等感觉器官转移成信息，引起感觉器官的活动，经由上行神经系统把信息传递到大脑，经过大脑的分析、综合、判断和推理等加工过程，最后作出行动的决策，从大脑传递到运动中枢，再经下行的神经系统传送给相应器官(手、脚)的肌肉，使肌肉收缩，完成一次驾驶操作。汽车驾驶员对交通信息做出操作动作的这一过程就是反应过程，完成这一过程所需要的时间称反应时间。反应时间包括：感觉器官接收信息所需要的时间，大脑信息加工所消耗的时间，神经传导的时间，以及肌肉收缩的时间等。专家认为，信息在大脑中消耗的时间可视为0，视网膜反应时间为20 ms，信息传导到大脑约20 ms，大脑信息加工传至运动中枢约为95 ms，传至运动神经、肌肉及肌肉收缩为17 ms。以上时间合计约为152 ms。

驾驶员的反应时间越少，从出现处理信号到驾驶员操纵控制机件这段时间汽车所走过的距离越少，因而汽车在出现危险信号到驾驶员完全处理所驶过的路程越少。所以，努力缩短驾驶员的反应时间和根据车速提早处理情况对保障行车安全是十分重要的。

三、汽车制动过程分析

汽车行驶过程中，如遇紧急情况，驾驶员必须在最短时间内实现制动操作过程，使车辆安全停车，避免事故发生。虽然制动过程时间很短暂，但分析可知其也有阶段性。如图2-23所示为制动过程。

由图中可看出，当车辆行驶的前方突然出现障碍物等紧急情况时，驾驶员不可能立即行动(图中a点)，经过辨别判断后才意识到应采取制动措施，开始抬起右脚。这段时间t_1即是反应时间；再经过t_2，才转移到制动踏板，这段时间叫踏板更换时间或移脚时间；

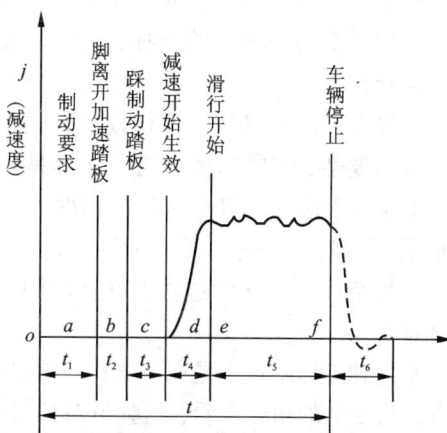

图2-23　汽车制动过程曲线

踩下制动踏板到制动器起作用的时间是t_3，这段时间叫踩踏时间；通常把$t_1+t_2+t_3$，叫做驾驶员的反应动作时间。在这一过程中，虽然驾驶员已经进行了制动操作，但汽车制动器还没发生作用，所以又称为汽车空跑时间。在这段时间内汽车所行驶的距离称为空跑距离。由于制动系中有一定残余压力，且制动蹄片是由复位弹簧拉着的，蹄片与制动鼓之间存在着间隙(鼓式制动器)。所以，要到d点，地面制动力才起作用，使汽车开始产生减速度；由d到e是制动力增长到最大值的过渡时间，用t_4表示；由e到f为持续制动时间t_5，其减速度基本不变。到f点车辆已经停止，驾驶员松开制动踏板，但制动器制动力的消除还要一段时间t_6，与之相对应把t_4+t_5称为制动时间，汽车所行驶的距离就称为汽车的制动距离。

行驶的汽车从开始制动到停止所需的全部时间为 $t_1 + t_2 + t_3 + t_4 + t_5$，这个时间的长短直接关系到汽车的行驶安全，所以把 t 时间内汽车所行驶的距离，即空跑距离和制动距离之和称为制动非安全区。这个距离当然是越短越好。从制动过程可以看出，t_1，t_2，t_3 时间与人的因素有密切关系。例如：有人驾驶时，一遇到危险情况，头脑反应很快，立即能作出需要转动方向或制动停车的判断；而有个别比较迟钝的人，此时头脑反应所需时间要略长一些。当头脑中已作出了需要采取制动的判断后，大脑要指挥人的运动器官（手、足）去执行制动操作，如踩下制动踏板或拉紧驻车制动杆，此时所需要的时间每个人也不一样，手脚麻利，动作灵活的人所需时间较短，而动作迟缓、手脚不够利落的人所需时间就长一些。在上述分析中，反应时间 t_1 虽然不很长，但对高速行驶的车辆来说，影响甚大。例如设驾驶员的反应时间为 0.66 s，这个数字是对大部分驾驶员测定的结果。则当车速为 80 km/h 时，在这段时间里，车辆将行驶 14 m 多，这样长的行驶距离，使发生交通事故的可能性大为增加。因此，空跑距离在制动过程中占有很重要的位置。所以，设法缩短空跑距离，是缩短汽车制动非安全区的一个重要方面，为缩短空跑距离，必须要缩短空跑时间。

四、驾驶员的反应时间与事故

汽车驾驶员在行车过程中，对刺激的反应，又可分为简单反应和复杂（选择）反应两大类。所谓简单反应是指汽车驾驶员对单一刺激作出的确定的动作反应，如见到车前障碍物立即停车。选择反应是在各种不同的刺激物之间作出不同选择的反应。汽车驾驶员在行车中所遇到的情况是比较复杂的，有一个识别、判断、反应的过程，需要的反应时间一般为选择反应时间。如对交通信号灯的选择，就需要在红、黄、绿三种颜色中选择判断，这就使反应时间会大大延长。

由于复杂反应在其反应潜伏期中包括识别、判断和选择因素的影响。它的特点是刺激信号内容多而复杂，需要思考和选择，容易出现错误，因此复杂反应时间比简单反应时间长。例如，作为刺激信号的灯光有红和绿两种，灯光以随机方式在红与绿之间变化着，被试者根据呈现的不同灯光，按相对应的不同的反应键，即可分别测得对红灯和绿灯的选择反应时间。由于复杂反应有思考过程要花费时间，因此，随着反应内容和性质的复杂化，反应时间也随之延长。

汽车驾驶工作基本上是属于选择反应这一类，反应时间要长，其持续时间取决于道路环境的特点。从安全的角度来看，驾驶员对信号或障碍物的反应愈快愈好（但这要防止盲目反应型的人，即虽然反应时间短，但错误次数很多）。为使行车中的汽车在遇到危险的情况下能及时地制动停车，驾驶员要在极短的时间内，对险情做出正确判断，并采取制动操作，即在极短时间内，不仅要发现险情，而且更重要的是针对险情做出相应的处理。国外的有关统计资料表明，复杂反应时间长的人，出事故的可能性也较高。表 2-5 是对一些驾驶员在 9 个月中事故的次数与反应时间关系。可以看出，事故多的驾驶员反应时间大于事故少的驾驶员。

表 2-5 事故的次数与反应时间关系

事故次数	0~1	2~3	4~7	8~9	10~12	13~17
反应时间(s)	0.54	0.70	0.72	0.86	0.86	0.89

在汽车驾驶操作中，选择反应属多数。在动态环境中，驾驶员必须不断估计迅速变化着的道路情况来选择相应的操作动作。动作的正确性和准确性是驾驶员操纵汽车的重要反应特性。例如，当发现前方有行人横穿马路，要求是抬起加速踏板，点踩一下制动器。而驾驶员把加速踏板更使劲往下踩了一下，这就属于错误的动作。又例如，雨天驾驶车辆会车时，向右方向转动稍急了一点，以致由于路滑而刮倒了路旁的骑车者。这一反应有其正确性的一面，只是失去了准确性。驾驶汽车反应的准确性取决于驾驶员正确估计自己所驾汽车和其他交通参与者的方向、距离、速度等的能力。

在我国由于现行大量混合式交通的存在，当情况变化时驾驶员应尽快停止已开始的动作而去完成别的动作，有时必须完成相反的动作，这对安全行车有着十分重要的意义，所以，反应的及时性是驾驶员的另一个重要反应特性。在复杂的环境中，道路情况在迅速变化着，如果制动、转弯时的反应稍微滞后，都可能造成交通事故，反应的及时性取决于反应的速度。尤其在危急的道路交通情况下，很难估计驾驶员的反应快速性和准确性的重要意义。例如当紧急制动和转弯时，反应时间就有着特别重要的作用。在许多情况下，这个时间对预防碰撞有决定性的意义。

五、影响驾驶员反应的因素

驾驶员的反应时间一般在 $0.3 \sim 1\ s$ 之间。影响驾驶员的反应时间的因素很多，例如驾驶员的年龄、工龄、工作时间、健康状况、道路和气候条件、暂时性损伤等，都将影响驾驶员的反应时间。

一般情况下，影响驾驶员反应的因素有客观刺激物和驾驶员自身两大方面，驾驶员要反应灵敏、迅速，首先需知道与反应有关的自身的那些因素，进而加以注意。与驾驶员自身有关的因素大体有以下几点：

（1）驾驶员的准备状态和适应水平。对道路环境刺激物的反应，驾驶员预先是否有精神准备，对反应时间的影响较大。道路上的预告信息可缩短驾驶员的反应时

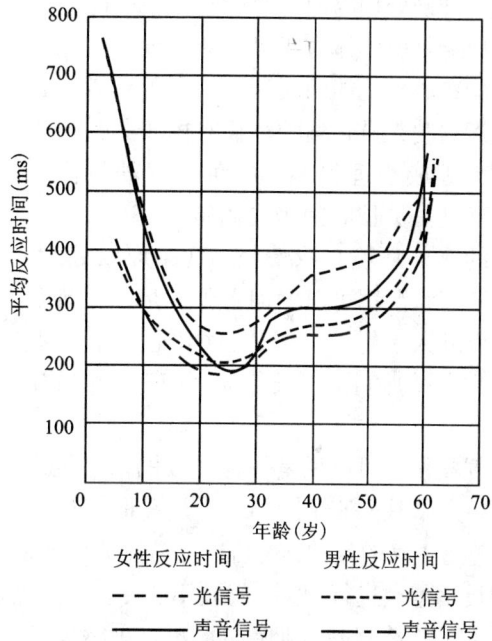

图 2 - 24　年龄、性别与反应时间的关系

间。驾驶员感觉器官的机能状态也是影响反应时间的一个重要因素，如眼睛的光、暗适应对反应时间的影响就较为明显。

（2）练习的因素。练习与反应时间的关系是很密切的，对道路环境刺激信息的反应，有经验的驾驶员与初学驾驶者的差异就较大。一般说来练习越多，反应越快，但是进步是逐渐减少的，最终达到反应时间不可减的最小限。

（3）年龄和性别的因素。反应时间与人的年龄和性别都有关系，如图 2 - 24 所示。实验表明，同龄的男性比同龄的女性要快，而且人在 30 岁以前，反应时间随年龄的增加而缩短；30 岁以后随年龄的增加而稍有增加。

第三章
驾驶疲劳、饮酒与行车安全

第一节 驾驶疲劳与行车安全

一、驾驶疲劳简介

驾驶疲劳，是指驾驶员在行车中，由于驾驶作业使生理上或心理上发生某种变化，而在客观上出现驾驶机能降低的现象。一般指机动车辆驾驶人员连续驾驶 4 h 或每天驾车超过 8 h，或者从事其他劳动体力消耗过大或睡眠不足，以致行车中困倦瞌睡、四肢无力，不能及时发现和准确处理路面交通情况的违章行为，图 3 – 1 是驾驶员人机系统信息与疲劳流程图。

疲劳是由于体力或脑力劳动使人产生生理机能和心理机能的失调而引起的。驾驶疲劳是指驾驶人员在驾驶车辆时由于各种原因造成生理或心理失调，从而使驾驶机能失调。驾驶人员长时间坐在固定的座位上，从复杂的车外环境获取情报，迅速加以处理，这种紧张状况都可以增加驾驶人员的心理负担。驾驶人员驾驶汽车是连续作业，在一些景物单调的道路上长距离行车，也易于疲劳。

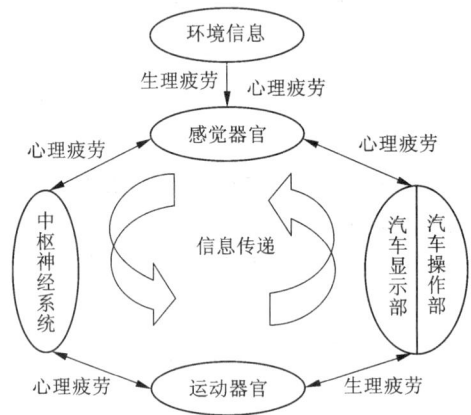

图 3 – 1 驾驶员人机系统信息与疲劳流程图

驾驶作业可以说是一种连续的信息处理作业，大脑往往长时间处于供氧不足的状态，越是正确的驾驶，大脑越容易疲劳。如果在长时间驾驶中也不感到疲劳，那往往是由于驾驶员不怎么进行识别，驾驶不够专注，当然这样也容易引起事故。即使是健康人，在经过 2~4 h 的连续驾驶作业后也会出现中枢神经疲劳、感觉迟钝和知觉降低，进一步还会感到肌肉收缩的调节机能变差。这时，驾驶员感到精细的操作十分麻烦，注意力涣散，正确的驾驶顺序被省略。例如，在右转弯时，把信号、对面来车、行人、标志、后续车等很多应注意内容中的某几项省略了。可是，这样的危险是不自觉的，并且越是健康人这种现象就越明显，因此必须高度警惕。实际上，这种以疲劳为间接原因的事故非常多。

二、驾驶疲劳的种类

疲劳，一般可分为精神疲劳和身体疲劳两种。前者由于体力劳动所致，表现在身体方面；后者由于脑力劳动所致，表现在精神方面。但是，作为一个人来说，两者又不可分。从疲劳的原因来看，可以把精神疲劳分为狭义的精神疲劳和神经疲劳。狭义的精神疲劳纯粹是由于脑力劳动所致；神经疲劳不单纯是脑力劳动所致，如汽车驾驶所引起的驾驶疲劳就属于这一类。

1. 精神疲劳

在眼、耳、鼻、皮肤等感觉器官之中的神经末梢，当接受到外界信息，立即形成生物电位，兴奋传入神经。若外界信息刺激过于强烈或过多，就会超过器官感受能力，无法形成正常的兴奋电位，这种状态称为感受疲劳。驾驶员在驾驶过程中，不断受到外界各种信息的刺激。行人、信号、车辆、交通标志等都会给驾驶员造成视觉刺激；发动机、轮胎摩擦、乘客的各种声音造成驾驶员听觉上的刺激；车内外的气味、温度、位置感等其他的环境信息刺激驾驶员鼻、皮肤、舌等感觉器官。驾驶员不断地接受外界持续大量多变的信息刺激，容易导致感受疲劳。

当大脑中的大脑中枢无法进行正确综合处理，导致行为失误。试验证实，睡眠中枢兴奋是受到 5 - 羟色胺和去肾上腺素的刺激，这两种激素的分泌是周期性的。感受单调、重复信息，最容易分泌激素产生困欲。有学者通过模拟驾驶试验，研究单调环境对驾驶员疲劳程度的影响。发现在驾驶的过程中，大部分被试者在试验后表示快睡着了，与之前国外的研究相比，变化更明显，反映出单调环境引起强烈的瞌睡。除了高速公路，线形良好的城市道路和长距离的山区道路都具有环境单调，信息重复的特点，长时间、长距离的驾驶易引起驾驶员瞌睡。因瞌睡引起的事故也是因疲劳造成事故最恶性的一种。

2. 身体疲劳

身体疲劳也叫生理疲劳，一切生理活动是由肌纤维协调运动而实现，无不消耗能量。根据力源消耗理论，人体内有一定数量的能量通过生物氧化，可供劳动消耗，但贮量有限，一旦这些物质出现暂时耗竭，疲劳就产生或加重。驾驶疲劳主要产生在局部肌肉组织。生理疲劳主要发生在驾驶员的运动器官环节，中枢神经系统对运动器官发出操作指令，由运动器官操作汽车。这些肢体运动主要发生在手部、脚部和腰背部。手部转向操作和脚部脚踏操作是持续操作，是驾驶员生理疲劳的主要疲劳源。手部操作主要引起驾驶员手臂和肩部的疲劳；脚部操作主要引起驾驶员腿部、脚部和脚踝处的疲劳；坐姿的保持主要引起腰、背部的疲劳。

此外，从疲劳恢复的时间来看，也可把疲劳分为一次性疲劳、积蓄疲劳和慢性疲劳。一次性疲劳是经过短期的休息，比如睡一觉就足以恢复的疲劳，这是一种由于日常的劳动所引起的疲劳，正常驾驶疲劳就是属于这一种；积蓄疲劳不能用短时间的睡眠来恢复，睡一夜觉后，第二天还是疲劳，这是由于时间过长而积累起来的疲劳，要使这种疲劳得到恢复必须经过长时间休养和十分充足的睡眠，否则，这种积蓄疲劳会发展成为慢性疲劳；慢性疲劳是一种病态疲劳，一般来说是由于长时期处于疲劳状态而引起的，这种疲劳使劳动质量下降，影响身心健康。积蓄疲劳严重者也和慢性疲劳者相似，都不宜驾驶车辆。

三、驾驶疲劳的特征

疲劳状态是一种不定量的状态，在不同时间、不同个体、不同情境下，疲劳产生的程度也不同。所以在驾驶员身上，疲劳状态的发生从弱到强可能有不同的变化。疲劳状态产生以后，驾驶员疲劳的心理表现形式，可以通过驾驶员的自我感觉或主观体验来反映，概括起来主要有：

（1）无力感。驾驶员感到体力减弱、操作无力，方向、换挡等操作主动性下降；

（2）注意功能失调。疲劳会引起注意稳定性下降，注意力分散，接收外界信息怠慢迟缓，视野逐渐变窄，漏看、错看信息的情况增多；

（3）知觉功能减退。感觉器官的功能会由于驾驶疲劳而发生衰退或紊乱，主要表现为视觉模糊、听力下降，甚至产生幻觉；

（4）操作技能下降。换挡不灵活，动作不协调，油门操作不平稳；

（5）记忆、思维能力差。头脑不清醒，对外界事物思维判断力下降。在过度疲劳时，往往会忘记操作程序，如转弯时忘记开转向灯、不观察车侧及车后情况等；

（6）困倦瞌睡。头脑昏沉、困倦、闭眼时间延长甚至打瞌睡。

四、驾驶疲劳的成因

引起疲劳驾驶的因素是多方面的。驾驶人的疲劳主要是神经和感觉器官的疲劳，以及因长时间保持固定姿势，血液循环不畅所引起的肢体疲劳。驾驶人长时间坐在固定的座位上，动作受到一定限制，注意力高度集中，忙于判断车外刺激信息，精神状态高度紧张，从而出现眼睛模糊、腰酸背痛、反应迟钝、驾驶不灵活等驾驶疲劳现象。形成疲劳的顺序是：眼睛，颈部、肩部、腰部，主要是眼睛和身体的疲劳。形成驾驶疲劳的原因主要包括：

（1）生活环境：居住地离工作地点过远；家务事过多或夫妻不和睦；精神负担重；社交太广，参加文娱活动时间太长。

（2）睡眠质量：就寝过晚，睡眠时间太少；睡眠效果差；嘈杂的睡眠环境不能保证睡眠质量。

（3）车内环境：空气质量差，通风不良；温度过高或过低；噪声和振动严重；座椅调整不当；与同车人关系紧张。在夏季炎热天气或驾驶室内温度过热的环境下驾驶车辆，温度高、空气流通差，驾驶人很容易疲劳。

（4）车外环境：在午后、傍晚、凌晨、深夜时段行车；路面状况差；道路条件好，情况单一；风沙、雨、雾、雪天气行车；交通环境差或交通条件拥挤。

（5）运行条件：长时间、长距离行车；车速过快或过慢；过于限制到达目的地的时间。

（6）身体条件：体力、耐久力差；视、听能力下降；体力弱或患有某种慢性疾病；服用驾驶车辆忌用的药物；女性特殊生理时期（经期、孕期）。

（7）驾驶经历：技术水平低、操作生疏；驾驶时间短、经验少；安全意识差。

五、驾驶疲劳与行车安全

驾驶人疲劳时判断能力下降、反应迟钝和操作失误增加。驾驶人处于轻微疲劳时，会出现换挡不及时、不准确；驾驶人处于中度疲劳时，操作动作呆滞，有时甚至会忘记操作；驾驶人处于重度疲劳时，往往会下意识操作或出现短时间睡眠现象，严重时会失去对车辆的控制能力。驾驶人疲劳时，会出现视线模糊、腰酸背疼、动作呆板、手脚发胀或有精力不集中、反应迟钝、思考不周全、精神涣散、焦虑、急躁等现象。

疲劳的驾驶人员在驾驶中常因发生错误动作而导致交通事故。世界每年因过劳驾驶所造成的交通事故在交通事故总数中占有一定的比重。实际上，因过劳驾驶所造成的交通事故通常极难明确判断，因此，实际上其所占事故总数的比重还要大些。这类交通事故还与驾驶人员驾驶的车种有关，一般驾驶卡车所造成的事故比驾驶出租车和小客车要多。根据试验得知,驾驶人员一天驾驶超过 10 h 以上时,如睡眠不足 5 h,则事故率最高。国外有人对驾驶人员因过度疲劳所造成的交通事故进行了统计分析,其中 60% 是睡眠不足 3.5 h 引起的。因此,充足的睡眠时间对驾驶人员来说是十分重要的。驾驶疲劳与气候、交通条件和道路条件也有关。因此,驾驶人员的工作时间应根据这些情况酌量增减。驾驶人员进行长时间或长距离驾驶时,影响最大的是与驾驶直接有关系的各种机能,对于间接的机能如心脏活动能力、保持身体平衡的机能等也将受到影响。

六、疲劳驾驶的应对方法

1. 主动预防驾驶疲劳的办法

预防驾驶疲劳是保证行车安全的最有效途径,当已经感到疲劳再去改善,就不如做好预防效果更好。预防驾驶疲劳可采取以下措施:

(1)保证足够的睡眠时间和良好的睡眠效果。养成按时就寝和良好的睡眠姿势,每天保持 7 ~ 8 h 的睡眠;睡前 1.5 ~ 2 h 内不饮食,睡前 1 h 内不多饮水、不进行过度脑力工作;卧室内保持通风、清洁,床不宜太软,被子不要过重、过暖,枕头不宜过高。

(2)养成良好的饮食习惯,提高身体素质。膳食宜选择易消化、营养价值高的食品;多吃含维生素 A、C、B_1、B_2 的食物,可以防止眼睛干燥、疲劳、夜盲症的发生;多吃纤维性食物,可以增强胃、肠的蠕动,防止便秘和痔疮;多吃含钙量较高的食物,可以减轻驾驶中的焦虑和烦躁;饭量以七八成为好,勿暴饮暴食;每餐间隔以 5 ~ 6h 为宜,尽量做到定时就餐,切忌饱一顿,饥一顿;饮食应细软,不要狼吞虎咽,也不要只吃干食,适量喝汤有助消化。

(3)科学地安排行车时间,注意劳逸结合。科学、合理地安排行车时间和计划,注意行车途中的休息;连续驾驶时间不得超过 4 h,连续行车 4 h,必须停车休息 20 min 以上;夜间长时间行车,应由 2 人轮流驾驶,交替休息,每人驾驶时间应在 2 ~ 4 h 之间,尽量不在深夜驾驶。

(4)注意合理安排自己的休息方式。驾驶车辆避免长时间保持一个固定姿势,可时常调整局部疲劳部位的坐姿和深呼吸,以促进血液循环;最好在行驶一段时间后停车休息,下车活动一下腰、腿,放松全身肌肉,预防驾驶疲劳。

(5)保持良好的工作环境。行车中,保持驾驶室空气畅通、温度和湿度适宜,减少噪声干扰。

2. 被动预防驾驶疲劳的办法

当开始感到困倦时,切忌继续驾驶车辆,应迅速停车,采取有效措施,适时的减轻和改善疲劳程度,恢复清醒。减轻和改善疲劳,可采取以下方法:

(1)用清凉空气或冷水刺激面部;

(2)喝一杯热茶或热咖啡或吃、喝一些酸或辣的刺激事物;

(3)停车到驾驶室外活动肢体,呼吸新鲜空气,进行刺激,促使精神兴奋;

(4)收听轻音乐或将音响适当调大,促使精神兴奋;

(5)做弯腰动作,进行深呼吸,使大脑尽快得到氧气和血液补充,促使大脑兴奋;

(6)用双手以适当的力度拍打头部,疏通头部经络和血管,加快人体气血循环,促进新陈代谢和大脑兴奋。

3. 乘客的监督

一般情况下，交警在查处交通违法行为时，很难判断司机是否疲劳驾驶，而作为乘车者，大都对驾驶人是否长时间驾车知根知底，为此只有每个乘车者都来当好预防疲劳驾驶的"监督员"，安全行车才有保障。

乘车者坐的若是长途公共汽车，就须注意途中有多长时间没换司机了，如果时间过长就要提醒司机及时换人，司机对善意的提醒无动于衷的话，你不妨打电话报警，举报其疲劳驾驶的交通违法行为。若是乘坐自家车或朋友的车，随时提醒驾车者休息更为关键，因为此类车乘坐的人较少，你不提醒司机的话，可能就没有其他人来提醒他了。

4. 交通管理部门的监察

预防司机疲劳驾驶，在欧美已有非常成熟的方法。德国的交通法规规定：所有机动车辆连续行进时间达到两个小时，必须强制休息一刻钟，如果不遵照执行，将会面临严厉的处罚。每辆车行进多少时间，交管部门如何能够掌控呢？这就需要有一个专门的装备来解决这个问题。在德国每一辆长途运行的客车上，都安装有一个名为"汽车运行记录器"的装备，这个装备有一个光盘大小的纸质卡片，所有的汽车行驶数据都记录在上面。交管部门检查的时候，只需把这个卡片放在一个专用的读卡设备上，就可以读出该车的所有行驶状况。这样司机就只有老老实实地按照交通法规来行车和休息了。

5. 高速公路行车防范疲劳的办法

高速公路路面宽阔、固定参照物少、车流速度高；既无交通信号灯控制和道路平面交叉，又无行人、非机动车和其他低速机动车干扰，所有车辆都保持较高的速度各行其道有序地行进。在高速公路行车，驾驶人的精力始终处于高度紧张的状态，体力消耗增大，而且会不知不觉地提高车速，甚至丧失制动减速意识。在这种环境下长时间驾驶车辆会感到单调、枯燥，既容易产生松懈或疲劳。因此，驾驶人没有休息好或感到有点疲劳时，不要驾车进入高速公路。在高速公路上行车时，最好在1个半小时到2小时到就近的服务区休息一下；若感觉有点疲倦或有睡意时不要继续驾驶，最好立即休息。

第二节　饮酒与行车安全

2008年世界卫生组织的事故调查显示，有50%～60%的交通事故与酒后驾驶有关，酒后驾驶已经被列为车祸致死的主要原因。在中国，每年由于酒后驾车引发的交通事故达数万起；而造成死亡的事故中50%以上都与酒后驾车有关，酒后驾车的危害触目惊心，已经成为交通事故的第一大"杀手"。

一、饮酒对人体影响

酒的主要成分是水和酒精，酒的浓度就是指所含酒精的多少，食用白酒的浓度在60度。当饮用酒精饮料后，有20%的酒精会在胃中吸收，大约有80%会在小肠中吸收。酒精被吸收后，会进入血液系统，溶解到血液的水分中，血液会带着酒精在体内循环。血液中的酒精随后会进入并溶解于身体每个组织（脂肪组织除外，因为酒精不能溶于脂肪）内的水分中。一旦进入组织内部，酒精就开始发挥它对人体的影响。所观察到的影响直接取决于血液酒精浓度（BAC），该浓度与摄入的酒精量相关。饮酒后20 min内血液酒精浓度（BAC）会显著升高。

酒对身体的危害大小，与血液中酒精的浓度有极大的关系，当空腹饮酒时往往会导致血液中酒精浓度急剧升高，对人体的危害较大。

饮酒后，由于酒精的作用会使心脏收缩频率加快。若以正常时，闭双眼静坐状态的脉搏数为 100，饮入中等程度酒量后，同样处于闭眼静坐状态的脉搏数约增加 55%；如果乘坐在车速为 60 km/h 的汽车上，约增加 64.5%；在车速 80 km/h 时约增加 76.6%。它会增加红血球的黏积力，堵塞微血管，使大脑组织中的供血状态变坏。酒精还损坏血管壁，使其趋于硬化，发生动脉粥样硬化。

二、醉酒的过程

由于人的年龄、性别以及是否习惯饮酒等存在着差异，而且这个差异还较大。所以，在饮同等数量酒后，人与人之间的心理活动及动作机能就明显表现出存在着一定的不同，这就导致对醉酒的评价也存在着相应的困难，但概括起来可大体分为六个阶段（如图 3 - 2 所示）：

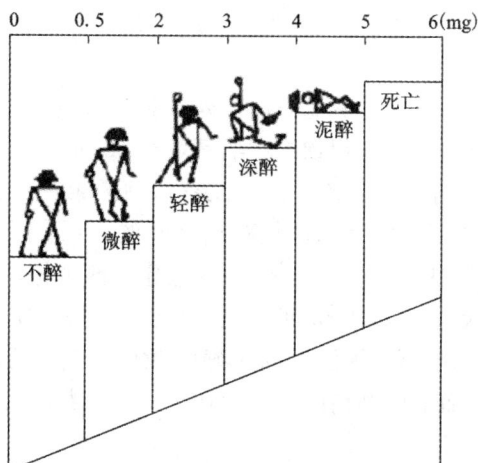

图 3 - 2 醉酒过程

第一阶段，不醉：一般指血液中酒精含量为 0.5 mg/mL 以下。外观无异常表现和普通人一样，看不出饮酒，但有时愉快地哼歌。

第二阶段，微醉：血液中酒精含量为 0.5 ~ 2.0 mg/mL。外观表现为脸红、爱说话、心神不定，对外来的刺激反应迟钝，有时胡闹，但还未忘记自己。

第三阶段，轻醉：血液中酒精含量为 2.0 ~ 3.0 mg/mL。轻醉者对刺激的反应出现极端异常，外观表现兴奋、快活、身体麻木，疼痛感减弱，走路不稳，对衣服的着装极不关心，语言不清，不能正确回答问题，有时甚至哭闹。

第四阶段，深醉：血液中酒精含量为 3.0 ~ 4.0 mg/mL。外观表现为动作失调，腿软不能走路，言语不清，各种反应显著低落，并陷入麻痹状态。

第五阶段，泥醉：血液中酒精含量为 4.0 ~ 5.0 mg/mL。这时已陷入昏醉状态，四肢无力，随处倒卧，大小便失禁，呼吸困难，如失去医护会有死亡的危险。

第六阶段，死亡：当血液中酒精含量超过 5.0 mg/mL 时，一般将引起死亡。

酒精对人体及工作能力的影响不仅取决于酒精的数量，而且取决于许多其他因素。如果空腹喝酒，那么酒精会较快地被吸收，人也容易发渴。人在生病、疲劳、兴奋或压抑状态时，酒精的作用就更强烈。当饮用一定数量的酒后，其酒醉的状态取决于各人的承受能力、年龄、性别、体重和逐渐适应的程度。因此，饮同样数量的酒，对不同人会产生不同的酒醉作用，对同一个人则取决于他当时的状态，所以，饮用同量酒的驾驶员在行车中会出现不同程度的危险。

三、饮酒对驾驶行为的影响

人们在喝酒过后，对驾驶车辆有八项很重要的影响。

1. 视觉能力降低

一般人在平常状态下的外围视界可达 180°，如果酒精含量超过 0.8%，驾驶员的视野就会缩小。在这种情况下，人已经不具备驾驶能力。至于醉酒的驾驶员，甚至只能感觉到周围环境的很小一部分。喝得越多，就越无法看清旁边的景物；此外，亦可能抓不准目标，看不清楚车道线，对光的适应也变差了。

2. 影响思考、判断力

英国学者科恩氏等做过一个试验，他们把优秀驾驶员分为三组：第一组为不饮酒者；第二组饮相当于 23 mL 的威士忌；第三组饮料中酒精增至 68 mL。然后让各组驾驶员都驾驶宽 226 cm 的客车，做穿过一定间距两桩的实验。没有饮酒的第一组，当驾车驶向桩距 224 cm 的通道时，由于能正确判断车子宽度与两桩距离之间的关系，因而没有一人想穿过这个通道；第二组有三人直向两桩之间开去，有一个甚至想穿过两个桩距仅 35 cm 的一条窄道；第三组有两人想分别穿过宽 35 cm 及 41 cm 的窄巷，当然都以失败而告终。第二、三组驾驶员开车直穿狭窄的胡同，可以看出已无法判断正确的距离，不能正确处理车子和路宽的关系了。美国的卢米斯认为，当血液中酒精浓度达到 0.94% 时，判断力会降低 25%；酒精浓度为 0.5% 时，判断力降低的情况因人而异。

3. 危害大脑记忆力

记忆是过去经验在大脑中的反应。具体地说，它是人脑对感知过的事物，思考过的问题和理论，体验过的情绪和做过的动作的反映。从信息加工观点来看，记忆是对信息的输入编码、储存和提取的过程，可以分为感觉记忆、短时记忆和长时记忆。记忆是心理活动过程在时间上的持续。有了记忆，先后的经验才能联系起来，使心理活动成为一个发展的和统一的过程。酒精对人体的麻醉作用影响到大脑，便出现酒精中毒的记忆障碍，所以饮酒者的记忆能力会低落，即饮酒者易健忘，也就是自然饮酒时的所作所为不能"再生"。从心理学的观点分析有两种情况，一是因未能铭记而不能再生；二是对已铭记的事情，因酒精的影响而不能再生。这两种，前者是铭记问题，后者是保持问题。未饮酒者从学习到铭记平均需试行 7.2 次，而血液中含中等酒精浓度者平均需试行 9.5 次，高浓度者平均需试行 18.15 次，可见由于酒精的影响，使人不易铭记。

4. 注意力降低

据实验研究，当酒精进入人体后，注意力易偏向一方，注意的分配能力大大降低。行车过程中，注意力如果不能合理分配和及时转移，必然会影响对迅速多变的交通环境的观察，以致可能丢掉十分有用的道路信息，而使交通事故发生的概率增大。

5.情感发生变化

有的人忘却当前的现实情况和各种忧虑，手舞足蹈，狂笑不止；也有的痛哭流涕。这时已经不能正确对待客观事物，若继续从事工作很容易发生问题。酒精刺激下，人有时会过高估计自己，对周围人劝告常不予理睬，往往做出力不从心的事。

6.触觉能力降低

汽车行驶中，驾驶员触觉接收的信息虽没有视觉多，但是对驾驶工作来说很重要。饮酒后驾车，因酒精麻醉作用，人的手、脚触觉较平时降低，往往无法正常控制油门、刹车及方向盘。例如踩制动踏板中的力、方向操纵中的"犟"或"飘"、车子的振动情况等，都可以从触觉获得信息，反映到大脑，以判断制动、转向装置的工作情况。当感觉阈限提高后，对其发生的有关故障要达到一定的水平以上时，才会被发现，使得不能及时发现故障，增加了危险性。

7.运动反射神经迟钝

酒精在人体血液内达到一定浓度时，人对外界的反应能力及控制能力就会下降，尤其是处理紧急情况的能力下降。驾驶员血液中酒精含量越高，发生撞车意外的机会越高。

根据世界卫生组织的报告显示：当驾驶人血液中酒精含量达 0.08 水平时（约相当于饮用 3 瓶 500 mL 的啤酒或一两半即 80 mL 56°白酒），发生交通事故的机会是血液中不含酒精时的 2.5 倍；达 0.10 水平时（约相当于饮用 3 瓶半 500 mL 啤酒或 2 两即 100 mL 56°白酒），发生交通事故的机会是血液中不含酒精时的 4.7 倍。由此可见，即使在少量饮酒的状态下，交通事故的危险度也可达到未饮酒状态的 2 倍左右。

根据研究指出：呼气酒精浓度达 0.25 mg/L 以上或血液中酒精浓度达 0.05%（50mg/dL）以上，将产生复杂技巧的障碍、驾驶能力变坏，肇事率比未饮酒时高二倍。而在呼气酒精浓度达 0.55 mg/L 以上或血液中酒精浓度达 0.11% 即 110 mg/dL 以上时，其平衡感与判断力障碍度升高，肇事率比未饮酒时高十倍；其实身体中酒精浓度在这样的标准以上，大多数人会感觉很不舒服，头晕、心跳急促、呕吐等。

8.易疲劳

饮酒后由酒精的作用，80% 人易出现脑昏迷，也就是人们常说的困倦、打瞌睡，表现为行驶不规范、空间视觉差等疲劳驾驶的行为而引发交通事故。

四、酒驾后的肇事特征

当人体内的酒精浓度达到一定的含量时，由于感知觉、思维情绪等心理现象受到酒精影响处于异常状态，因而受心理支配的动作反应也就不妥当、不正确了。

如果把血液中酒精浓度分为三个阶段：

(1)血液含酒精 0.10 ~ 0.29 mg/mL。

(2)血液含酒精 0.30 ~ 0.49 mg/mL。

(3)血液含酒精 0.50 ~ 0.70 mg/mL。

由实验可得，在(1)、(2)两个阶段，简单反应时间和选择反应时间都比饮酒前缩短；到第(3)阶段，选择反应时间增长，而且错误反应增加 46%；对闪烁频率（CFF 值）的测试也在(1)、(2)阶段差异不大，而在第(3)阶段变化非常显著。驾驶员饮酒之后，随着大脑及其他神经组织内酒精浓度的增高，中枢神经系统的活动逐渐迟钝，并波及脑干和脊髓。当心理活动发生障碍后，手足的活动也变得迟缓，驾驶操作忽左忽右，车速忽快忽慢，失误情况极为明显。美国的卢米斯通过对驾驶员的饮酒量和驾驶操作的实验后提出，当体内酒精浓度在 0.03% 时，就可以发现驾驶能力低落；在 0.10% 时，驾驶能力低落 15%；如果体内酒精浓度到 0.15% 时，驾驶能力将降低 30%。表 3 - 2 是德国的一项研究结果。表中以不饮酒的人危险程度为 1。饮酒后在人血液中含酒精浓度为 0.05% 时，则死亡事故危险程度为没有饮酒人的 2.53 倍；当人的血液中酒精浓度为 0.15% 时，其死亡事故发生危险程度为没有饮酒人的 16.21 倍。还有一点，从表中可以看出，对于事故的大小、受伤事故和损物事故，其危险程度增长率都没有死亡事故那样高。

表 3 - 2　血液酒精浓度与交通事故的关系

人血液中酒精浓度 （%）	发生事故的危险程度		
	死亡事故	受伤事故	损物事故
0.00	1.00	1.00	1.00
0.01	1.20	1.16	1.07
0.02	1.45	1.35	1.15
0.03	1.75	1.57	1.24
0.04	2.40	1.83	1.33
0.05	2.53	2.12	1.43
0.06	3.05	2.47	1.53
0.07	3.67	2.87	1.65
0.08	4.42	3.33	1.77
0.09	5.32	3.87	1.90
0.10	6.40	4.50	2.04
0.11	7.71	5.23	2.19
0.12	9.29	6.08	2.35
0.13	11.18	9.07	2.52
0.14	13.46	8.21	2.71
0.15	16.21	9.55	2.91

那么酒后开车肇事的特征都有哪些呢？从大量的统计情况来看，大体可以归纳为以下几点：

（1）静止物体（如隔离带、分道用的水泥墩、电线杆、大树、桥栏等）撞击。

（2）部分交通肇事发生在饮酒后的 30 ~ 60 min。

（3）感觉机能降低，反应迟钝，驾驶人侧沟翻倾，或冲出路外，有时甚至平地翻车。

（4）夜间会车时，当受对向车的灯光照射眩目时，视力恢复迟钝，易与对向车正面冲撞。

（5）发生的重大事故多，死亡率高。

（6）肇事的时间大多在午饭后和夜间，而地点以城市周围和集镇附近为多。

（7）大多的肇事属违反交通法规。据日本的统计资料分析，酒后开车造成的事故中 70% ~80% 属于自损事故。

酒后由于大脑皮层中控制人的动作和行为的中枢系统变迟钝，因而对自己采取放纵的态度，出现轻视的感觉，总想冒险试一试来进行自己实际无力完成的操作，酒后开车的危险主要就在于此。

第四章
驾驶员的个性差异与行车安全

　　个性，在心理学中的解释是：一个区别于他人的，在不同环境中显现出来的，相对稳定的，影响人的外显和内隐行为模式的心理特征的总和。

　　个性是在人的生理素质基础上，在一定的社会历史条件下，通过社会实践活动形成和发展起来的，具有整体性、独特性、稳定性和社会性的特征。个性结构包括个性倾向性（需要、动机、兴趣等）和个性心理特征（能力、气质、性格）两大部分。汽车驾驶员的个性差异，反映了个人的独特风格，与行车安全有着密切的联系。

第一节　个性倾向性与行车安全

　　个性倾向性是推动人进行活动的动力系统，是个性结构中最活跃的因素。决定着人对周围世界认识和态度的选择和趋向，决定人追求什么。包括：需要、动机、兴趣、爱好、态度、理想、信仰和价值观。个性倾向体现了人对社会环境的态度和行为的积极特征。

　　个性倾向性的各个成分之间并不是彼此孤立的，而是相互联系、相互影响和相互制约的。其中，需要又是个性倾向性乃至整个个性积极性的源泉，只有在需要的推动下，个性才能形成和发展。动机、兴趣、信念等都是需要的表现形式。世界观制约着一个人的思想倾向和整个心理面貌，是人们言论和行动的总动力和总动机。

　　个性倾向性中的需要是整个动力系统的基础，是推动个体行动的动力。

一、需要的概念

　　需要是人脑对生理和社会的需求的反映，是个体行为和个性积极性的源泉。人的活动的积极性，根源在于他的需要。需要并不会因暂时满足而终止，因此，永远带有动力性。人对客观事物产生的情绪，是以客观事物能否满足人的需要为中介的，凡是能满足人的需要的事物，则产生肯定的情绪；凡是不能够满足人的需要的事物，则产生否定的情绪。需要推动个体意志的发展，人为了满足需要，从事一定的活动，在克服困难的过程中，锻炼了意志。需要又是个性倾向性的基础，是个体活动的基本动力。

二、需要的分类

　　心理学对需要的分类有多种方法。其中，美国人本主义心理学家马斯洛的理论对人的需要层次作了比较完整的论述，认为人的基本需要包括生理的需要、安全的需要、归属与爱的需要、尊重的需要、认知的需要、审美的需要、自我实现的需要，它们是相互联系、相互依赖和彼此重叠的，并排列成一个由低到高逐渐上升的层次。

　　生理需要相对满足后，就会出现安全需要。安全需要指避免危险和生活有保障，也包括工作岗位稳定、有一定数量的储蓄、社会安定和国际和平等。作为汽车驾驶员来讲，行车安全则成为更加突出的需要。

三、需要与行车安全

汽车驾驶员在基本的生理需要满足之后，安全需要就上升到了突出的位置。特别在行车途中，汽车驾驶员尤其关心的是行车安全。但是，需要层次的理论告诉我们，安全并不是人类的唯一需要，各层次间需要的强度和优势是可以互相影响、互相转化的。当安全需要占优势时，汽车驾驶员会自觉地调整自己的交通行为，调整行车速度和行车路线，严格遵守交通指示信号，保证安全行车。当汽车驾驶员的优势需要被某种其他需要所取代时，就会对安全行车带来威胁。这种对汽车驾驶员安全需要的冲击和影响，常常表现为以下几种形式。

1. 能力自我显示的需要

在行车途中，汽车驾驶员需要有快速的反应、正确的判断、准确的操作，这是交通活动中的基本能力。个别汽车驾驶员在某些特定情境下，如：当受到别人赞扬时、女友坐在车上时、看到别的汽车驾驶员超车时，也会有跃跃欲试的冲动。产生显示一下自我能力的需求。其表现为：在超车很困难的情况下强行超车，在车速很快时汽车与行人抢行，汽车与自行车、摩托车抢道等。这些行为是在当事人为了引人注目的需要，过于相信自己的能力，又迫切需要证实这些能力时发生的，此时安全需要显然被削弱了。

2. 脱离约束的需要

汽车驾驶员开车上路，就要遵守交通法规，这应是每一位汽车驾驶员都明确的基本道理。但是，也有个别汽车驾驶员，不能适应环境的要求，特别"渴望无人约束的生活"，当一个人开车上路时，就会产生脱离约束的需要，表现为闯红灯、超速行驶、强行超车、挤道占道等不文明行为，也增加了不安全的因素。

3. 实现自尊的需要

心理学认为，当人们感到自尊心受到伤害时，受尊重、受重视的需要就会占优势，使安全需要处于次要地位。行车途中如果处于这种心态，个别汽车驾驶员就会为了肯定自己的能力、勇气与权威而采取不安全的行为，如开斗气车、互相挤压、互相超车、互不相让等。这种为满足虚假的自尊心而采取的行为是极其危险的，是安全行车之大忌。

4. 节省体力的需要

我们看到，一个优秀的汽车驾驶员在出车回来后，无论身体多么疲劳，总不忘记检查车辆。履行正常的车辆保养制度，这是减少机械故障、保障行车安全的需要。但是，也有个别汽车驾驶员因为疲劳、怕麻烦就擅自减少对车辆必要的检查和保养，看上去干得很快，也很轻松，实际上却使一些事故隐患长期存在。也有的汽车驾驶员为节省体力，强行开车走那些不够安全的所谓近道，这些做法都增加了发生车辆事故的可能性。

5. 其他方面的需要

有时汽车驾驶员开车外出，还肩负有其他任务，如帮助同事购物、寻找地址、游览观光等。此时，汽车驾驶员的注意力很可能被某个目标或某个事件所吸引，使注意力高度集中于其他方面的需要，而使安全需要削弱。

从以上的分析中我们可以看到，汽车驾驶员除了安全需要以外，还会有其他方面的需要。这些需要的强度增加，有时会对安全需要带来冲击和削弱。也就是说，作为汽车驾驶员，一方面希望保证安全行车，不愿造成他人或自身的伤亡；另一方面又想自我显示、脱离约束、实现自尊与节省体力。这两类需要在驾驶过程中始终彼此发生冲突，若是安全的需要占了优势，则驾驶行为注重安全而不至于发生事故；若是其他需要占了上风，则驾驶行为倾向冒险而易发生事故。有人认为，需要系统的变化是驾驶员人为促成事故的心理根源。因此，汽车驾驶员应当明确，要保证行车安全，就必须经常调整自己，使安全需要始终成为优势需要。

第二节　个性心理特征与行车安全

每个汽车驾驶员的心理活动，既有共同性，也有差异性。这种差异性就是个性心理特征，包括能力、气质、性格等，而人的心理活动的认识、情感、注意等也和个性心理特征紧密相连，从而带有个人特点。由于每个汽车驾驶员生理条件和社会实践不同，其个性也随之不同，不同的个性心理对安全行车会造成不同的影响。

汽车驾驶员的个性心理与安全行车有着密切的联系。美国哈佛大学的心理学家闪期波格认为一位优秀的驾驶员必须具备适应驾驶的性格、气质、情感以及复杂的注意力，敏捷的反应能力等，能在千变万化的行车过程中持续地接受和分析周围环境与汽车状态的信息，并做出合理的操纵动作的心理素质。

一、能力与行车安全

能力是指能够顺利地完成一切活动所必须具备的个性心理特征。一个人能力的高低，主要表现在人的活动效率方面，对一个人掌握知识、技能有直接影响。多种能力因素的有机结合是完成好驾驶活动的基础。多年来，人们倾向于把能力分为一般能力和特殊能力两大类。一般能力是指人从事各种活动时所必须具备的基本能力的综合，包括：观察力、记忆力、注意力、思维力、想像力等，又称为智力。智力是保证人们学习和掌握知识、技能的基础。特殊能力是指所从事的某种专业活动所必须具备的一些能力。如：驾驶能力、表达能力、管理能力、绘画能力等，它是有效地完成所从事的专业活动所必须具备的能力。

驾驶活动中，脑、体结合的工作性质，决定了一个合格的汽车驾驶员必须具备中等水平的智力。智力水平过低或过高的人员均不适宜从事职业驾驶工作。这是因为智力水平低的人，不仅不能有效地掌握各种驾驶的基本知识，学习困难，而且行车中很难做到全面正确地感知与处理复杂多变的交通环境，常常出现反应迟缓、判断操作失误。智力水平过高的人，则倾向于不满足或不安心驾驶工作，注意力常常被新的或更高的需要所吸引而分心，或者由于过于自信，对各种安全教育漫不经心，对复杂交通环境放松警觉，致使信息处理过晚，或操作失当。国内外的大量研究也表明，智力水平低于或高于平均水平20%以上的人更易发生交通事故，而中等智力水平的人交通事故率则明显偏低。

驾驶能力是指汽车驾驶员能够顺利、安全地从事驾驶活动所必须具备的心理特征，它是以一般能力为基础的一组特殊能力的组合。汽车驾驶员的特殊能力主要包括：

1. 灵敏准确的感知力

在驾驶能力结构中，感知能力占重要的地位和作用。感知能力通常是指能准确、迅速感知到驾驶过程中所需要的一切与交通有关的信息。在车辆行驶中，灵敏准确的感知能力为思维、判断和正确操作提供了可靠的依据。

2. 宽阔稳定的注意力

良好的注意力包括：注意范围广泛、注意稳定性强、注意分配全面和正确、注意集中和转移灵活、迅速等。汽车驾驶员在行车途中，既要注意来自车辆前方、上方、下方、左方、右方甚至后方的各种信息，又要集中注意于安全行车。所以，必须要有广阔、稳定的注意力。

3. 敏捷准确的反应力

汽车驾驶员对各种交通信息正确感知和判断后，要能敏捷、准确地作出反应。犹豫不决、反应缓慢往往延误时机，易发生交通事故。

4. 良好的情绪控制力

一般来说，情绪波动对安全行车会有一定的影响。如果情绪过度紧张或情绪不佳时，就会使机体内的各种能力的效率降低，在这种消极情绪状态下行车，最易导致各类交通事故。

5. 独立正确的判断力

独立正确的判断力是指汽车驾驶员在感知车外各种信息时，能不受外界环境（如广告、霓虹灯等）的干扰和影响，自己做出正确选择的能力。有些人易受到这种影响，他们对环境判断的独立性较差，而具有较强的环境依赖性。

在驾驶实践活动中，我们看到，汽车驾驶员能力水平的差异，会使工作质量大不一样，其原因主要有两点。一是能力发展水平的差异影响工作质量。一般认为，人的智力水平是呈正态分布的，智力水平极高和极低的人员占少数，而大多数人的智力处于中间状态。韦克斯勒量表对正常人群检测的结果，比较准确地说明了这个问题。二是能力在年龄上的差异影响工作质量。从心理活动发生发展的规律来看，人的心理活动的高峰期在 18 ~ 35 岁，45 岁以前各种能力基本保持在较高水平，以后各种心理活动水平逐渐下降。特别是到了 55 岁以后，就不易继续从事职业驾驶员工作，以免影响工作质量。

二、气质与行车安全

气质（temperament）是表现在心理活动的强度、速度、灵活性与指向性等方面的一种稳定的心理特征。

汽车驾驶员的气质，首先表现在心理活动的强度、速度和灵活性方面。情绪表达的强弱、意志努力的程度等，是心理活动的强度特征；知觉的敏锐度、思维的敏捷性和灵活性、注意转移的速度等，是心理活动速度和灵活性的特征。这些心理活动的特征，使每个汽车驾驶员的全部心理表现不论时间、场合、活动内容、兴趣、动机如何，均涂上自己独特的色彩，体现出一致、稳定的气质特征。其次，表现出具有典型性和稳定性的特点。气质具有"天赋性"，较多受个体生物特征的制约和遗传因素的影响。例如，可以从婴幼儿身上观察到，有的孩子反应积极、迅速、喜吵闹、好动、不认生；有的孩子反应消极、迟缓、比较平稳、害怕生人。这些个体间的气质差异，在成年之后形成比较稳定的心理特征。虽然后天的实践、外界条件的影响和人的主观努力，会使气质发生缓慢的变化，但是与其他心理特征相比，气质更具有稳定性。

气质与安全行车的关系，可以从不同气质类型的表现中反映出来。采用巴甫洛夫高级神经类型学说与希波克拉底体液学说相对应的分类方法，可以将人的气质分为四种类型。其各自特点以及在行车中的表现如下：

1.强、不平衡型(胆汁质)

表现为积极热情,情绪产生迅速、强烈,动作上比较猛烈迅速、精力旺盛,但易于冲动,自制力差,性情急躁,办事粗心,具有外倾性。在驾驶中表现为胆量特别大,常常会发生超速行驶、强行超车、争道抢行和开斗气车等行为;在中、短距离行驶中,能较好地完成驾驶任务,但其工作带有周期性,情绪大起大落,当精力耗尽时会一蹶不振,在长途行车中,则很难保持良好持久的工作状态。因此,一般不宜担任道路状况不好的长途运输任务。

2.强、平衡、灵活型(多血质)

表现为热情亲切,活泼好动,反应灵活,行动敏捷,情感丰富,兴趣广泛多变,但情绪不太稳定,缺乏耐力和毅力,具有外倾性。在驾驶中表现为对道路条件适应快,应变能力强,在比较复杂的道路条件下胆大心细,机动灵活,能较好地完成驾驶任务。但其注意力容易分散,对自己不感兴超的事就会觉得无聊,表现在驾驶上注意力不集中,从而易发生事故。

3.强、平衡、稳定型(黏液质)

表现为情绪稳定,不易激动心平气和,自制力强,工作有条理,沉着稳重,沉默寡言,善于忍耐,但不够灵活,反应较迟缓,具有内倾性。在驾驶中表现为四平八稳,遵章守纪,不气不急,也不易发火。但开车时对道路交通环境的适应不够灵活,在复杂的环境下应变能力差,反应相对迟缓,这种气质类型的驾驶员更适宜在道路情况不太复杂的条件下长途行驶。

4.弱型(抑郁质)

表现为细心谨慎,感受力强,想像丰富,情绪体验深刻稳定,善于观察细小事物,但多愁善感,性情孤僻,胆怯不果断,工作易疲劳,具有内倾性。在驾驶中表现为胆量较小,遇见危险往往犹豫不决,或优柔寡断,一旦面临危险惊慌失措,以致使本来可以避免的事故也避免不了。在长途行驶中易疲劳,对各种刺激敏感,一般不适宜单独担任某些危险性和挑战性特别强的任务。

在汽车驾驶员群体中,由于社会化的影响,大多数人往往是上述两种或三种气质类型的混合型,并兼有某种气质倾向,较少有人是纯属某一类型的。因此,我们在判断某个人或自己的气质类型时,切忌硬性把他人或自己划归为典型类型中的某一种。气质的类型并无好坏之分,每一种气质都有其长处,也有其短处。因此,作为汽车驾驶员,要善于发扬自己气质中有利于安全行车积极的一面,克服和控制自己气质中不利的一面。例如,胆汁质型的汽车驾驶员需要控制自己的感情冲动,遇事要冷静,不随意发火、不急躁;多血质型的汽车驾驶员要注意集中精力,在执行运输任务时要认真负责,一丝不苟;黏液质型的汽车驾驶员要注意工作效率,加强灵活性;抑郁质型的汽车驾驶员要心胸开阔些,着重培养和塑造自己不畏困难、艰险的可贵精神,真正做到扬长避短,确保安全行车。

三、性格与行车安全

性格是一个人在对现实的稳定的态度和习惯了的行为方式中表现出来的人格特征,它表现一个人的品德,受人的价值观、人生观、世界观的影响。

性格在人与人之间存在很大差异,"人心不同,各如其面"。按心理活动的倾向划分,可分为外向型和内向型两种。外向型的人通常活泼好动,喜闻乐道;内向型的人则沉静孤寂,独往独来。性格是人的个性心理特征中最重要的方面,是区别一个人与众不同的最鲜明、最主要的标志。每个汽车驾驶员的社会生活实践,都会通过心理活动的认识过程、情绪过程和意志过程在自己的反映机构里保持、巩固下来，形成独特的态度体系，并以相应的形式表现在行为之中，形成一定的驾驶行为方式。正如恩格斯所说："人物的性格不仅表现在做什么，而且表现在他怎样做。"意思是讲，一个人对现实的态度，即他想"做什么"，以及他活动的方式和行动的自我调节，即他是"怎样做"的。

心理学研究表明，性格与安全行车有着密切的关系。为什么有的汽车驾驶员三天两头出事，而有的汽车驾驶员却很少出事？国外有人做过统计发现，许多事故都集中在部分人的身上。后来，科学家们把一部分容易发生事故的人称为"事故多发者"，并进行了各种测验。发现这些人具有攻击性、好表现自己、爱动、喜欢冒险、情绪不稳定。而那些无事故、优秀汽车驾驶员所表现出来的性格特征，据美国对连续 20 年获得全国安全委员会安全驾驶员的 6 名汽车驾驶员所做的评价分析发现，这些汽车驾驶员的智力和生理能力与普通汽车驾驶员虽然没有什么差异，但他们的共同点都是热爱自己所从事的职业，认真和真诚地对待工作，具有高度的责任感和安全意识，情绪稳定、忍耐性强，不论在道路上行车或在家庭生活上，他们都是非攻击性的。从我们周围的一些"先进汽车驾驶员"和"红旗车驾驶员"的经验和事迹中，也可以看到，这些汽车驾驶员都具有良好的职业道德和过硬的心理素质，对驾驶技术精益求精，爱护车辆等。一些曾经发生过事故的汽车驾驶员，虽然出了事，但能注意吸取教训，认真改正自己急躁、粗心、责任心不强等不良性格，也变成了一名合格的职业汽车驾驶员。

国内有的心理学专家研究发现，有些外向型性格的汽车驾驶员容易发生交通事故。这是因为，尽管他们自信心强，感知觉灵敏，临危反应及应变能力强，驾驶动作敏捷协调，但内在体验薄弱，易受情绪左右，好冲动，自我控制能力较差，喜欢刺激和冒险，胆大而心不细。而有些内向型性格的汽车驾驶员也容易发生交通事故，虽然他们的心理活动过程经常指向内心世界，勤思考，内在体验深刻而不外露，善于控制自我情绪，但他们自信心不强，反应缓慢，应变能力差，尤其是临危之时缺乏自信和果断，紧急避险失误率较高。

有关专家指出，一般说来，有下列性格特征者不宜当汽车驾驶员：

(1) 反应迟钝，遇事优柔寡断；

(2) 性格暴躁，感情冲动，不能自我控制；

(3) 有神经质，遇事想不开，爱钻牛角尖；

(4) 观察事物粗枝大叶，思考问题肤浅、草率、简单；

(5) 情绪变化太大，喜怒无常；

(6) 个性太强，太任性；

(7) 轻视法规，不注重生命，安全意识差；

(8) 对工作安于现状，不负责任。

第三节 驾驶适应性检测

交通事故已成为"世界第一害"，而中国是世界上交通事故死亡人数最多的国家之一。从 20 世纪 80 年代末中国交通事故年死亡人数首次超过 5 万人至今，中国(未包括港澳台地区)每年交通事故约 50 万起，因交通事故死亡人数约 10 万人，已经连续十余年居世界第一。

道路运输业的快速发展对国民经济的促进作用是毋庸置疑的，然而，道路交通事故却像恶魔一样危害着我国人民的生活。研究结果表明，导致道路交通事故的原因有人、车、路三种因素。人的因素占 70% ~ 80%。因此驾驶员适宜性检测很有必要。

20 世纪 80 年代初，日本的交通事故率居世界之首，由此引起了政府和学者的重视，开始研究汽车驾驶员适宜性检测问题，并陆续开发出一系列检测诊断设备，对驾驶员每隔 3 年检测轮训(再教育)一次。通过对驾驶员进行心理、生理检测，分析出驾驶员发生交通事故的原因，对肇事驾驶员有针对性地培训，改正其操作方法；对有些不适宜从事驾驶工作的人员，劝其从事其他行业工作。由于此项研究成果深入广泛的应用，使日本连续 9 年成为世界上道路交通事故最少的国家。波兰、前苏联的同样做法，也使交通事故得到了有效遏制。

驾驶员适宜性检测在国内也有成功的案例。如济南军区某司机训练基地的一个单位自 1991 年起，对每年入伍的新汽车兵进行心理素质检测并跟踪检测结果，检测不合格的新兵都不能做驾驶员，这个单位 10 年中没有发生大的交通事故。这个实例证明了驾驶员适宜性检测的应用是很有成效的，驾驶员的心理素质对道路交通安全有重要作用。

驾驶员适应性指从事机动车驾驶工作应该具备能够适应安全驾驶需要的生理条件、心理条件、行为意识、行为能力等多方面的条件。驾驶员适应性检测依据 GB18463—2001《机动车驾驶员身体条件及其测评要求》，对驾驶员进行生理、心理条件检测。

驾驶适应性检测的意义，在于对驾驶员的心理和身体功能情况进行科学测定，并针对不同检测结果进行安全教育和指导，全面提高驾驶员群体素质。因此可以说驾驶适应性诊断检测及驾驶员的再培训是事故预防的拐杖。

交通事故发生的原因十分复杂，可归纳为客观和主观两大因素。在外界环境一定的情况下，发生交通事故的主要原因是由于心理状态的差异引起的，以下介绍几种常用的检测方法。

1. 速度估计检测

速度估计是指被试者对物体运动速度感知判断的准确性，即对速度快慢的估计能力。估计偏高和偏低均影响判断的准确性。

(1)检测方法：被测试者观察在路面(明区)匀速运动的小汽车，当小汽车进入盲区后，被测试者根据小汽车在明区移动的速度。推测其通过盲区所需要的时间，立即按下右上角按键，练习 2 次，测试 6 次。

(2)标准：初考驾驶员为 500 ~ 2400 ms；在职驾驶员为 800 ~ 2500 ms。

(3)检测目的：检测驾驶员在多种心理特性感觉中对速度的过早反应倾向(动作提前倾向)，目的是诊断驾驶员的速度感觉和焦躁性。

2. 操作机能

即注意能力测试，被试者操纵方向盘控制左、右两根指针同时不断回避动态中呈现的障碍标记以测定其注意的稳定性、注意分配和注意转移的能力。用误操作次数表示检测结果。

(1)检测方法：被检测者开始测试时，画面会出现一边往上运动和一边往下运动的红绿色方块，被检测者用方向盘控制两个小车，转动方向盘对运动中的红绿色方块进行规避，使两个箭头同时从方块的绿色端通过，但不能碰到双色横条和两边的边界，直到检测完毕。

(2)标准：初考驾驶员 ≤130 次；在职驾驶员 ≤110 次。

(3)检测目的：用于检查驾驶员在驾驶中注意力分配及其持续的能力，衡量驾驶员方向操作的正确性，发现驾驶员注意的稳定性和注意分配、持续方面的缺陷。

3. 复杂反应判断检测

该项目检测机体对外界刺激在一定时间内作出正确应答的判断能力，用误反应次数表示检测结果。

(1)检测方法：被测试者在开始测试时，看到黄色图案，立即按下左手按键，看到绿色图案，立即按下右手按键，看到红色图案，立即踩下右脚踏板，当听到耳机内有蜂鸣声，不管看到任何颜色的图案都不要进行操作，直到测试完毕，练习4次，测试16次。

(2)标准：初考驾驶员≤8次；在职驾驶员≤5次。

(3)检测目的：是检查驾驶员在各种不同驾驶条件下是否具备正确的注意力分配以及在不同刺激下适当的知觉反应动作及其正确的处理。

4. 动视力检测

该项目检测人与视觉对象存在相对运动时，人眼辨别物体的能力。

(1)仪器：动视力检测仪。

(2)检测方法：当听到检测人员说"开始"后，被测试者看清由远到近移动的"C"字型缺口方向后立即按下面板按键，并告诉测试人员缺口所指方向，连续测试五次。

(3)标准：动视力≥0.2 s。

(4)检测目的：常规的静视力良好者，动视力未必就好，而影响交通安全的主要是动视力。通过对驾驶员动视力检测了解其对移动物体的辨别能力，对检测不合格的驾驶员经过强化训练，提高驾驶员感知移动事物的视觉机能，保障驾驶员出行安全。

5. 视力、夜间视力检测

夜视力是暗适应视觉，是人眼在明亮环境下突然进入黑暗环境中逐渐恢复辨别物体的能力。

(1)仪器：视力、夜视力检测仪。

(2)检测方法：

视力：被测试者额头靠近检测窗口，检测孔正中黑色圆圈内会出现一个"C"字，在看清缺口方向后告诉检测人缺口方向，分双眼和左眼、右眼检测。

夜视力：夜视力检测前30 s，检测孔内有强光刺激眼睛，这时，检测孔内有红色小灯随机闪烁2～7次，被测试者看到闪烁1次，按左手计数按键1次。30 s后，光刺激灯熄灭，暗适应开始，看清黑色圆圈内的"C"字缺口方向后立即按下右手应答按键，然后告诉检测人员缺口方向。

(3)标准：两眼视力(允许矫正)≥0.7，夜视力：≤35 s

(4)检测目的：夜间行驶时，由于汽车前灯及其他各种照明，光亮度和黑暗度在时刻变化，在这种情况下若驾驶员辨认事物的功能低下，易酿成车祸。通过夜视力检测，可以筛选出具有夜视力缺陷的驾驶员，对其进行治疗和强化训练，保障安全驾驶。

6. 视野检查

视野的大小影响到驾驶员观察的范围，可进行人的单眼和双眼的视野检查。

7. 深视力检查

深视力是指被试者对物体深度运动的相对距离和空间位置的感知能力。

(1)仪器：深视力检测仪。

(2)检测方法：①被检测人员坐到距检测仪2.5 m处，听到检测人员说开始后，会看到有三个标示杆，中间的标示杆会随机前后移动，两侧的标示杆作为参照物存在，当被检测人员感觉三个标示杆在同一平面上时，立即按下手中应答按钮，连续测定三次。

（3）标准：初考驾驶员为 –25 ～ +25 mm，在职驾驶员为 –22 ～ +22 mm。

（4）检测目的：在驾驶员中发现深视觉盲者为 2.1%，深视力存在缺陷容易酿成交通事故。通过对驾驶员深视力检测了解其远近视力的状况，对检测不合格的驾驶员提出有针对性的安全建议，保障驾驶员出行安全。

8. 血压检测

（1）仪器：血压计。

（2）检测方法：被测试者将衣袖摆起至大手臂处，然后将手臂伸入检测孔内，肘关节抵住测试仪拐弯处进行测试，测试时不要说话，不要乱动，保持轻松。

（3）标准：收缩压 < 140 mmHg，舒张压 < 90 mmHg。

（4）检测目的：驾驶员是典型的职业紧张人群，其患高血压的几率高于其他人群，对驾驶员进行血压检测，掌握驾驶员的血压状况，做好预防和治疗工作，防止在工作中由于血压过高引起突发性疾病，影响安全驾驶。

9. 肺功能检测

（1）仪器：肺功能检测仪。

（2）检测方法：被测试者在听到检测人员说开始后，拿起吹筒深吸一口气，然后对着细的一端用力呼出肺内全都空气。

（3）标准：检测标准依据个人身体参数值为准。

（4）检测目的：了解驾驶员呼吸系统的生理状态，明确肺功能障碍的类型，对检测不合格的驾驶员提出治疗建议，保障驾驶员行车安全。

第五章
驾驶员生理健康与行车安全

第一节 概 述

一、健康与亚健康

健康是人生的第一财富。健康的含义是指一个人在身体、心理和社会适应能力均处于良好状态。传统的健康观是"无病即健康",如今,世界卫生组织关于健康的概念有了新的发展,把道德修养纳入了健康的范畴。世界卫生组织对健康的定义是:健康是身体上、精神上和社会适应上的完好状态,而不仅仅是没有疾病和虚弱。健康的内容应包括:健康者不以损害他人的利益来满足自己的需要,具有辨别真与伪、善与恶、美与丑、荣与辱等是非观念,能按社会行为的规范准则来约束自己及支配自己的思想行为。

世界卫生组织提出了衡量健康的具体标志,包括:

(1)精力充沛,能从容不迫地应付日常生活和工作;

(2)处事乐观,态度积极,乐于承担任务不挑剔;

(3)善于休息,睡眠良好;

(4)应变能力强,能适应各种环境的变化;

(5)对一般感冒和传染病有一定抵抗力;

(6)体重适当,体态匀称,头、臂、臀比例协调;

(7)眼睛明亮,反应敏锐,眼睑不发炎;

(8)牙齿清洁,无缺损,无疼痛,牙龈颜色正常,无出血;

(9)头发光洁,无头屑;

(10)肌肉、皮肤富弹性,走路轻松。

"亚健康"是指人体介于健康与疾病之间的边缘状态,又叫慢性疲劳综合症或"第三状态"。亚健康的人虽无明显疾病表现,但缺乏活力,对外界适应能力下降,严重者影响其正常生活、工作和学习。

"亚健康"常被诊断为疲劳综合症、内分泌失调、神经衰弱,更年期综合症等。它在心理上的具体表现是:精神不振、情绪低沉、反应迟钝、失眠多梦、白天困倦、注意力不集中、记忆力减退、烦躁、易激动、焦虑、易受惊吓等,在生理上则表现为疲劳,乏力,活动时气短、出汗、腰酸腿疼等。此外,还有可能出现心血管功能失调,如心悸、心律不齐等。

二、驾驶员健康的含义

驾驶员的工作过程中,生理活动和心理活动贯穿于始终,这就要求驾驶员要有良好的心理素质和健全的体魄来适应。驾驶员驾驶车辆的过程中,不断接收信息、处理信息、操作车辆，是脑力劳动和体力劳动相结合的过程，不仅与驾驶员个人有关，还涉及交通安全，对人民生命财产、家庭和社会影响的问题。因此，驾驶员的健康包括生理健康和心理健康两个方面。

生理健康是指人体的生理过程适应内外环境，并按自身的活动规律有序地运动。人的身体是由各类细胞、各种组织、功能各异的器官以及由细胞机体组织和器官合理组成的有机系统构成，构成机体的每一种成分都对人的活动发生影响。但对人的正常活动影响最直接的主要是人体的器官、调节系统、神经系统、运动系统和感官系统。

驾驶员生理健康是指驾驶员的年龄、身高、血压、视力、听力、心肺功能和全身主要内脏器官都符合驾驶员的基本生理标准，无先天性疾病及生理缺陷，特别是影响驾驶和行车安全的疾病，如心脏病、精神病、癫痫、震颤性麻痹等。

驾驶员心理健康应包括精神活动的健全和社会适应能力良好两个方面。生理是否健康，身体是否有病，这容易获得可靠科学的结论。但是心理是否健康，那就并非尽人皆知了，一般来讲，要判断一个人的心理是否健康，主要考察是否具有如下特征：

（1）具有正常学习、工作和生活的心理素质；

（2）具有积极向上的良好情绪；

（3）具有融洽密切的人际关系；

（4）具有与年龄结构相适应的性行为；

（5）具有健全的人格；

（6）具有群体意向；

（7）具有自我容纳的心理素质；

（8）具有充分的安全感和信心；

（9）具有实事求是的奋斗目标。

三、有害驾驶员健康的不良行为

对于健康来说，良好的生活方式比任何复杂的医疗技术都更为重要。应向人们广泛宣传"良好的生活习惯有益于健康"。对驾驶员来说，生活方式如何，不仅影响其身心健康，而且直接影响到驾驶机能与交通安全。因此，驾驶员应懂得养成良好生活习惯的重要性，并逐步养成之。

各职业人群因各自职业的关系，不可避免地形成一些与其本职业相关的生活习惯。驾驶员这一人群，因其职业的特殊性，也形成了一些与驾驶职业相关的习惯，其中有些习惯可能对身心健康及驾驶机能形成不利的影响，甚至会危及交通安全。

1. 饮水过少

水是人的身体中含量最多的组成成分，成人的体液占体重的60％。是维持人体正常生理活动的重要物质之一。

为了维持人体正常的生理需要，保障身体健康，必须维持水的平衡，补充人体排出水的量，人体每天必须有一定的进水量。

当进水不足时，就会导致水的负平衡，造成人体的缺水，甚至脱水。组织缺水，则影响各种营养物质的消化、吸收、运输和废物的排泄，并可使消化液等分泌减少，食欲减退，皮肤黏膜干燥，还容易引起呼吸道干燥而引起呼吸道的炎症等。此外，饮水不足导致的口渴，影响驾驶员的精神和情绪，口渴、烦躁不安也会使驾驶能力下降。

2. 不及时排尿

有的驾驶员为了减少行车中的麻烦，经常长时间不去排尿，这对身体是有害的。

尿液是在肾脏中形成，然后经输尿管流入膀胱。膀胱的功能是储存尿和周期性排尿。在正常的生理情况下，尿液在膀胱内积存到一定程度时，才引起排尿的感觉，导致排尿活动。如果在膀胱充盈尿液达到最大容量时，不能及时排尿，使膀胱过度充盈，内压很高，输尿管及肾脏排出的尿就不容易到达膀胱而造成水分在肾脏的再吸收，尿液浓缩，尿中的钙盐等潴留过久，而可能沉积在泌尿系统，容易形成结石。

尿潴留时，肾盂、输尿管、膀胱还容易发生感染，而患肾盂炎、膀胱炎、尿道炎等。在泌尿系统感染时，细菌被析出的晶体黏附，则更有利于结石的形成。而结石造成的泌尿系统的阻塞及损伤，又是诱发感染的因素，即形成一个非良性的循环。

另外，经常憋尿可能影响膀胱括约肌的紧张性，长此以往，可造成尿失禁。

不及时排尿，会分散驾驶员行车时的注意力，还可能会引发泌尿系统的疾病而危害驾驶员的生理健康。

3. 吸烟

吸烟有百害而无一利。吸烟对人类的危害已引起全世界有识之士的重视和关注。然而，目前烟民的行列还是一个庞大的队伍。青少年中吸烟人数的比例很大，驾驶员中嗜好香烟的人占相当大的百分数。吸烟不仅是导致驾驶员患某些疾病较多的一个重要因素，也是导致驾驶员工作能力下降的重要原因之一，从而形成对安全行车的威胁。

烟草中含有尼古丁、一氧化碳、苯并芘、甲醛、醋酸、丙酸氨、树脂等有毒物质。这些有毒物质被人体吸收后，在体内蓄积，会使人体产生多种疾病，并可影响驾驶能力。

吸烟过程的一系列动作会分散驾驶员的注意力，吸烟时吐出的烟雾会遮挡视线，甚至迷住眼睛，再加上烟草中尼古丁等有害物质的刺激，会使驾驶员产生精神恍惚、兴奋，而后又转入反应迟钝，可能引起判断失误等，严重影响行车安全。

4. 饮酒

机动车是一种速度快、惯性大的交通工具。它要求驾驶员在行车时，注意力高度集中，时刻注视道路的瞬息万变的复杂的交通情况。尤其是在遇到险情时，要求在非常短的时间（0.75 s）作出迅速判断，并采取相应的措施保证交通安全。

饮酒后酒精被人体吸收，作用于中枢神经系统，使整个中枢神经系统处于麻醉和抑制状态，使人的反应能力下降，并且无所顾忌。即使在没有一点醉意，只饮少量酒的情况下，酒精在血液中浓度很低时，反应能力却下降很多。

国外实验证明，饮酒者每 100 mL 血液中含酒精量 0.05 g（即血液中酒精浓度 0.05%）时，人的反应能力就下降；血液中浓度上升至 0.1 g（0.1%）时，反应能力已下降了 15%；达到 0.15 g（0.15%）时，反应能力就下降了 30%，并伴随各种其他能力的下降，如定向力、智力、记忆力等，且有动作失调。所以说，即使少量饮酒也会影响驾驶机能。

5. 吸毒

吸毒严重损害着吸毒者本人的身心健康，同时还给其家庭、给社会带来非常大的危害。

吸毒会产生嗜睡、感觉迟钝、运动失调、幻觉、妄想、定向障碍等机体的功能失调和组织病理变化。长期吸毒造成的一种严重和具有潜在致命危险的身心损害，通常在突然终止用药或减少用药剂量后发生。许多吸毒者在没有经济来源购毒、吸毒的情况下，或死于严重的身体戒断反应引起的各种并发症，或由于痛苦难忍而自杀身亡。吸毒所致最突出的精神障碍是幻觉和思维障碍。他们的行为特点围绕毒品转，甚至为吸毒而丧失人性。

如果驾驶员吸毒，在工作过程中，一旦毒瘾发作，就会有呵欠、流泪、出冷汗、坐立不安、产生幻想和幻、觉、失去时间和空间等现象，甚至还可能情绪不能自主，躁动不安。严重影响驾驶员行车的安全。包括驾驶员在内的所有人，一定要远离毒品，为自己、家庭和国家负责。

第二节　驾驶员的生理健康要求

汽车事故是在人—汽车—环境这个系统中产生不稳定或不平衡的时候发生的，而在这三个因素中，人的因素可靠性最差。人类基本上是靠体内平衡保持某种程度的生理稳定状态。可是这种现象未必就意味着人维持了正确且一定的身心机能和水平，严格地讲它是不断在变动着的，感觉、意识、行动等都是相当不稳定的。此外，人由于存在生理性节奏(生物节律)，各种生理学指标也在以某个周期变化着。人的这种不稳定性是产生事故的主要原因。

在事故中，除违反道路交通法的超过安全速度、注意力不集中等表面原因之外，还有存在于表面原因背后的原因，这里既有作为间接原因的人的特性，也有认识迟缓、判断错误等直接原因。

驾驶员通过自身的感官获得车、路和交通环境的所有信息对行车过程是必需的而且是非常重要的，因此驾驶员必须具备良好的生理、心理、思想、技术等素质，才能适应驾驶工作和复杂的交通环境。其中，生理素质是对驾驶员的起码要求。生理素质包括体格、体能两个方面。

一、驾驶员体格标准

按照《机动车驾驶证申领和使用规定》(公安部令第111号)规定，申请机动车驾驶证的人，应当符合如下两项内容的规定：

1. 年龄条件

(1)申请小型汽车、小型自动挡汽车、残疾人专用小型自动挡载客汽车、轻便摩托车准驾车型的，在18周岁以上，70周岁以下；

(2)申请低速载货汽车、三轮汽车、普通三轮摩托车、普通二轮摩托车或者轮式自行机械车准驾车型的，在18周岁以上，60周岁以下；

(3)申请城市公交车、中型客车、大型货车、无轨电车或者有轨电车准驾车型的，在21周岁以上，50周岁以下；

(4)申请牵引车准驾车型的，在24周岁以上，50周岁以下；

(5)申请大型客车准驾车型的，在26周岁以上，50周岁以下。

从年龄条件来看，一般认为18岁以下是未成年人，心理和生理发育不够成熟，大脑的思维、分析判断能力未完全牢固建立，对交通状况的反应能力和自我保护能力都比较差，若遇到交通事故，后果会比较严重。

年龄在20~60周岁之间的人，反应和应变能力方面均处于最佳状态。

65 岁以上人群则逐步走入老龄化阶段,生理状况开始改变,视、听能力下降,反应渐趋迟钝,较易发生交通事故。

2. 身体条件

(1)身高:申请大型客车、牵引车、城市公交车、大型货车、无轨电车准驾车型的,身高为 155 cm 以上。申请中型客车准驾车型的,身高为 150 cm 以上。

(2)视力:申请大型客车、牵引车、城市公交车、中型客车、大型货车、无轨电车或者有轨电车准驾车型的,两眼裸视力或者矫正视力达到对数视力表 5.0 以上。申请其他准驾车型的,两眼裸视力或者矫正视力达到对数视力表 4.9 以上。

(3)辨色力:无红绿色盲。

(4)听力:两耳分别距音叉 50 cm 能辨别声源方向。有听力障碍但佩戴助听设备能够达到以上条件的,可以申请小型汽车、小型自动挡汽车准驾车型的机动车驾驶证。

(5)上肢:双手拇指健全,每只手的其他手指中必须有三指健全,肢体和手指运动功能正常。但手指末节残缺或者右手拇指缺失的,可以申请小型汽车、小型自动挡汽车准驾车型的机动车驾驶证。

(6)下肢:双下肢健全且运动功能正常,不等长度不得大于 5 cm。但左下肢缺失或者丧失运动功能的,可以申请小型自动挡汽车准驾车型的机动车驾驶证。右下肢、双下肢缺失或者丧失运动功能但能够自主坐立的,可以申请残疾人专用小型自动挡载客汽车准驾车型的机动车驾驶证。

(7)躯干、颈部:无运动功能障碍。

身高的差距,结合驾驶室的布置、驾驶工作的特性,规定驾驶大型汽车身高必须在 155 m 以上,驾驶其他车种身高须在 150 m 以上。近几年,大型车辆相应增多,体积增大,驾驶员身高应在 165~175 cm 之间较为合适。驾驶员的身高和坐高的比例也要适当,因为在驾驶车辆过程中,驾驶员要经常观察路面、调整车速、换挡、制动以及操纵各种开关等工作,要使驾驶员在长时间的高度紧张中能乘坐舒适、操作省力,主要是驾驶室内的布置要与驾驶员四肢活动范围和视野相适应。驾驶员过高或过低,既难以确定操作机构与座椅的位置调整量,也不利于操作,有碍交通安全。其次,在汽车的运行过程中难免会发生各种故障,而要排除故障不但要有分析判断故障原因的能力,还有体力和身高适应性要求,也就是作为一名驾驶员能在没有外援的环境条件下,独立处理各种故障的能力,而不会因为身高不足无法排除故障。

辨色能力良好是驾驶证申领人员必须具备的体格条件,特别是无红绿色盲或色弱。有红绿色盲的人不能正确识别交通指挥信号灯的颜色,以及交通标志和前方车辆尾灯信号的颜色,容易造成观察判断失误而导致车祸。色弱者在黄昏或夜晚,各种颜色灯光闪烁的交通环境下,分不清红绿信号灯,也容易造成观察判断失误,导致交通事故。

听觉能力是指申领驾驶证人员凭听觉器官感知外界事物的能力。驾驶员的听觉功能要求,在行车过程中,能辨别自己驾驶的车辆和其他车辆的异常声音、判断异响故障部位和原因;能在通过视线不良的交叉路口、弯道桥梁、山区道路时,主要靠听力判断四周车辆的距离、方位等信息,作出相应的驾驶反应。

除上述规章规定的年龄与身体要求外,驾驶员还应满足其他的一些身体条件要求,以保证安全的行车,保证交通安全。

（1）血压。

驾驶员的职业与高血压有密切关系，患有高血压和临界高血压的人严格地讲都不适宜从事驾驶作业，如已成为职业驾驶员应调离岗位。驾驶员的血压应符合我国沿袭的世界卫生组织（WHO）1978 年建议使用的高血压诊断标准。

正常血压：收缩压 140 mmHg 或以下（18.7 kPa 或以下），舒张压 90 mmHg 或以下（12.0 kPa 或以下）（以声音消失为准）。

高血压：成人收缩压：160 mmHg 或以上（21.3 kPa 或以上）和（或）舒张压 95 mmHg 或以上（12.7 kPa 或以上）。

临界高血压：成人收缩压为 140～160 mmHg（18.7～21.3 kPa）之间；舒张压在 90～95 mmHg（12.0～12.7 kPa）之间。

（2）心、肺功能。

机动车驾驶员就具有良好的心、肺功能，以保证驾驶员（特别是长途汽车驾驶员）大量的体力和精力消耗，患有心、肺疾病的患者不适宜驾驶机动车这种危险比较大的工作。

正常的心肺功能情况应该是，心脏心界不大，心脏各瓣膜听诊区无病理性杂音，心率在正常范围（60～90 次/min）心律整齐，心电图检查正常；肺部应重点做胸部透视，有可疑时拍胸部 X 光片、CT 或其他检查，以排除可能的心肺疾病。

有先天性或后天性各种器质性心脏病者，如风湿性心脏病、冠心病、肺结核、肺气肿、支气管哮喘、支气管扩张等肺功能障碍性疾病者不能成为职业驾驶员。

（3）妨碍机动车驾驶的其他生理缺陷。

单眼失明、耳聋者不能从事驾驶员工作，这是因为驾驶员的视、听觉功能非常重要。

双手拇指残缺者不能报考驾驶员，这是因为拇指、食指本身的功能对掌握转向盘、变速器操纵杆等非常重要，特别是在车辆发生故障时要修理、排除故障的过程中，食指和拇指残缺则无法正常操作。

智力缺陷者不适应需要分析、判断、迅速应变的驾驶员工作，智力有明显缺陷的人不能报考驾驶员。

二、驾驶员体能标准

驾驶员的体格标准是对驾驶员先天身体条件要求，而驾驶员体能标准包括对力量、速度、灵活性、柔韧性、平衡、反应能力等的要求。体能可以通过锻炼和训练获得，体能要求对驾驶的工作也十分重要。

1. 力量

力量在运动生理学定义是肌肉紧张或收缩时对抗阻力的能力。驾驶员在操作车辆的运动过程中，无时无刻不需要相应力量的配合。

如在紧急制动等突发情况下，需要驾驶员以一定的爆发力来踩下制动跳板，且要求准确、敏捷、稳定。在换挡、转向、离合、轻制动等这些频繁操作的动作时，需要的力量不大，但很频繁，容易使驾驶疲劳，这就要求驾驶员有一定的耐疲劳力量，即动力性力量。在定速、滑行、半离合等情况下，需要驾驶员保持正确姿势操作而较长时间不改变时，驾驶员需要一定的静力性力量来配合，才能准确地控制加速踏板、离合器、制动踏板等。

2. 速度

速度指驾驶操作动作的敏捷性，与肌肉和内脏器官机能活动的协调相关，驾驶员施行涉及驾驶动作的各个部位都要密切配合。对驾驶员的速度要求主要是驾驶员操作车辆的动作要迅速、准确、敏捷，驾驶员在速度要求上表现良好，就可以避免很多可能的事故，动作迟缓者不适宜做驾驶员。

3. 耐力

耐力是人对紧张体力活动的耐久能力，是人体长时间进行持续肌肉工作的能力，即对抗疲劳的能力。特别是长途行车或出租车的驾驶员，长期驾驶车辆，体力消耗很大，如果没有足够的耐力，将不能胜任驾驶员工作。

4. 灵活性

灵活性是具有灵活的能力，与原则性存在着一定的辩证关系。驾驶员的灵活是指人体灵敏和技巧的结合，也是反应能力和智力水平的结合，主要表现在操作车辆的快速起动能力，在复杂的交通环境中避开障碍物的能力，在转弯、倒车、会车等多种情况下的灵活性，是驾驶员应对复杂多变交通环境不可缺少的体能。

5. 柔韧性

柔韧性是指人体关节活动幅度以及关节韧带、肌腱、肌肉、皮肤和其他组织的弹性和伸展能力，即关节和关节系统的活动范围。涉及骨、关节、肌肉、韧带的牵拉、协调、统一而活动自如。驾驶员的柔韧性主要表现为换挡不响、动作轻盈、转向灵活，驾驶车辆给人以顺畅平稳舒适的感觉。

驾驶员体能要求非常重要，是预防驾驶疲劳、保障行车安全的生理基础，一个高素质的驾驶员要经常注重自己的体能训练，以适应复杂多变的交通环境，减少交通事故的发生，并给驾乘人员以平稳舒适的感觉。

第三节　驾驶工作的职业病

职业病系指劳动者在生产劳动及其他职业活动中，接触职业性有害因素引起的疾病。在机动车驾驶员的职业活动中，主要接触下述职业性有害因素：噪声、全身振动、局部振动、一氧化碳、汽油、四乙铅等。

建国初期，国家就明文规定了十四种职业病。1987 年，国家卫生部、劳动人事部、财政部、中华全国总工会等部门对以往的职业病名单进行了重新修订，关于修订颁发《职业病范围和职业病患者处理办法的规定》的通知【(87)卫防字第 60 号】中，对我国现行的职业病，划分了 9 大类，99 种职业病。

从 2002 年 5 月 1 日开始执行的卫生部和社会劳动保障部联合发布的《职业病分类目录》中，法定的职业病被界定为 10 大类 115 种，主要是对职业健康危害最严重的职业危害，如粉尘、放射、有毒物质等有害因素所致疾病和职业性肿瘤；而对一些职业常见病、多发病还不能归属为职业病。也就是说，职业病是在生产过程中因接触物质性因素、化学性因素或生物学因素所引起的职业危害性疾病。而人体受到有害因素的作用是否引起职业病，决定于有害因素的性质、作用于人体的量和人体的健康状况三个主要条件。所以，应当依据职业病诊断标准，结合职业病危害接触史、工作场所职业危害因素检测与评价、临床表现和医学检查结果等资料进行综合分析而做出对职业病的诊断。

职业病是一类人为的疾病，所以预防显得非常重要。大量调查表明，驾驶员如果缺乏职业卫生方面的知识，防护不当，那么，这一职业人群中，就有患噪声聋、局部振动病、全身振动病、高温中暑、低温冻伤、一氧化碳中毒、汽油中毒、四乙铅中毒等职业病的可能性。因此，应引起这一职业人群及有关部门的高度重视。

一、噪声聋

1.噪声的危害

随着人类社会的进步，尤其是近代科学技术的发展，来自工农业生产、交通运输、军事活动以及生活的噪声与日俱增。它已严重地污染了环境，影响着人们的工作、学习、休息和生活，危害着人们的健康，已成为世界重要的公害之一。

而在噪声的危害中，驾驶员本身所受的噪声危害，近年来尤其引起人们的关注。因为噪声不仅对驾驶员的健康产生不良的影响，造成听力下降等，而且直接危害驾驶员的注意力、分析力、判断力，加速疲劳发生，从而容易导致交通事故。

噪声对人体的危害是多方面的。除了损害听力外，还能引起精神、情绪、心理及身体的多方面的改变，导致职业性紧张。

2.噪声聋

噪声对人体的一种最重要的慢性损害是噪声聋。这是我国的法定职业病之一。驾驶大客车、大货车、特别是柴油车，超过20年就有发生耳聋的危险性。轻度噪声聋的主要表现：首先是耳鸣，脑子里嗡嗡作响；逐渐出现听力下降，比如，谈话聊天时爱打岔；看电视、听广播常需要放大音量，听不到钟表的声音，打电话时也感到不方便，常感到对方声小，甚至听不清。如果你的听力出现了上述的某些表现，而又没有耳外伤，未患过中耳炎、高血压病，未注射过链霉素等耳毒性药物，就应尽早去职业病医院诊治，查明病因。据调查，在驾驶员中，工龄超过30年的，噪声聋的检出率为9%。

3.机动车驾驶员噪声危害的预防

（1）制定机动车驾驶室噪声的卫生标准。我国虽然对驾驶室噪声已有规定，但这个标准仅是从保护听力的角度出发的，而较少考虑对驾驶员心理、精神的影响，较少从工效学和预防交通事故的角度出发。因此，我们认为，我国对驾驶室噪声标准还须在大量调查研究的基础上，重新修订。

（2）噪声控制。如果驾驶室噪声超过80dB（A），就应当对车辆进行检修。玻璃窗、车门、发动机盖板的振动等所产生的噪声都可以采取相应措施控制。发动机噪声采用隔声措施，可降低20~30dB（A）。另外，在目前还不能避免使用喇叭的条件下，应尽可能降低喇叭的频率和声级。

（3）卫生监督。驾驶大型车辆，如解放、黄河、推土机等的驾驶员，驾驶大客车超过20年的驾驶员，应定期检查听力，监测听力变化情况。发现耳聋时，应及时采取对策。并加强对身体其他方面的监测，如神经系统、心血管系统，以及心理方面的变化等。

（4）个人防护。一般的机动车驾驶员，由于工作的需要，不能佩戴防护耳塞。但矿山采挖机、推土机、拖拉机、铲车等非在公路上行驶车辆的驾驶员，如果驾驶室噪声强度超过90dB（A），则在工作时应该佩戴防护耳罩或耳塞。

（5）如果驾驶员出现耳鸣、不明原因听力减退，应到职业病医院检查，及早诊治。

（6）听力保健。避免各种噪声，包括工作中与生活中的噪声，譬如影视音响等；不乱掏挖耳朵，防止外耳及中耳的感染；慎用耳毒性药物，如链霉素、庆大霉素等；抑制急躁情绪，不发怒；经常按摩耳部诸穴可增加血液循环，保护听力。

二、局部振动病

1. 定义

局部振动病是长期接触生产性振动所引起的一种职业性损害，以肢端的手指血管痉挛（雷诺氏现象）为主要表现的，称为职业性雷诺氏症，即白指病。近年来的研究深入发现，振动不仅损害末梢血管，而且也损伤末梢神经、肌内和关节等。因此，多数人称其为振动病，或振动综合病。

2. 症状与体征

以手的局部症状为主，手麻、痛、胀、凉，手掌多汗、遇冷后手指变白（雷诺氏现象），其次，还有手僵、手无力等不适，以致手握不紧方向盘，吃饭筷子掉地等异常表现。

由振动引起的手或指的间歇性苍白和紫绀发作，多在冬季或寒冷的条件下出现。如冬季的户外活动，用冷水洗衣服，收拾冻鱼；刷车、在室外修车、或用汽油洗刷汽车零件时诱发；在春、秋季，突然降雨，气温下降时也可诱发。

典型的发作常见患病手指突然麻木，感觉消失，触之冰凉，苍白，界限分明，形如白蜡。一般持续数分钟到半小时，渐转为局部紫绀、发红，自觉患指发胀、发热，有的可出现剧烈疼痛。在一股情况下，可能没有任何体征，少数人可能有痛觉、触觉减退或肌肉萎缩。

驾驶员这个职业人群局部振动病的特点，主要以神经、血管损伤的表现为主。

3. 治疗

一经诊断为局部振动性疾病，首先应脱离振动强度较大的工作，并积极治疗。治疗方法如下：

（1）局部按摩：经常进行手的局部按摩，可促进局部的血液循环。

（2）中药治疗：以活血化瘀之法治之，可用川芎、丹参、当归、桂枝、乳没等。

（3）理疗：可采用超短波、红外线、神灯、蜡疗，热水浴（用45℃的热水每日浸泡15 min）。

（4）医疗体育：每日坚持做多次手的伸屈运动。

（5）西药治疗：需在医生的指导下进行。

4. 预防措施

（1）改进工具：降低车辆手柄处的振动强度。

（2）限制、缩短驾驶作业时间，尽量避免连续驾驶。

（3）保持作业场所及驾驶室的温度，加强个人保暖。

（4）个人可使用保温防振手套。

（5）一旦出现手麻、针刺样疼痛或无力等早期症状，应及早到医院检查。

（6）从职业安全考虑，加强对振动强度较大车辆的驾驶员进行定期健康检查，及早发现预防。

三、全身振动病

1. 定义

全身振动是指人在坐位、横卧位或立位情况下，通过支撑面——双脚、臀部或躯体所受到的振动。它可以使机体产生垂直方向的上下位移。所产生的生物学效应与振动的频率和强度以及体位有关。汽车驾驶员均接触职业性全身振动。全身振动多为低领率、大振幅的振动。由全身振动引起的疾病称之为全身振动病。

2. 症状

全身振动所致职业损伤的表现特征为增生性脊柱关节病，或脚趾的振动性血管损伤。受振动强度、频率和作用部位的不同，全身振动病的表现也不尽相同。全身振动对机体可有多方面影响，如引起植物神经系统病变，出现面色苍白、恶心、呕吐、出冷汗、唾液分泌增加等。但全身振动病较为特征的表现，据美国、德国、日本等国家的研究，主要集中在两个方面——腰椎骨关节方面的改变和脚趾的振动性血管损伤。

（1）振动性增生性脊柱关节病。

长期受到低频率、超过一定强度的大振幅的传导振动，可致驾驶员发生慢性增生性脊柱关节病。大型机动车辆，连续驾驶超过 20 年，具有较大的危险性。

早期症状：驾驶员仅有腰部的不适或腰痛。腰椎出现与年龄不相平行的骨质增生。

中期症状：除腰痛明显加重外，腰椎 X 光片上骨质增生范围扩大程度明显加重，部分形成骨桥。

晚期症状：除上述表现加重外，椎间关节出现融合。

（2）脚趾振动性血管损伤。

如果脚部长期受到频率较高、超过一定强度的传导振动可发生脚趾的血管痉挛病，即脚趾苍白发作。

早期症状：脚凉、脚或脚趾发麻，针刺样疼痛，而后逐渐出现知觉减退，脚疼，多汗，易疲劳，脚趾不灵活等自觉症状。检查可见，脚趾痛觉、触觉、振动觉减退，脚部肌肉可有触痛或肌肉萎缩。足背动脉搏动减弱，脚趾甲床毛细血管有痉挛倾向，脚部皮肤温度降低。

中期症状：除上述症状加重外，一趾或几个脚趾遇冷后出现苍白，界线清楚。发作时知觉完全丧失，大约持续几分钟或 30 min 左右症状消失。

晚期症状：脚趾骨质出现疏松，趾甲变形，皮肤出现坏疽等表现。

3. 诊断

本病的诊断并不难，结合职业史，排除其他原因，即可诊断。

脚趾的振动性血管损伤需与冻伤和脉管炎相鉴别。而振动性增生性脊柱关节病需与外伤性、结核性及老年性脊柱关节病相鉴别。本病由于车辆的强烈振动一般过早发生，与年龄不相平行。

4. 治疗

脚趾的振动性血管损伤治疗同局部振动病。关节病主要对症治疗，防止进一步发展。

5. 预防保健

脚趾的振动性血管损伤预防保健同局部振动病。

慢性增生性脊柱关节病的预防与保健应从以下几方面考虑。

（1）降低车体的振动强度，使其符合国家标准。

（2）调整座椅，使坐姿达到舒适。

（3）控制连续驾驶时间，一天总驾驶时间不得超过 10 h，应保证每 2 h 休息约 10 ~ 20 min，每 4 h 休息约 1 ~ 2 h，每周最长工作时数不应超过 48 h。

（4）休息时要做保健操，以活动颈、腰、下肢肌肉关节为主要内容。

（5）腰痛可对症治疗，局部热疗、按摩等。

（6）一经确诊为全身振动病，应停车治疗，以防病情进一步加重。

（7）平时加强锻炼身体。

四、CO 中毒

1. 驾驶员 CO 中毒可能性

CO 对人体的危害，主要取决于 CO 在空气中的浓度和接触的时间。CO 主要来自于发动机中燃油的燃烧，废气中 CO 达 4% ~ 7%；而在加大油门，燃烧不完全的情况下，CO 可成倍增加。在北方寒冷的冬季，驾驶室门窗紧闭时，CO 浓度比较高。特别是在密闭的车库中修车，或者发动机有故障时，驾驶室或车库内，空气中 CO 的浓度在短期内迅速增高。这是导致驾驶员急性 CO 中毒死亡的重要原因。

此外，在长途营运中，发动机舱密闭不严，汽车尾气排放管的位置不当，含有大量 CO 的废气可倒流入车厢或驾驶室内，引起驾驶员中毒；乘客也有 CO 中毒的可能性。

2. CO 中毒的症状

按中毒的严重程度分为：轻度、中度、严重中毒。

轻度中毒时，碳氧血红蛋白的饱和度为 10% ~ 20%。人感到头痛、眩晕、心悸、恶心、呕吐、四肢无力、反应能力和视敏度下降，可有短暂的昏厥。吸入新鲜空气后，症状会较快消失。

中度中毒时，碳氧血红蛋白的饱和度为 30% ~ 40%。早期可有轻度中毒的症状，以后可有昏迷、虚脱，口唇、面颊和皮肤呈樱桃红色。如果能及时抢救，需经几天才能恢复。

严重中毒时，碳氧血红蛋白的饱和度达 50% 以上。中毒者可能突然昏倒，昏迷可长达几天。严重者或抢救不及时，死亡率极高。有的经抢救可能生还，但可能遗留下严重的后遗症，如瘫痪、痴呆、听觉障碍等。

3. 救治措施

急性中毒时，应立即将中毒者移至新鲜空气处，有条件时立即吸氧，并注意保暖，喝热浓茶，然后迅速将中毒者送往就近医院抢救。在同一环境的其他人也应立即离开现场，并打开门窗，若发现中毒迹象，也应送医院观察。

4. 预防

首先，特别重要的是，对急性 CO 中毒，必须提高警惕。驾驶员必须清楚地了解，吸入一氧化碳是非常危险的，轻者头晕无力，影响安全驾驶，重者可以造成死亡。驾驶员应掌握如下预防 CO 中毒切实可行的措施：

（1）密闭发动机舱，防止废气扩散到驾驶室或车厢内。

（2）改造废气排放管，以防止废气倒流入车内。

（3）严禁在不通风或密闭的条件下加大油门、起动车辆。汽车库门关闭时，发动机要停止工作。

(4)在发动机舱密闭不严或废气排放管废气倒流的情况下，停车 5 min 以上应关闭发动机；绝对不要在发动机工作的汽车里睡觉，尤其是冬季门窗紧闭时。

(5)在开车或修车时，如果不是因为缺乏睡眠，而感到睡意袭来时，很可能是 CO 中毒了。这时，应立即停车，关闭发动机，打开车窗，并立即下车呼吸新鲜空气。

最危险的情况是，驾驶员对最初的中毒症状毫无察觉，而肌肉突然无力。在这种情况下，中毒的人没有他人的救助是无法离开现场的，所以万万不可粗心大意。

5. 关于 CO 慢性中毒

长期接触 CO，即使接触的浓度比较低，也会对身体有害。主要是对心血管系统的影响。驾驶员以及长期接触 CO 的人应该进行健康监护，定期检查身体，重点注意心血管系统的变化，及早发现问题。

五、四乙铅汽油中毒

四乙铅是铅的有机化合物，是具有苹果味的无色油状液体。为了提高发动机的工作效率，在汽油中加入四乙铅，一般为 2~4 mL/L（毫升/升），作为动力汽油的抗爆剂。四乙铅是剧烈的神经毒物，近几年也有用环戊二烯三羧基锰作为防爆剂。

1. 中毒机理

该化学毒物具有高度挥发性。它可以经呼吸道进入体内，迅速被肺吸收；还可以在与之接触时，如搬运油桶、用油洗部件等，经皮肤和黏膜吸收，又会因吞食被四乙铅污染的食物，或用嘴吸汽油时，经消化道吸收。经各种途径吸收的四乙铅，容易通过血脑屏障，进入脑组织。四乙铅毒性较大，主要侵犯中枢神经系统。

2. 中毒症状

四乙铅汽油中毒一般分为急性中毒和慢性中毒。

(1)急性中毒：是在大量四乙铅进入体内，即随之爆发的，在一般情况下不容易发生。主要特征是迅速发生中枢神经系统障碍。

轻度中毒者有睡眠困难、头痛、无力、噩梦、恐惧、口内金属味等症状。还有体温低、血压低、脉搏降低的"三低症"，即基础体温低于 36℃、脉搏低于 60 次/min、血压低于 90/60 mmHg(12/8kPa)。手指震颤、多汗。

中度中毒者会出现精神症状，如谵妄、精神分裂、肢体震颤、运动失调。

重度中毒者会出现发高烧，谵妄、虚脱、甚至死亡。

大多数急性中毒的病人经过早期治疗可恢复健康，少数严重病例可能遗留一些精神疾状，如神情淡漠，记忆力减退，智力衰减，体乏无力等。

(2)慢性中毒：比急性中毒较为常见，主要表现为神经衰弱症和植物神经功能紊乱。如头痛、头晕、疲乏、睡眠障碍、噩梦、食欲不振、恶心、呕吐、口内金属味、腹泻与便秘交替、女性月经失调、男性不育，眼睑、舌、手震颤，感觉异常、"三低征"等等。严重的还可能发生中毒性脑病。

3. 中毒的急救和处理

急性中毒时，应迅速使中毒的人脱离现场。皮肤污染可以用肥皂水清洗污染部位。如果眼内落入毒液，则用生理盐水清洗眼睛。入院后可应用解毒剂巯乙胺、驱铅剂依地酸二钠，以减少四乙铅在体内的吸收，并减少其通过血脑屏障。

慢性中毒时，首先应着重解除病人精神负担，增强战胜疾病的信心。并采用自我按摩和医疗体育等积极措施。针对慢性中毒时出现的各种症状，如头痛、失眠等，可针灸、耳针，也可服安神补心丸、谷维素、脑复康等。在医生指导下，可静脉注射维生素 C、谷氨酸钠等。

4. 预防

预防的关键是思想上重视，不可粗心大意。以下是一些行之有效的预防措施。

（1）四乙铅汽油应做特殊标记，以便于辨认。四乙铅汽油只能用作发动机的燃料。绝对禁止用于家庭日常生活，如做煤油炉的燃料、点灯、装打火机、溶解漆料、灭蟑螂等等。

（2）进行与四乙铅汽油有接触的工作，如倒汽油、加油、汽车维修及保养等，必须穿戴劳动防护衣，衣服及手套被四乙铅汽油污染后，要及时更换。应定期用 1% ~5% 的氯胺溶液浸洗。工作结束后，要用煤油洗手，并用肥皂水及温水彻底冲洗，全身淋浴。穿过的工作服应放在指定地点，勿将被四乙铅污染的工作服带至家中或集体宿舍内，工作服每周洗一次，不要将其他衣物与工作服一块洗。

（3）在灌注四乙铅汽油时，应采取防止溅出的措施，转注时应当用抽油器，绝对禁止用嘴吸汽油或吹洗供油系统。

（4）对四乙铅汽油污染过的汽车零件、地面等，应进行无害化处理；例如，木制品用漂白粉、高锰酸钾清洗，金属制品用煤油或无铅汽油擦洗。

（5）不得在存放四乙铅汽油的场所放置食物或进食，因为食物很容易吸收四乙铅。

（6）接触四乙铅汽油的驾驶员及其他工作人员，应每隔 6 个月进行一次体格检查。

（7）严格掌握接触四乙铅汽油人员的健康状况，在患某些疾病时，女驾驶员在妊娠期、哺乳期、禁止接触四乙铅汽油。

六、汽油中毒

不加四乙铅的汽油，是无色、易燃、略带臭味的液体。其含硫量愈高，臭味愈浓。在室温时易挥发。吸入汽油或其蒸汽可能造成汽油中毒。空气中汽油蒸汽的最高允许值为 $100\ mg/m^3$。

1. 中毒机理

汽油有麻醉作用，并可引起血液的变化，这是因为汽油中混有芳香烃类物质，若浓度过高会造成严重中毒。

汽油对神经系统具有较高的亲和力和毒害作用，长期吸入一定浓度的汽油可引起慢性中毒，一次性吸入大量汽油可引起急性中毒甚至死亡。汽油低浓度时会引起人体条件反射的改变、高浓度时会引起中枢神经的麻痹。

2. 症状

（1）急性中毒。

①轻度中毒：可产生类似麻醉症状。如头晕、头痛、恶心、呕吐、无力、精神兴奋、步态不稳、神志恍惚、视力模糊等。

②重度中毒：很快出现昏迷、抽搐等意识障碍，少数病例可有颈强直、血压波动、呼吸快速表浅、口唇发绀；有的可表现为精神失常、癫痫样发作。高浓度时可发生"闪电样"猝死。

个别严重的急性中毒可有后遗症，如视神经炎、记忆力减退、多发性周围神经炎等。

③吸入性肺炎：系化学性肺炎。

用口吸油管时，可能将液态汽油直接吸入肺部而引起支气管炎、支气管肺炎、大叶性肺炎、肺水肿、渗出性胸膜炎等。病变以右下肺叶较多见。首先有剧烈的窒息性呛咳，继而出现胸痛、痰中带血、呼吸快速、表浅、口唇和指甲紫绀、面部潮红等症状。

X 线检查见肺部有浸润阴影，也可见肺纹理增粗。

若有汽油进入胃内，则引起上腹疼痛、嗳气、食欲下降等。

(2)慢性中毒。

神经精神症状：主要为功能性神经紊乱、肌无力、萎靡、倦怠、头痛、头昏、失眠、多梦、嗜睡、记忆力减退、注意力不集中；较重者可出现酒醉感、步态不稳、肌肉震颤、手足麻木、关节酸疼；有的出现精神改变，如易兴奋、喜怒无常、烦躁、忧郁，有的表现为兴奋与抑制交替，为慢性汽油中毒的典型症状。少数慢性汽油中毒可发生类似癔病样症状，亦称"汽油性癔病"。

消化系症状：主要表现为食欲不振、便秘、腹泻等。

血液系改变：可能会引起贫血。

皮肤损害：汽油有脱脂作用，往往会发生皮肤干燥皲裂、角化，急性皮炎(红斑、皮疹、皮肤潮红和小水泡)、毛囊炎等。亦可能会引起慢性湿疹和指甲黄染、变厚、下凹。

妇女对汽油一般较男性敏感，可出现月经功能紊乱，妊娠期可出现中毒症状。

3. 急救与处理

(1)急性中毒的急救：在汽油蒸汽中毒的情况下，必须立即进行急救。应首先将中毒人员撤离现场，移至通风处，脱去被污染的衣物，皮肤污染应以肥皂水清洗。密切观察病情，严重者，可能出现呼吸困难，应立即吸氧，必要时做人工呼吸。当汽油被误服入胃肠道后，应该用植物油(如豆油、菜子油等)洗胃，而后灌入牛奶，并紧急送往医院抢救。

(2)慢性中毒的处理：主要采取对症治疗，以中西医结合治疗为宜。鼓励病人进行体育锻炼。对症状较重的驾驶员，应该调换工作，使其脱离接触汽油的工作。

4. 预防

(1)经常监测驾驶室和工作场所空气中的汽油蒸汽的含量，认真检查供油系统是否完好，是否有跑、冒、滴、漏等现象，加强车辆的维护保养，注意驾驶室通风。

(2)注意个人卫生和遵守安全技术条例，禁止用嘴吸汽油或用嘴吹洗供油系统。

(3)一年进行一次体格检查，重点为神经系统。

第四节　驾驶员用药与行车安全

生病成为事故的原因，其比例极小，最高的数据也只有2%左右，但生病时身心机能下降，应避免驾驶。例如在感冒时，出现头痛、发烧、心绪不好症状，使身体调节功能变差，感觉迟钝，对交通环境变化采取的动作也无法正确。

患有心脏病、高血压病时，由于驾驶作业产生的紧张会使脉搏加快、血压升高，必须请专门医生诊断。车速的增加会加重心脏的负担；有时会诱发脉搏不整，引起心脏麻痹或脑出血等，对循环系统有显著的影响。为此，美国要求在交付驾驶执照时对这些疾病必须检查的意见很强烈。

此外，低血压和贫血症患者因产生意识一时丧失的情况会在瞬时间招致重大事故。

在为治病而服药时，必须注意药物副作用产生的"睡意"和"摇晃"。特别是对于抗组胺剂（往往含在感冒药内，有催眠的成分），服用后能否驾驶，要征询医生的意见。对于癫痫患者，为了防止在驾驶过程中发作，必须连续服药，并听从神经科医生的指示。

许多驾驶员不了解药物的成分、性质、药理作用、毒性和副作用，未经医生允许或不按医嘱乱服一些药物。乱用药物，不但可能有害于身体，还导致了一些不该发生的交通事故。奥地利科学家柯瓦格涅夫调查 7900 例交通事故的原因，发现 16% 是因为驾驶员服药所致。

在常用的一些药物中，有些影响人体健康和工作能力，特别是对中枢神经系统有影响的药物。因为在服用这一类药物后，驾驶员困倦、反应能力下降、驾驶动作不协调，是而影响安全驾驶车辆。所以有必要列出一个驾驶员在工作中禁忌或慎用的药物谱，提醒驾驶员在驾车前或驾车中不要服用这些药物，防止可能的事故发生。

一、作用于中枢神经系统的药物

严格地说，作用于中枢神经系统的药物都在禁忌之列。

中枢神经系统包括大脑皮质、间脑、脑干、脊髓、小脑、边缘系统等。大脑皮质的作用，除了能调节感觉和随意运动外，其主要功能在于思维、理智、学习、记忆、语言等神经活动；其他如情感、体表和内脏对外界的反应等等，也是由大脑皮质功能完成的。

中枢神经的活动经常受内、外环境的影响，有时兴奋，有时抑制。兴奋时依不同程度可表现为欢快、失眠、不安、幻觉、妄想、躁狂、惊厥；而不同程度的抑制可表现为镇静、抑郁、睡眠、昏迷，严重抑制可引起呼吸中枢衰竭而死亡。

中枢神经系统药物对人体作用的共同点，无非是引起兴奋或抑制，兴奋和抑制的各种表现可以和非药物作用的生理和病理表现相似。

（1）镇静催眠药。

主要代表药物有巴比妥类，如苯巴比妥、速可眠等；非巴比妥类的药物有安定、利眠宁、安眠酮等。

这类药物能引起近似生理性的睡眠，小剂量的催眠药会引起安静或嗜睡状态，有镇静作用，大剂量即可有催眠作用。

因为这些药物的绝大多数都有后遗作用，即在前晚因失眠服用后，次晨可出现头昏、无力、困倦、恶心、呕吐等症状，这些副作用足可以引起驾驶机能严重下降，所以驾驶员在不停止工作时，不应服用这类药物。

（2）镇痛药。

主要代表药物为吗啡、可卡因和杜冷丁。其共同作用是选择性地抑制痛觉中枢。

阿片类药物，如吗啡、可卡因作用强大，这类药物在发挥镇痛、止咳等作用的同时可以引起呼吸抑制、眩晕、嗜睡、恶心、呕吐、瞳孔缩小等副作用；另一严重的副作用是反复应用易产生耐受性及成瘾。

杜冷丁是人工合成的镇痛药，它的副作用及成瘾性与吗啡相似。至于非成瘾性镇痛药，如颅痛定等，也有很强的中枢抑制作用，所以在使用时也应十分慎重。

在未停止工作的情况下，驾驶员绝对不能应用上述镇痛类药物。如果驾驶员有较重的头痛、牙痛等情况，一定要休息，可以服去痛片，每次 1~2 片，并及时请医生诊治。

如果病情特别需要使用镇痛药物，则绝对禁止驾车，否则将会出现严重事故。

（3）解热镇痛消炎药。

常用的药物有：阿司匹林、维体舒（阿司匹林肠溶片）、水杨酸钠、扑热息痛、非那西丁、消炎痛、布洛芬抗风湿灵等。复方制剂为：复方阿司匹林（止痛片，APC）、氨啡咖片（PPG，使痛宁）、去痛片（索米痛，镇痛片）、安痛定注射液等。

这类药物的主要作用为：

解热作用，即能使发热者的体温降低。

镇痛作用，为中等程度镇痛作用，所以对头痛、神经病、关节病、痛经等镇痛效果良好。

患感冒发热及有头痛、牙痛、风湿痛的人常常服用这类药物，因此这类药物用得很广泛。这类药物一般来说较为安全，但也有一些副作用。对这类药物，驾驶员平时可以服用，在驾车前及驾车途中一般不要服用，因这类药物中大多都有发汗等作用，可引起虚脱或无力，因而影响驾驶机能。

（4）中枢神经系统兴奋药。

这类药物的代表药为咖啡因，又名咖啡碱，是茶叶中所含的主要生物碱。

咖啡因对大脑皮层有选择性兴奋作用，服用小剂量即能兴奋大脑皮层，使睡意消失，疲劳减轻，精神振奋。因此，含咖啡因的咖啡和茶叶，早就成为世界性的兴奋性饮料而广为人们嗜好。

这类药物的不良反应较少，但剂量较大时可致激动、不安、失眠、心悸、头痛等。驾驶员在行车前及途中不宜饮用浓茶、浓咖啡及服用这类药剂，因为剂量稍大可以产生上述不良副作用，而且因高度兴奋过后，会产生疲劳感、抑郁、衰弱和困倦；而睡前服用又常常引起失眠。这都将使工作效率降低，可能会危及行车安全。

二、心血管病用药

这类药物就是与心脏及血管相关的药物，有很多种类。其中与常人及驾驶员有关的药物，有抗高血压药、抗心绞痛药和抗动脉硬化药。

1. 抗高血压药

合理使用抗高血压药，是治疗高血压病的重要措施之一。不但可以减轻因高血压引起的头痛、头昏、心悸、失眠等症状，并能预防或改善高血压病所致的心、肾、脑等并发症，延长寿命及恢复劳动力。

抗高血压药的副作用也较多，譬如，某些药物可以引起起立性低血压，即站立时血压下降过低而致晕厥、虚脱；某些药物可能引起中枢抑制作用，如困倦、嗜睡等；而某些药物可引起强烈的血管扩张等等。所以在使用降压药物时要谨慎，从小剂量开始，避免降压过快。

驾驶员要禁止使用利血平、甲基多巴、可乐定、心得安等。因这些药物有中枢抑制作用等副作用，严重影响驾驶机能。

2. 抗心绞痛药

其代表药物是硝酸甘油。硝酸甘油的作用是扩张冠状动脉及全身的血管从而改善心肌缺血。可用于预防及治疗心绞痛的发作。它的副作用是，尤其是最初几次使用时，可有搏动性头痛、心悸，体位性低血压、晕厥、眼内血管舒张、面红等。

驾驶员服用此类药时应谨慎，在出车的前一天晚上可以服用，而在出车前及途中服用不安全，尤其是最初几次使用时，其副作用对驾驶机能可构成影响。

3. 抗动脉粥样硬化药

这类药物有许多分类，许多品种，烟酸类是其中常用的品种。烟酸主要通过降血脂和扩张血管等作用对抗动脉硬化。它对驾驶员的驾驶机能有较多影响，如可产生头痛、面红、皮肤瘙痒等副作用，所以在驾车前及驾车中不能使用烟酸类药物。

三、抗过敏药

代表药物如苯海拉明、异丙嗪(非那根)、茶苯海明(晕海宁)、扑尔敏等。

这类药物主要用于变态反应性疾病，即过敏性疾病。如荨麻疹、枯草热、过敏性鼻炎、药物疹、接触性皮炎、昆虫咬伤引起的皮肤瘙痒、水肿、晕动病(晕车船)等。

因为这类药物对中枢神经系统作用较强，引起镇静、嗜睡、眩晕、乏力等中枢抑制作用，严重影响驾驶机能，可能造成交通事故。所以在患某些疾病必须服用此类药物时，则绝对避免驾车，而未停止驾车时，绝对禁止使用这类药物。

四、镇咳药与止喘药

其代表药是咳必清、氨茶碱、麻黄素等。

这类药物是常用药，因为无论是平日的感冒后咳嗽，或是慢性支气管炎的咳、痰、喘、炎等，都可以服用。

1. 镇咳药

咳必清等药可引起头晕、嗜睡等副作用，所以在驾车前及途中不宜服用。

2. 止喘药

此类药中，以氨茶碱最多用。氨茶碱因为局部刺激大，口服可致恶心、呕吐、食欲不振等，可采取饭后服用以减轻胃肠反应。氨茶碱同时有中枢兴奋作用，引起失眠和不安，因为治疗量与引起反应的量非常接近，所以应谨慎用之，应从小量服起。驾驶员在驾车前及途中不宜服用，偶尔可在前一天晚饭后服用，服后不能驾车。

止喘药中的麻黄碱、肾上腺素、异丙肾上腺素等，对患者都有影响，可能引起心悸，并可引起肌震颤等，从而影响驾驶机能，所以驾驶员在坚持工作时不能使用这类药物。

五、用于消化系统的药物

1. 治疗胃病的药物

甲氰咪呱、雷尼替丁等能抑制胃酸分泌，是治疗溃疡病的重要药物，副作用较轻，有的人服后可以出现头痛、眩晕、乏力、便秘、腹泻等。驾驶员患溃疡病等需服用此药时，可以试用几次，若服后无不良反应，可以在坚持工作时服用此药，在适应后不影响驾驶机能。

2. 阿托品及阿托品类药物

这类药物用途广泛，其主要作用是：可以解除平滑肌的痉挛，所以适用于各种内脏绞痛，如胃病、胆绞痛、肾绞痛等，解救有机磷中毒、治疗缓慢型心律失常、眼科用药等。

由于其用途广泛等特点，当利用某一作用时，其他作用便成为副作用。副作用主要有口干、少汗、心率加速、瞳孔扩大、视物模糊。如果剂量过大，还出现语言不清，烦躁不安等严重的中枢神经兴奋现象。阿托品扩大瞳孔的作用时间较长，使用后的三天内都可能有视物模糊。所以在驾车前三天内不能使用阿托品类药物。

3. 止泻药

止泻药类中的阿片制剂的毒副作用可参见本章的中枢神经系统药物。坚持工作的驾驶员绝对禁止服用。腹泻时，首先应针对病因治疗，例如，患细菌性痢疾时，应服用黄连素、痢特灵等；消化不良引起的腹泻，应服用助消化药等等。慢性腹泻时，除针对病因治疗外，还可以服用中药，如草药乌梅、河子、肉豆蔻等。但要注意，具有止泻作用的中药米壳属于阿片类，所以禁用于驾驶员。中成药参苓白术散等可以治疗慢性腹泻，对驾驶机能无大影响。

在实际工作中，驾驶患腹泻时，应停止工作而治疗、休息，以确保行车安全。

六、治疗糖尿病类药物

胰岛素、优降糖、消渴丸等药物是治疗糖尿病的药物，驾驶员中患糖尿病的也不少。糖尿病病情较重时需休息治疗或住院治疗。在病情较轻或缓解后，可门诊治疗或以小剂量胰岛素治疗，或以口服降糖药物维持治疗。

胰岛素的副作用是可以产生低血糖症和过敏反应，产生低血糖症的原因是用量过大，过敏反应仅见于少数人。胰岛素的用量必须在医生指导下使用，绝对不能过量，过量是非常危险的，如果没有禁忌症，用量又合适，则驾驶员也可在未停止工作时使用。口服降糖药的注意点除和胰岛素相似外，尚有胃肠道反应等。在试用一段时间无不良反应，则可以在不停止工作时使用，其用量应视血糖值而定。

七、抗菌类药物

抗菌药物主要包括抗菌素、磺胺类药物、中草药等。使用抗菌药物时，应注意它们的毒副作用，主要有以下几点：

(1)避免滥用抗菌药物。没有细菌感染的疾病，则没有使用该类药物的必要；有细菌感染的疾病，则使用适宜的抗菌药物。切忌轻病重治，用量也应适当。

(2)注意毒副作用发生，如过敏反应，对神经系统、造血系统、肝脏、肾脏的毒性反应等。

(3)关于氨基糖甙类抗菌素。听神经和前庭神经的功能是否健全完好，直接影响驾驶机能，而抗菌素中的氨基糖甙类是对其影响最大的一类，所以驾驶员应重点了解氨基糖甙类抗菌素。

氨基糖甙类抗菌素主要用于结核病和多种细菌感染疾病的治疗，这一类抗菌素主要有链霉素、庆大霉素、双去氧卡那霉素、卡那霉素、卡内多霉素、丁胺卡那霉素、妥布霉素、新霉素、巴龙霉素、小诺霉素等。

这类药物有相似的不良反应，除了可损害肾脏等，并造成过敏反应外，最重要的是对人体的第八对脑神经的损害，即听神经和前庭神经的损害。可使听觉减退，甚至导致耳聋，损害前庭器官，使机体失去平衡机能，而出现眩晕、走路不稳等症状。

驾驶员患病时若需用氨基糖甙类抗菌素，医生在给这类特殊职业的人开处方时应谨慎，并对病人交代清楚，注意毒副反应；并应监测听力和前庭功能。若发现听力下降，或前庭功能减退，应立即停药，并积极治疗其毒副反应。

(4)驾驶员在患感染性疾病时，除了可选用毒性小，对驾驶机能无影响的抗菌素外，应多选具有抗感染作用的中草药及中成药。中医中药历来善于治疗急性热性病，以及治疗疮疖痈肿等。研究表明，很多中药都有抗菌、抗病毒的能力。

八、抗结核药物

抗结核药物的种类很多。其中链霉素已在抗菌素一节中作过介绍。

异烟肼较常见的不良反应有周围性神经类、眩晕、失眠或昏迷等中枢神经反应。利福平偶有头痛、嗜睡、共济失调等不良反应。乙胺丁醇可引起严重的球后视神经炎，可出现视觉异常。

雷米封的抗结核作用很强，其不良反应主要有周围神经炎、眩晕、失眠及中枢神经反应。当然仅在少数人出现。如果使用得当，在使用雷米封期间不出现神经症状，则雷米封不影响驾驶机能。但如果出现神经症状，如眩晕、失眠等，则应停止驾车并治疗其毒副作用，并请医生调整药物用量，若反应较大则应更换其他药物。

第六章
汽车主动安全技术

汽车安全技术主要分为主动安全技术和被动安全技术两大方面。汽车主动安全技术是为预防汽车发生事故，避免人员受到伤害而采取的各种技术措施的统称；而被动安全技术是指汽车在发生事故时和事故后对车内乘员的尽可能保护而采取的各种技术措施的统称，如今这一保护的概念以及延伸到车内外所有的人甚至物体。目前安全技术逐渐在完善，有更多的安全技术将被开发并得到应用。

随着人民生活品质的提高，汽车主动安全技术适应以人为本的需求，已经发展细化到了汽车的各个方面，并且各种技术措施交互关联，无法明确地划分开来，因此本章根据实际驾驶的情况，汽车主动安全技术应包括安全行驶技术、事故预防技术和事故发生前的事故回避技术。从以下几个方面来说明：

汽车结构设计与信息性（包括视野和灯光仪表等定位信息）；汽车稳定可靠性与安全（包括转向和制动，维护和保养）；汽车舒适性与平顺性（包括开车环境，悬架，变速器，电动座椅等各种人性化的设计和措施）；汽车动力性与通过性（包括流线型车身，加速超车，爬坡，越野，涉水，底盘高度，改装车等问题）；电子控制与驾驶辅助系统；汽车轮胎与安全行驶。

第一节　汽车结构设计与信息性

汽车上许多人性化的主动安全结构设计是十分必要的，涵盖了发动机，底盘，车身和电气部分的许多零部件，虽然它们有许多甚至可以说是"多余的结构"，但是它们却是在安全上起着非常重要的作用，比如制动的双回路系统，发动机舱盖的二次开启机构等。

信息性是指驾驶员在车上所获得的直接、间接视野，从照明设备、声光报警装置和通讯、导航等获得的各种与安全相关的信息方面入手来提高汽车的主动安全性，也就是要求汽车能够提供足够的各种与行驶相关的信息，以便于驾驶员掌握汽车的运行状况和道路状况甚至天气状况等，做出正确判断以减少交通事故的能力。

一、汽车主动安全结构

汽车结构安全密切相关，有主动的结构设计和被动的结构设计，被动的将在下章有详细介绍。主动的安全结构主要有以下方面：

1. 引擎盖二次开启功能

这是 GB11568—1999《汽车罩（盖）锁系统》专门规定了。即具有全锁止位置和半锁止位置两道锁止，这两道锁止通过两个不装在一处的控制机构分别开启。通常全锁止位置由驾驶室内控制机构开启，半锁止机构由车外发动机舱盖前端下缘内的控制机构来开启。所以你做了一次锁止解除，还要将手从前端缝里伸进向右方拨动一个手柄才可解除二次锁止，引擎盖才可以翻起了。这主要是为了防止汽车行驶过程中出现盖子突然开启而引发危险。最新的还在这个二次开启机构里面增加了防盗锁止系统。

2. 车窗和车灯清洗系统

这些结构的设计可以使汽车在雨，雪，雾天，甚至沙尘暴等恶劣天气状况下，及时清洗车灯和车窗，从而保持的良好视野。驾驶员根据需要选择合适的刮刷和清洗动作，有些高档车还有雨量传感器暗藏在前风挡玻璃后面，它能根据落在玻璃上雨水量的大小来调整雨刷的动作，因而大大减少了开车人的烦恼。雨量传感器不是以几个有限的挡位来变换雨刷的动作速度，而是对雨刷的动作速度做无级调节。它有一个被称为 LED 的发光二极管负责发送远红外线，当玻璃表面干燥时，光线几乎是100%地被反射回来，这样光电二极管就能接收到很多的反射光线。玻璃上的雨水越多，反射回来的光线就越少，其结果是雨刷动作越快。还可以用到除霜、除雾系统以及下面的空调装置来保障视线的清晰。

同时车窗玻璃也采用了夹层玻璃或者区域钢化玻璃结构，来保证破碎的安全性和视野的保持性。

3. 智能空调

智能空调系统能根据外界气候条件，按照预先设定的指标对安装在车内的温度、湿度、空气清洁度传感器所传来的信号进行分析、判断、及时自动打开制冷、加热、去湿及空气净化等功能。在先进的安全汽车中，其空调系统还与其他系统(如驾驶员打瞌睡警报系统)相结合，当发现司机精神不集中、有打瞌睡迹象时，空调能自动散发出使人清醒的香气。

4. 防眩目后视镜

防眩目后视镜一般安装在车厢内，它由一面特殊镜子和两个光敏二极管及电子控制器组成，电子控制器接收光敏二极管送来的前射光和后射光信号。如果照射灯光照射在车内后视镜上，如后面灯光大于前面灯光，电子控制器将输出一个电压到导电层上。导电层上的这个电压改变镜面电化层颜色，电压越高，电化层颜色越深，此时即使再强的照射光照到后视镜上，经防眩目车内后视镜反射到驾驶员眼睛上则显示暗光，不会耀眼。镜面电化层使反射光根据后方光线的入射强度，自动持续变化以防止眩目。当车辆倒车时，防眩目车内后视镜防眩功能被解除，右外后视镜自动照射地面。

5. 高位制动灯

一般的制动灯(刹车灯)是装在车尾两边，当驾车人踩下制动踏板时，制动灯即亮起，并发出红色光，提醒后面的车辆注意，不要追尾。当驾车人松开制动踏板时制动灯即熄灭。高位制动灯也称为第三制动灯，它一般装在车尾上部，以便后方车辆能及早发现前方车辆而实施制动，防止发生汽车追尾事故。由于汽车已有左右两个制动灯，因此人们习惯上也把装在车尾上部的高位制动灯称为第三制动灯。

流线型车身、较低的底盘，良好的进排气系统，尽可能不突出的后视镜等，以及扰流尾翼或者侧翼设计也是考虑了将汽车高速行驶的空气阻力减少，保证汽车的足够的抓地力而不至于出现失稳等危险。

6. 盘式制动器和双回路系统

盘式制动器又称为碟式制动器，顾名思义是取其形状而得名。盘式制动器散热快、重量轻、构造简单、调整方便。特别是高负载时耐高温性能好，制动效果稳定，而且不怕泥水侵袭，在冬季和恶劣路况下行车，盘式制动比鼓式制动更容易在较短的时间内令车停下。有些盘式制动器的制动盘上还开了许多小孔，以加速通风散热和提高制动效率。制动系统的通风设计十分重要，如果制动系统的温度过高就可能造成刹车的迟钝甚至是失灵，现在的改装车辆在车的前部往往堆积了大量的物品，粗制滥造的大包围等，这些东西在一定程度上阻隔了行驶中车辆前方通过的气流，可能影响到刹车的功效。但事情又并非理论上的那么严重，车轮是暴露在外的，而现在的刹车系统的水准工艺，足以应付车辆正常行驶中对制动所造成的负荷，即使你经常进行大幅度的制动，你也可以选择更耐高温的刹车片和刹车盘来替换原厂的，从而进一步提高刹车的能力。

双回路制动系统就是指系统内有两个分别独立的液压制动管路系统，起保险的作用。一般前轮驱动轿车多采用交叉对角线形式，制动主缸的前腔与右前轮、左后轮的制动管路相通，后腔与左前轮、右后轮的制动管路相通，形成一个交叉形的对角线，这样的好处是当有一个制动系统发生故障时，另一个系统依然能进行最低限度的制动，且不会发生跑偏现象。而后轮驱动轿车因负荷较大，多采用前后轮分别独立制动形式，即有两套制动总泵，一套控制前轮制动，另一套控制后轮制动，这样的话如果一个系统失效时，汽车不至于没有刹车了。

各种伺服机构的助力，电子，液压，气压转向助力，制动助力等装置的运用也大大汽车在行驶过程中的可操纵性和安全感。

7. 智能钥匙和防盗装置

轿车已采用了智能钥匙，这种智能钥匙既可以控制开启，还可以用于汽车的防盗。智能钥匙能发射出红外线信号，既可打开一个或两个车门、行李箱和燃油加注孔盖，也可以操纵汽车的车窗和天窗，更先进的智能钥匙则像一张信用卡，当司机触到门把手时，中央锁控制系统便开始工作，并发射一种无线查询信号，智能钥匙卡作出正确反应后，车锁使自动打开。只有当中央处理器感知钥匙卡在汽车内时，发动机才会启动。汽车上的防盗装置还可以对汽车及车上财产的有效保护等。

二、汽车视野信息与行车安全

1. 视觉对行车安全的影响

人类在长期进化中获得了一种特有的双眼高级视觉功能，即对三维空间物体的远近、前后、高低、深浅和凹凸的感觉功能。通常人类的左眼看物体的左侧，右眼看物体的右侧，这样物体在两视网膜上出现了像的视差，视差是产生立体视觉的重要因素，经大脑对视差信号加工处理后便产生立体视觉，是一个完整的生理功能，双眼视觉与单眼视觉有明显不同，其一，双眼的视觉与视野范围显著扩大，在静止状态，视野约为200°；其二，能形成空间感觉，对空间物体的方向、位置、前后、距离、深度和立体感；其三，视锐度大大提高。

由于职业上的需要，要求驾驶员具有高敏锐立体视觉功能，倘若驾驶员有双眼视功能障碍或立体感丧失，就会成为立体盲，在对1853名驾驶员进行立体视觉检查中，立体视觉异常及立体盲者有68人之多，占被检人数的3.67%。这些立体盲者双眼视物体为一个平面，它比色盲对行车安全更具危险性。

在汽车行驶过程中，驾驶员80%以上的信息是靠双眼立体视觉收集的，经大脑的处理和反馈，使驾驶员能及时、准确地处理各种情况，有效地确保行车安全。由于立体盲视道路、车辆、行人、树木和房屋等为一平面图像，也判别不清物体的远近、高低等，只能凭借以往的经验和感觉来估计物体的轮廓形状，极易误视标志，导致信息的收集和判断上的不准确，造成操作失误而发生道路交通事故。因此，除对驾驶员进行色觉检查外，还应经常对驾驶员进行立体视觉检查,以便有效地确保行车安全。

汽车驾驶员眼椭圆——汽车驾驶员以正常驾驶姿势坐在座椅上时,其眼睛位置在车身坐标中的统计分布图形如图 6-1 所示。

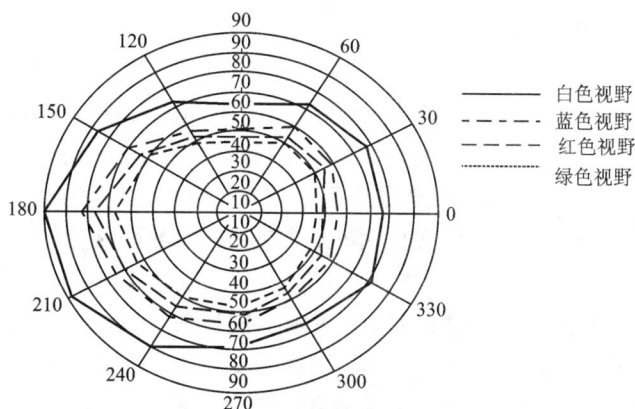

图 6-1 眼椭圆视野统计图

2. 视野

驾驶员在驾驶过程中,有 80% 的信息是靠视觉得到的,确保良好的视野是预防交通事故的必要条件。视野亦称"视界"或"视场",指眼睛(单眼)向前平直注视时所能看到的空间范围,又称周边视野。可分为单眼视野和双眼视野,双眼视野大于单眼视野。在同一光照条件下,用不同颜色测得的视野大小不同,白色视野最大,黄色和蓝色次之,红色再次之,而绿色视野最小。蓝、红、绿色视野依次缩小 10° 左右。视野的大小除了与感光细胞在视网膜上的分布有关之外,还与面部的形态有关,如眼球凹陷者的视野较小等。

驾驶员在驾驶室内按其位置可分为前方视野、侧方视野、后方视野。直接视野是指驾驶员在驾驶位置时不依赖后视镜而直接透过前挡风玻璃、侧向门窗;玻璃和后风窗玻璃所能直接、清晰地看到道路的范围大小;间接视野,简言之,就是驾驶员在后视镜和下视镜的反射下所能看得到的视野。其中前方视野最为重要,具有良好的驾驶视野以及在各种条件下的视野保持是汽车行驶安全的重要前提条件之一。通过直接视野可以观察汽车前方的交通情况、交通信号和路面状况,通过间接视野可以观察左右方及后方和车辆状况。

眼睛位置数据获取方法:前方视野(前风窗、仪表板)——对行车、超车有重要作用;侧方视野(侧窗)——对起步、转弯、停车、低速行驶有重要作用;后方视野(后视镜)——对超车、转弯、制动有重要作用。

汽车的驾驶视野取决于驾驶室形状、支柱的结构和玻璃窗的尺寸以及驾驶室座椅的高度、坐垫与靠背的倾角等。为了保证在雨、雪天气下驾驶视野的清晰,车窗上应装有雨刮器、除霜器,另外还应装有遮挡阳光的遮阳板。

(1)道路环境对视野的影响。

人在空旷场地上,其眼的水平方向视野约 200°,竖直方向约 125°,其视野范围为一椭圆形。处于驾驶室内的视野称为汽车的视野,它要受到汽车窗框的限制,不同路况和不同用途的车型对汽车视野有不同的要求。

①汽车"前上方"视野。

汽车"前上方"视野最基本的要求，应能保证在十字路口处看到信号灯，同时能够避免太阳光线的刺眼，看到信号灯所需的最小视角取决于信号灯至停车线的距离。长头车"前上方"视野约为10°，平头车在10°以上。

②汽车"前下方"视野

汽车"前下方"视野受前下方视角的限制，视角越大视野越大，越能看到靠近车前方的物体，什么样的视野才合适呢？不同道路行驶的汽车有不同的要求，以城市行驶的客车为例，驾驶员要时刻观察和处理车与车、人与车、车与自行车之间出现的情况，行车环境较为复杂，需要有一个较好且合适的"前下方"视野，以看清车前方1 m以上的小学生及行人从车前穿过。经道路感觉试验，对于在市区行驶的客车，"前下方"视野应选择在距驾驶员前方2.8 m较合适，常在高速公路上行驶的汽车，"前下方"视野应选择在距驾驶员前方约8 m较合适，常在山区行驶的汽车，"前下方"视野应选择在距驾驶员前方约3 m较合适。较小时"前下方"视野会影响到对车外信息的获得，特别是不易看到行人和较小车辆，同时减小"前下方"视野会使路面移动感减小，驾驶员会不自觉地提高车速，遇到紧急情况会因制动不及而造成事故，所以"前下方"视野较小的客车不适宜市区行驶。"前下方"视野过大，在密集的车流中，前车的停、动会给该车造成较大的敏感反应，使驾驶员处于紧张状态，同时档速增高时，较大的"前下方"视野会使路面移动感强烈，强烈的路感刺激会使人有一种恐惧感，也容易引起驾驶员的疲劳而影响到行车安全。长头车"前下方"视野约20°，平头车大于20°。

③汽车左、右两侧的视野。

汽车左、右两侧视野除满足看清道路两侧情况外，还要满足驾驶员能方便地看到后视镜，这对行车安全是很必要的。平头车的视野好于长头车视野，直行时，长头车左侧视角约20～30°，右侧视角约35～45°，而平头车左侧视角约35°，右侧视角约55～60°。在这个视野范围内，既能满足对道路两侧信息的获得，又能在头部稍微活动的情况下从后视镜获得车后的信息，有利于行车安全性。

(2)车速对视野的影响。

汽车驾驶视野又可分为静态和动态视野：静态视野是头部不动眼球可以自由转动所能看到的空间范围；动态视野是指头和眼球不动所能看到的空间范围。动态视野与车速成反比车速越快视野也越窄。视野过大、过小都会直接或间接地影响到行驶安全，不同用途的汽车其最佳视野所对应的速度感都应处于舒适区。

对于高速行驶的汽车，驾驶员要时刻不停地获得道路、环境及车内的各种信息，而这些信息又是不断变化的，原有的信息消失了，新的信息又不断出现，这种复杂的信息会先后不同或数个信息同时出现，这些信息的获得和处理主要依靠驾驶员的视觉和视野，一旦驾驶员的视觉和视野影响到对信息的获得，就会直接影响到行车安全。

行驶中驾驶员对路面物体有一种速度感，这种速度感不是驾驶员对速度物理量的感觉，而是人眼与所视物构成角度的速度感觉。即路面上各点与驾驶员眼睛的角速度(rad/s)。经试验和计算表明，客车以40 km/h在市区行驶时，最舒适视野值对应的速度感约为2 rad/s；以100 km/h在高速公路上行驶时，较舒适"前下方"视野值在8.15 m的情况下，其速度感约为1 rad/s；在山区道路以50 km/h行驶时，其最舒适视野值的速度感也是2 rad/s。可见，三种道路条件下最舒适视野值的速度感都在2 rad/s以下，因此速度感小于2 rad/s称舒适区。

市区行驶若速度感超过 2.5 rad/s，便感到不舒适，高速公路上速度感超过 4 rad/s，就感到很不舒适，山区不舒适速度感为 3 rad/s。可见速度感为 2.5～4 rad/s 时，为不舒适驾驶视野范围，称为不舒适区。当速度感值超过 4 rad/s 时，路面的移动感会使驾驶员很不舒服，并具有一种恐惧感，这种不舒服感很容易引起精神疲劳而影响到行车安全，同时人也会有被抛出去的感觉造成精神紧张，因此当速度感超过 4 rad/s 时，称为有恐怖感的驾驶视野范围，称为恐怖区。可见，速度感超过 2 rad/s 时，对行车安全都是不利的，应通过调整车速加以控制，如市区行驶的客车车速控制在 40 km/h 左右，山区行驶的汽车车速控制在 50 km/h 左右，高速公路上车速控制在约 100 km/h 较合适。

汽车行驶速度越高，视野越大越不好，会使驾驶员对车速感觉变差，有不自觉提高车速的趋势。一定的视野值对相应的道路和车速是最佳的，但对于其他道路和车速就不一定了，所以要根据不同用途选择车型，驾驶员行驶在不同道路环境时，要尽量调整车速使自己处于较舒适的速度感范围内，以防因精神紧张造成疲劳而影响到行车安全。

汽车驾驶员的动态视野范围与车速的关系，动态视野是人们在运动状态下，观察辨认事物区域范围的能力。一般人的静态视野范围大约在 200° 左右，但是随着速度的增加，人的视野范围就会变窄，例如：①当车速由零增加到 40 km/h 的时候，其动态视野大约是 100° 左右。②当车速增加到 80 km/h 的时候，其动态视野大约是 60° 左右。③当车速增加到 120 km/h 的时候，其动态视野大约只有 30° 左右了。一般人在车速低于 50 km/h 的情况下，对来自前方及左右两侧的景物，仍可以比较清晰地分辨。一般说来随着车速增加，人的动态视野范围就要变窄，人的清晰观察距离就要变短前移，所以大家还是不要超速驾驶，

车身越高的车型，其驾驶视野越宽阔。车头流线型较强的车型时，往往会看不到自己的车鼻子。它不能让你更准确地判断你离前车或前面障碍物的距离。

较粗或离驾驶人较近的 A 柱，往往会造成较大的盲区，一些双 A 柱车型（如天语、毕加索等）也容易影响你的驾驶视野。一些车型为了增强车身骨架的安全性，把 A 柱设计得较粗；也有些车型为了让车身的流线型更高，把驾驶室设计得较为扁平，致使 A 柱离你很近。A 柱盲区较大的车型，在转弯时尤其是向左转弯时，会严重影响你的视线，甚至为你带来安全隐患。因此，一些车型就设计得较为巧妙，如 MINI 那样的车型，它把 A 柱设计得离驾驶人较远的地方，即使较粗，也不会影响你的视线。

一些车型为了突出它的运动感，往往把车身设计成前低后高的样子，好像车子在向前冲。虽然从外观看确实不错，但这也给驾驶人的后视野造成一定影响，致使驾驶人无法透过车内后视镜看清车后的情况，甚至扭头都无法看清车后情况。

对驾驶视野影响较大的还有车外后视镜。它所覆盖的视野范围对安全行车也极为重要，尤其是离你车较近处有个"死点"，往往是车外后视镜无法看到的地方，但同时又是较为危险的地方，这也是考查车外后视镜性能的主要地方。当你并线时如无法看到一辆已接近你车身的汽车，其危险度可想而知。为了避免这种情况发生，宝马、奥迪等都推出变道警告系统，在你并线变道时，如果后面盲区内有来车，它会提醒你注意。

（3）汽车视野技术要求。

根据相关国家标准 GB11562—1994，对汽车驾驶员视野的基本要求如下：

①前视野规定了驾驶员前方 180° 范围内直接视野的校核。

②后视镜应固定牢靠，避免改变已调节好的视野。装在 M1 和 N1 类汽车上的外后视镜

为Ⅲ类或Ⅱ类后视镜。

③M和N类型汽车必须在其左、右两侧各安装一个外后视镜，M1和N1类型汽车上必须安装一个内后视镜，其他各类车辆，若内后视镜不能提供任何后视野，可不必安装。

④汽车驾驶员一侧的外后视镜必须安装在后视镜中心至驾驶员两眼点(两眼点之间的距离为65 mm)中心连线与纵向基准面间的夹角不大于55°的范围内。

⑤在驾驶员一侧的外后视镜应能允许驾驶员在车门关闭，而车窗开启时进行调节。能在车内调节的外后视镜除外。

⑥内后视镜应能允许驾驶员在其驾驶位置上调节。

⑦外后视镜应能从汽车侧窗或前风窗玻璃刮水器刮刷到的区域中看到。

⑧驾驶员一侧外后视镜的视野，驾驶员借助外后视镜必须能在水平路面上看见一段宽度至少为2.5 m的视野区域，其右边与汽车纵向基准面平行。且与汽车左边最外侧点相切，并从驾驶员眼点后10 m外延伸至地平线，如图6-2所示。

⑨乘客一侧外后视镜的视野，对于总质量小于2000 kg的M1和N1类汽车，驾驶员借助外后视镜必须能在水平路面上看见一段宽度至少为4 m的视野区域，其左边与汽车纵向基准面平行，且与汽车右边最外侧点相切，并从驾驶员的眼点向后20 m延伸至地平线，如图6-2所示。

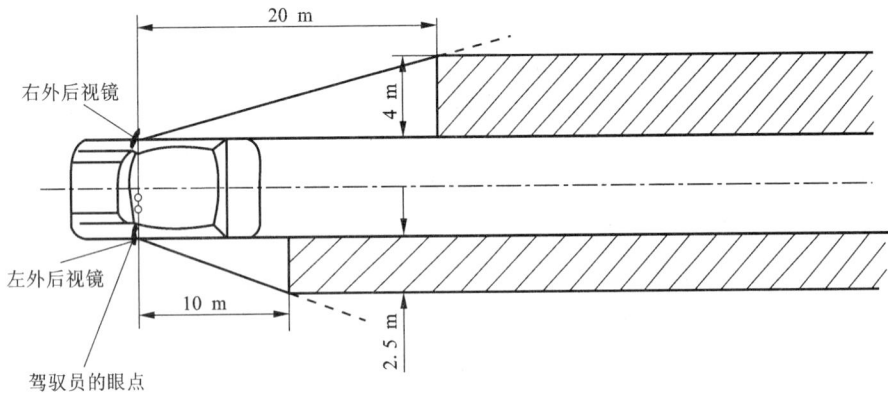

图6-2　驾驶员、乘客两侧外后视镜的视野

⑩内后视镜的视野。

驾驶员借助内后视镜必须能在水平路面上看见一段宽度至少为20 m的视野区域，其中心平面为汽车纵向基准面，并从驾驶员眼点后60 m处延伸至地平线，如图6-3所示。

⑪外后视镜的视野障碍物。

在测定上述后视野时，只要车身结构和门把手、示宽灯、转向指示灯、后保险杠两端和后视镜反射面清洗装置等部件所遮挡部分的总和占所规定视野的10%以下即可。

⑫内后视镜的视野障碍物。

在测定上述后视野时，允许头枕、遮阳板、后风窗刮水器和加热元件等部件遮挡部分视野，但遮挡部分的总和应占所规定视野的15%以下。

(4)汽车的视野盲区。

汽车的视野盲区又称为视野死角，是指驾驶员在驾驶室就座后在视力的范围内，因物体

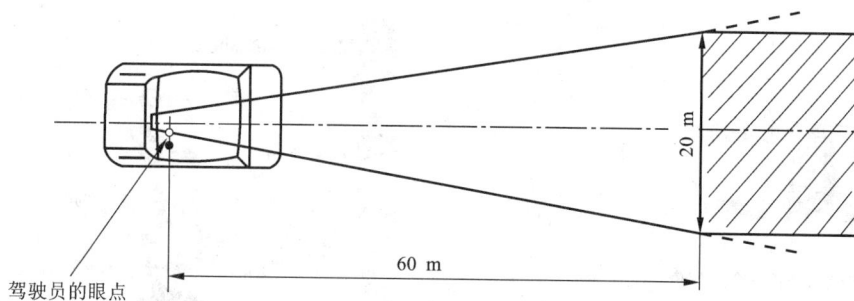

图 6-3 内后视镜的视野

的障碍物所不能看到的空间范围。汽车的视野盲区给驾驶员获得信息带来了极大的困难，往往在盲区内的物体不易被发现，很容易造成操作失误而导致交通事故发生。

显然，后方比前方死角多。驾驶视野的死角可能导致交通事故。当汽车在无信号交叉口左转弯，而此时在盲区内有摩托车或自行车等其他小型车辆，在汽车驶近时，驾驶员来不及采取措施，结果造成相互碰撞性交通事故。以下几种情况应特别注意：

①路边停放的车辆，会给附近朝它驶来的车辆的司机和横过道路的行人构成视野死角。

②交叉路的两旁及急转弯路的内侧是山丘、建筑物或茂密的树林，也会构成驾车司机及行人的视野死角。

③在车左边下车的乘客，下车时，车门两边的公路都是他们的视野死角。

④对将要超车的车辆而言，前面的慢车会给超车司机造成视野死角。

⑤夜晚开车时，对方没有关远光灯，在灯光刺眼的情况下，会造成很大的盲区。

⑥在静止状态下，人有 210° 的可见视野(最厉害的是野鸭，不转头只有 8° 盲区)但是只有 70° 是清晰的。

图 6-4 车速与视野的关系

汽车天生的视野死角非常之大，从侧面看视野死角，有时被窜出的其他车吓一跳都很正常！因为视野死角藏辆车绝对没问题！

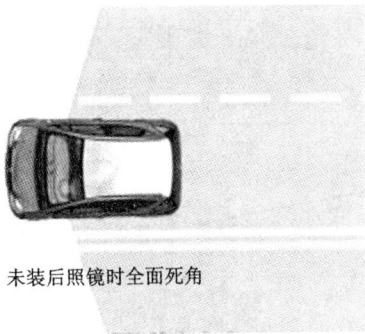

图 6-5　未装后视镜视野死角

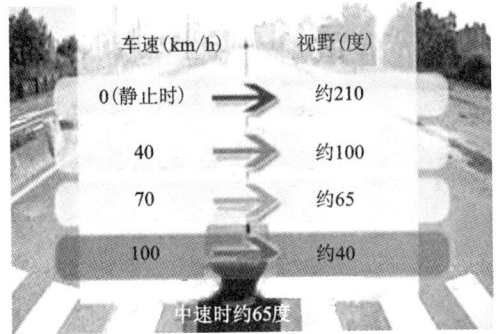

图 6-6　车速与视野

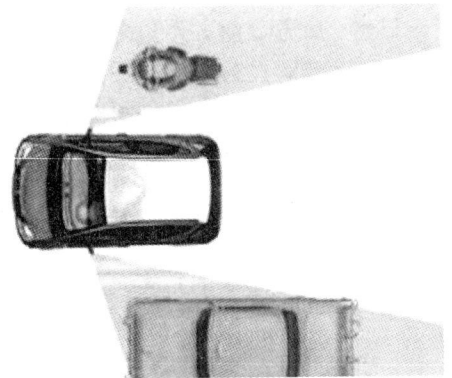

图 6-7　视野死角(一)

换道的时候很容易和视野死角中的车相撞。

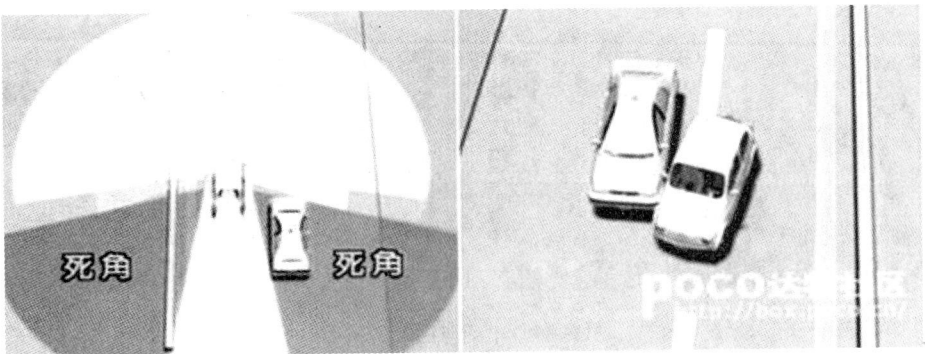

图 6-8　视野死角(二)

2001 年，VOLVOSCC 安全概念车首先解决了这个难题，通过两边后视镜上高速摄像机（最新一代已使用数字式红外线摄像机，通过计算机分析更灵敏）监控后视镜盲点，图 6-9

76

蓝色部分，当有车辆进入时，A柱上就会发出警示，称为盲点信息系统(BLIS)。

图6-9　盲点信息系统

BLIS在时速超过10 km/h就可以发挥作用，警示灯在车内显眼之处。

图6-10　侧向辅助系统

侧向辅助系统，在时速超过60 km/h时可启动，通过后保险杠上的雷达传感器扫描后视镜盲区以及车尾盲区，只是警示灯在车外的后视镜上，离视野更远，在大雨或雪天也不易察觉警示灯闪烁。

内轮差是指前后轮行进轨迹的差距，尤其是大型客车"视野死角＋内轮差"杀手组合，所以一定注意保持距离！如图6-11，6-12所示。

三、汽车灯光、信号及指示装置

为了保证汽车行驶安全和工作可靠，在现代汽车上装有各种照明装置和信号装置，用以照明道路，标示车辆宽度，照明车厢内部及仪表指示和夜间检修等。此外，在转弯、制动和倒车等工况下汽车还应发出光信号和音响信号。汽车上的灯光有夜行灯、信号灯、雾灯、夜行照明灯等，各种灯光都各具不同的用途，使用很有讲究，既不可乱用也不可不用。

图 6-11 内轮差一

最危险的状况之一　　　　　为了避免因为检差

图 6-12 内轮差二

(一)灯光照明装置

1.装在车身外部的照明装置

夜行照明灯,俗称"大灯"。大灯对于全车灯来说是"心脏"部位。合理使用大灯应做到会车时变成近光,会车后及时变回远光,以放远视线,弥补会车时造成的视线不清。通过交叉路口和进行超车时应以变换远近光来提示。

前大灯是汽车在夜间行驶时照明前方道路的灯具,它能发出远光和近光两种光束。远光在无对方来车的道路上,汽车以较高速度行驶时使用。远光应保证在车前100 m或更远的路上得到明亮而均匀的照明。

近光则在会车时和市区明亮的道路上行驶时使用。会车时,为了避免使迎面来车的驾驶员目眩而发生危险,前大灯应该可以将强的远光转变成光度较弱而且光束下倾的近光。

前大灯可分为二灯式和四灯式两种。前者是在汽车前端左右各装一个前大灯;而后者是在汽车前端左右各装两个前大灯。解放CA1091型汽车前大灯为四灯式前大灯。

前大灯主要由灯泡组件、反光罩和透光玻璃组成。灯泡组件是将电能转变为光能的装置。现代汽车的前大灯都采用双丝灯泡。远光灯丝位于反光罩的焦点上,近光灯丝位于焦点上方。在近光灯丝下方加有金属遮罩,下部分的光线被遮罩挡住,以防止光线向上反射及直接照射对方驾驶员而引起眩目。反光罩的形状是一旋转抛物面,其作用是将灯泡远光灯丝发出的光线聚合成平行光束,并使光度增大几百倍。透光玻璃是许多透镜和棱镜的组合体,其上有皱纹和棱格。光线通过时,透镜和棱镜的折射作用使一部分光束折射并分散到汽车的两侧和车前路面上，以照亮驾驶员的视线范围。

有些驾驶员把大灯当成"武器"使用，乱照乱"扫"。这种情况数农村"三轮"和"四轮"为最多。很多农民司机常常在夜间趁无人检查时偷偷上路，对自己的"黑屁股"全然不顾，前面的大灯却异常雪亮。他们大灯的照射角度一般都经过"精心调整"，目的不是照路而是照车，这样非常危险，请切莫等闲视之。

前小灯主要用以在夜间会车行驶时，使对方能判断本车的外廓宽度，故又称示宽灯，俗称"小灯"。前小灯也可供近距离照明用。很多公共汽车在车身顶部装有一个或两个标高灯，若有两个，则同时兼起示宽作用。此灯是用来在夜间显示车身宽度和长度的。司机平时进行例行保养时要经常检查，有的司机认为小灯不起照明作用，对其不够重视，这是非常错误的。

后灯的玻璃是红色的，便于后车驾驶员判断前车的位置而与之保持一定距离，以免当前车突然制动时发生碰撞。后灯一般兼作照明汽车牌照的牌照灯，有的汽车牌照灯是单装的，它应保证夜间在车后 20 m 处能看清牌照号码。

经常在多雾地区行驶的汽车还应在前部装置光色为黄色的雾灯。它可以帮助驾驶员在雾天驾驶时提高能见度，并能保证使对面来车及时发现，以采取措施，安全交会。所以，雾天驾车时司机一定要开雾灯，不能和小灯取而代之。另外，近来很多驾驶员反映在非雾天天气下有较多车主打开后雾灯，对后车司机非常刺眼。

越野汽车往往还在车身前部装有防空灯。其特点是灯上部有伸出的灯罩，以免被在空中发现。

2. 装在车内部的照明装置

车身内部的照明灯特别要求造型美观、光线柔和悦目。它包括驾驶室顶灯、车厢照明灯和轿车中的车门灯和行李箱灯等等。

为了便于夜间检修发动机，还设有发动机罩下灯。为满足夜间在路上检修汽车的需要，车上还应备有带足够长灯线的工作灯，使用时临时将其插头接入专用的插座中。

驾驶室的仪表板上有仪表板照明灯。在有些汽车上，仪表板照明灯不能和驾驶室顶灯同时开亮。

(二)信号指示装置

1. 转向信号灯及转向信号闪光器

信号灯包括转向灯(双闪)和刹车灯。正确使用信号灯对安全行车很重要。转向信号灯分装在车身前端和后端的左右两侧。此灯是在车辆转向时开启，断续闪亮，以提示前后左右的车辆和行人注意。转向灯的开启时间要掌握好，应在距转弯路口 100 m 左右时打开。开得过早会给后车造成"忘关转向灯"的错觉，开得过晚会使后面尾随车辆、行人毫无思想准备，往往忙中出错。由驾驶员在转向之前，根据将向左转弯或向右转弯，相应地开亮左侧或右侧的转向信号灯，以通知交通警察、行人和其他汽车上的驾驶员。

为了在白天能引人注目，转向信号灯的亮度很强。此外为引起对方注意，在转向信号灯电路中装有转向信号闪光器，借以使转向信号灯光发生闪烁。闪烁式转向信号灯可以单独设置，也可以与前小灯合成一体，在后一种情况下，一般用双丝灯泡。也有的后转向信号灯和后灯合成一体。

刹车灯：此灯亮度较强，用来告知后车，前车要减速或停车，此灯如使用不当极易造成追尾事故。另外，要提醒司机的是更换刹车灯泡要注意：我国生产的车辆尾灯一般都是"一泡二用"，灯泡内有两个光丝，较弱的为小灯，较强的为刹车灯。有的厂家将其设计为高低脚插入式，使用起来非常方便。更换时一定要注意不要接反。

（三）汽车灯光标志及汽车灯语的使用方法

在学习驾车的时候，驾校教练都会告诉学员如何"使用"汽车的外部灯光。但是当学员们上路以后，却大部分人都只懂得打开和关闭灯光，却并不了解在什么情况下使用哪种灯光。夜间行车时，视野较差，如果乱用灯光或者不打开相应灯光，则会增加意外发生的几率，这对于自己和别人都不是一件好事。我们来谈谈汽车灯光的正确使用方法。

示宽灯也叫做行车灯，它的作用是使车辆的四个角为人所见，亮度没有大灯那么高。在雨天、天色昏暗或者在地下停车场时应亮起此灯。行车灯亮起时，仪表盘上会亮图标。

远光灯与近光灯：远光灯的照射高度比近光灯要高，因此能够照亮更高更远的物体。近光灯一般在有路灯照明的公路上使用。远光灯则在没有灯光照明的公路上使用，也会经常被用于照亮远处公路上方的路牌。通过不同的变换远近光方式，能够实现与其他司机交流的目的。在会车时，如果我们使用远光灯，对方驾驶员将由于强光而无法看清路面并无法判断你车辆的准确位置，这将增加意外发生的几率。所以会车时，如开了远光灯，应切换为近光灯。如对方车辆使用了远光灯，你可以通过快速变换远近光来提醒来车的司机。

转向：顾名思义，转向灯是用来表示车辆需要进行转向的。在车辆需要转向时必须提前亮起转向灯，在确认后方没有来车时方可转向，切忌打灯后不确认后方情况就马上转向。在超车前亮左转向灯，确认前方具备超车条件方可超车。后方车辆有超车意图，可以通过亮起右转向灯示意后方车辆超越。在红绿灯前的掉头或转向车道，除非是排第一，否则没必要一直打开转向灯，在车辆转向时再打转向灯也不晚。

雾灯：雾灯的穿透力比行车灯要强得多，其功率与大灯相若，因此在雾天、暴雨、大雪以及沙尘暴天气时，我们应该把车辆的前后雾灯打开，让其他车辆在更远的地方就能看到你的车子。雾灯的灯光是发散的，射出角度较大，因而有很好的穿透力和辨识度。而近光灯由于射出角度较低，只能照亮近处的路面，如遇上雨、雾、沙尘暴等天气，其穿透力和辨识度比不上雾灯。

双闪灯：双闪灯又叫"危险警告灯"，在车辆出现紧急状况时应该通过相应的开关开启此灯。车辆抛锚停在路边时，除了要亮起双闪灯还要在车辆后方200 m左右的地方设立三角反光板对后面来车作出警示，避免追尾事故的发生。双闪灯的另一个作用是标示车队中的车辆，让其他车知悉车队将通过。

汽车仪表指示灯大全

该指示灯用来显示车辆手刹的状态，平时为熄灭状态。当手刹被拉起后，该指示灯自动点亮。手刹被放下时，该指示灯自动熄灭。有的车型在行驶中未放下手刹会伴随有警告音。

手刹指示灯

该指示灯用来显示电瓶使用状态。打开钥匙门，车辆开始自检时，该指示灯点亮。启动后自动熄灭。如果启动后电瓶指示灯常亮，充电系统有故障，需要检修。

电瓶指示灯

刹车盘指示灯

该指示灯是用来显示车辆刹车盘磨损的状况。一般，该指示灯为熄灭状态，当刹车盘出现故障或磨损过度时，该灯点亮，修复后熄灭。

水温指示灯

该指示灯用来显示发动机内冷却液的温度，钥匙门打开，车辆自检时，会点亮数秒，后熄灭。水温指示灯常亮，说明冷却液温度超过规定值，需立刻暂停行驶。水温正常后熄灭。

ABS 指示灯

该指示灯用来显示 ABS 工作状况。当打开钥匙门，车辆自检时，ABS 灯会点亮数秒，随后熄灭。如果未闪亮或者启动后仍不熄灭，表明 ABS 出现故障。

燃油指示灯

该指示灯用来显示车辆内储油量的多少，当钥匙门打开，车辆进行自检时，该油亮指示灯会短时间点亮，随后熄灭。如启动后该指示灯点亮，则说明车内油量已不足。

清洗液指示灯

该指示灯是用来显示车辆所装玻璃清洁液的多少，平时为熄灭状态，该指示灯点亮时，说明车辆所装载玻璃清洁液已不足，需添加玻璃清洁液。添加玻璃清洁液后，指示灯熄灭。

雾灯指示灯

该指示灯是用来显示前后雾灯的工作状况，当前后雾灯点亮时，该指示灯相应的标志就会点亮。关闭雾灯后，相应的指示灯熄灭。

远光指示灯

该指示灯是用来显示车辆远光灯的状态。通常的情况下该指示灯为熄灭状态。当车主点亮远光灯时，该指示灯会同时点亮，以提示车主，车辆的远光灯处于开启状态。

机油指示灯

该指示灯用来显示发动机内机油的压力状况。打开钥匙门，车辆开始自检时，指示灯点亮，如果启动后熄灭。该指示灯常亮，说明该车发动机机油压力不正常，需要检修。

气囊指示灯

该指示灯用来显示安全气囊的工作状态，当打开钥匙门，车辆开始自检时，该指示灯自动点亮数秒后熄灭，如果常亮，则安全气囊出现故障。

发动机自检灯

该指示灯用来显示车辆发动机的工作状况，当打开钥匙门时，车辆自检时，该指示灯点亮后自动熄灭，如常亮则说明车辆的发动机出现了机械故障，需要维修。

车门指示灯

该指示灯用来显示车辆各车门状况，任意车门未关上，或者未关好，该指示灯都有点亮相应的车门指示灯，提示车主车门未关好，当车门关闭或关好时，相应车门指示灯熄灭。

电子油门灯

常见于大众品牌车型中。打开钥匙门，车辆开始自检时，EPC 灯会点亮数秒，随后熄灭。如车辆启动后仍不熄灭，说明车辆机械与电子系统出现故障。

转向指示灯

该指示灯是用来显示车辆转向灯所在的位置。通常为熄灭状态。当车主点亮转向灯时，该指示灯会同时点亮相应方向的转向指示灯，转向灯熄灭后，该指示灯自动熄灭。

安全带指示灯

该指示灯用来显示安全带是否处于锁止状态，当该灯点亮时，说明安全带没有及时的扣紧。有些车型会有相应的提示音。当安全带被及时扣紧后，该指示灯自动熄灭。

O/D 挡指示灯

该指示灯用来显示自动挡的 O/D 挡(Over - Drive)超速挡的工作状态,当 O/D 挡指示灯闪亮,说明 O/D 挡已锁止。此时加速能力获得提升,但会增加油耗。

内循环指示灯

该指示灯是用来显示车辆空调系统的工作状态,平时为熄灭状态。当点亮内循环按钮,车辆关闭外循环,空调系统进入内循环状态时,该指示灯自动点亮。内循环关闭时熄灭。

示宽指示灯

该指示灯是用来显示车辆示宽灯的工作状态,平时为熄灭状态,当示宽灯打开时,该指示灯随即点亮。当示宽灯关闭或者关闭示宽灯打开大灯时,该指示灯自动熄灭。

VSC 指示灯

该指示灯是用来显示车辆VSC(电子车身稳定系统)的工作状态,多出现在日系车上。当该指示灯点亮时,说明 VSC 系统已被关闭。

TCS 指示灯

该指示灯是用来显示车辆TCS(牵引力控制系统)的工作状态,多出现在日系车上。当该指示灯点亮时,说明 TCS 系统已被关闭。

车内功能按键介绍

油箱开启键

该按键是用来在车内遥控开启油箱盖。装有该按键的车辆,驾驶员可以通过这个按键将油箱盖子从车内打开。不过油箱的关闭需要手动在车外控制。

ESP 开关键

该按键是用来打开关闭车辆的 ESP。车辆的 ESP 系统默认为工作状态,为了享受更直接的驾驶感受,车主可以按下该按键关闭 ESP 系统。

倒车雷达键

该按键是用来根据车主需要打开或是关闭车上的倒车雷达系统。驾驶员可以按下该按钮手动控制倒车雷达的工作。在倒车时手动关闭倒车雷达,或是手动开启倒车雷达。

中控锁键

该按键是车辆中控门锁的控制按钮。车主可以通过按下该按钮,同时打开或是关闭各车门的门锁。也可以单独关闭某一个开启的车门。有效的保证了车内人员的安全。

前大灯清洗键

该按键是用来控制前大灯的自动清洗功能。在装有前大灯清洗的车辆上,车主可以通过按下这一按键开启前大灯清洗装置,对车辆的前大灯进行喷水清洗。

后遮阳帘键

该按键是用来控制车内电动后遮阳帘的打开与关闭。在装有电动后遮阳帘的车内,车主可以通过按下这一按键打开或是开启后窗的电动遮阳帘。用来遮挡阳光。

(四)与仪表相关的报警装置

1. 车速里程表及速度报警装置

车速里程表是由指示汽车行驶速度的车速表和记录汽车所行驶过距离的里程计组成的，二者装在共同的壳体中，并由同一根轴驱动。

车速表是利用磁电互感作用，使表盘上指针的摆角与汽车行驶速度成正比。在表壳上装有刻度的表盘。

里程计是由若干个计数转鼓及其转动装置组成的。为了使用方便，有的车速里程表同时设有总里程计和单程里程计，总里程计用来记录汽车累计行驶里程，单程里程计用来记录汽车单程行驶里程。单程里程计可以随时复位至零。

车速报警装置是为了保证行车安全而在车速表内装设的速度音响报警系统。如果汽车行驶速度达到或超过某一限定车速(例如 100 km/h)时，则车速表内速度开关使蜂鸣器电路接通，发出声音报警。

2. 机油压力表及机油低压报警装置

机油压力表：机油压力表是显示机油压力的仪表，单位是 kPa(千帕)。机油压力表传感器是一种压阻式传感器，用螺纹固连在发动机机油管路上。由机油压力推动接触片在电阻上移动，使阻值变化从而影响到通过仪表到地的电流量，驱动指针摆动。由于机油压力有一定的压力范围，为了清晰明了，目前有许多汽车的机油压力表用指示灯表示，如果发动机运转时它仍然亮着，就表示发动机润滑系统可能不正常了。机油压力表是在发动机工作时指示发动机润滑系主油道中机油压力大小的仪表。它包括油压指示表和油压传感器两部分。

机油低压报警装置在发动机润滑系主油道中的机油压力低于正常值时，对驾驶员发出警报信号。机油低压报警装置由装在仪表板上的机油低压报警灯和装在发动机主油道上的油压传感器组成。

3. 燃油表及燃油低油面报警装置

燃油表：燃油表是显示油箱内的油量的仪表，单位是 L(升)，指针指向"F"，表示满油，指向"E"，表示无油；也有用 1/1、1/2、0 分别表示满油、半箱油和无油。燃油表内有两个线圈，分别在"F"与"E"一侧，传感器是一个由浮子高度控制的可变电阻，阻值变化决定两个线圈的磁力线强弱，也就决定了指针的偏转方向。

燃油表用以指示汽车燃油箱内的存油量。燃油表由带稳压器的燃油面指示表和油面高度传感器组成。燃油低油面报警装置的作用是在燃油箱内的燃油量少于某一规定值时立即发亮报警，以引起驾驶员的注意。燃油指示灯亮表示燃油已近低点，作为辅助性提醒。

4. 水温表及水温报警灯

水温表：水温表是显示冷却水温度的仪表，单位是 ℃(摄氏度)。它的传感器是一种热敏电阻式传感器，用螺纹固定在发动机冷却水道上。热敏电阻决定了流经水温表线圈绕组的电流大小，从而驱动表头指针摆动。以前汽车发动机的冷却水都是用自来水来充当，现在很多汽车发动机冷却系统都用专门的冷却液，因此也称为冷却液温度表。

水温表的功用是指示发动机气缸盖水套内冷却液的工作温度。

水温指示灯亮表示水温偏高，水温报警灯能在冷却液温度升高到接近沸点(例如 95~98℃)时发亮，以引起驾驶员的注意。常用汽车的电气仪表主要有电流表、燃油表、水温表及机油压力表等。其作用是监测和指示各有关部分的性能和状态，为正确使用和维修发动机提供依据和指南。为保证各仪表能正常工作，准确指示各有关部分的性能和状态，必须对其正确使用和及时维护保养。

5.充电表及指示报警灯

充电表显示发电机与蓄电池之间的充放电状态，有电流表和电压表之分。以前的汽车多数是用电流表，它有一块永久磁铁，使固定在支点上的指针保持中间位置，有线圈环绕在支点周围，当有电流通过线圈时会感应出磁场，指针在磁场作用下左右摆动，摆动方向决定于电流流经线圈的方向。因此电流表串联在蓄电池与发电机之间，当发电机向蓄电池充电时，仪表显示正（＋）极，若蓄电池向负载放电量大于发电机的充电量，则显示负（－）极。由于电流表接线柱承受电流比较大，不太安全，所以现在的汽车大都使用充电指示灯或者电压表。充电指示灯的接地端是由调节器控制的，当发动机运转时，充电灯接地线路联通，充电灯发亮；当发动机未运转时，充电灯接地线路被断开，充电灯熄灭；如果充电灯仍然亮时，说明充电系统有故障。

第二节　汽车稳定性和可靠性

主动安全就是要满足尽量自如的操纵控制汽车，并且汽车可以稳定而可靠地执行。无论是直线上的制动与加速还是左右打方向都应该尽量平稳可靠，不至于偏离既定的行进路线，而且不影响司机的视野与舒适性，这样的汽车，当然就有着比较高的避免事故能力，尤其在突发情况的条件下保证汽车安全，同时具有最佳动态性能的能力。与汽车稳定可靠性密切相关的主要有下面几个方面：

汽车操纵稳定性即是汽车的一种运动性能，这种性能通过驾驶员在一定路面和环境下的操纵反映出来。它是决定高速汽车安全行驶的一个主要性能，被人们称为"高速车辆的生命线"。

汽车制动性：据有关统计，很多重大交通事故都是由制动距离过长、侧滑引起的，因此汽车的制动性是汽车安全行驶的重要保障。

汽车的维护和保养：大量的实践证明，定期地对汽车各个系统及其零部件的检查、维护和保养对汽车的稳定可靠的工作和行驶安全有着非常重要的保障。更换用原厂件，防止便宜的假货，比如刹车片等，保证零部件的工作可靠。

一、汽车操纵稳定性

（一）操纵稳定性的含义

汽车操纵稳定性是指在驾驶员不感觉过分紧张、疲劳的条件下，汽车能灵敏稳定地按照驾驶员通过转向系及转向车轮给定的方向（直线或转弯）行驶；且当受到外界干扰（路不平、侧风、货物或乘客偏载）时，汽车能抵抗干扰而保持稳定行驶的性能。

（二）操纵稳定性的评价指标

汽车的操纵稳定性与交通安全有直接的关系，操纵稳定性不好的汽车难于控制，严重时还可能发生侧滑或倾翻，而造成交通事故。因此，良好的操纵稳定性是行车安全的重要保证。汽车的操纵稳定性可用汽车稳态转向特性、汽车稳定极限以及驾驶员—汽车系统在紧急状态下操纵稳定性作为评价指标。

1.汽车的稳态转向特性

在通常行驶状态下，汽车的操纵稳定性，常用汽车在等速圆周行驶时表现出来的不同响应来评价。虽然在汽车实际行驶中,这种等速圆周行驶的情况不常出现,但人们经过长期实践已认识到,汽车在等速圆周行驶时的响应,是表征汽车行驶稳定性的重要特性之一,一般称为"稳态转向特性"。

汽车稳态转向特性是评价汽车操纵稳定性的重要指标。稳态转向特性有三种状况:不足转向、过度转向和中性转向,这三种不同类型转向特性的行驶特点如图 6 – 13 所示。

当汽车以一定的车速转弯行驶,转向盘的转角保持不变时,汽车行驶的圆周半径也是不变的。这时,如果让汽车逐渐加速,将会出现几种特性:有的会偏离圆周运动轨迹,向内、外跑偏,有的会保持原来的圆周运动轨迹,不跑偏。转向加速时仍保持原有圆周运动轨迹的转向特性,叫做中性转向。其临界点叫做中性转向点。

当保持方向盘转角固定不变,使汽车以不同的稳定车速作圆周行驶时,若随着车速的提高,汽车的转向半径逐渐增大,称为具有不足转向特性;若汽车转向半径不因汽车的转向速度而改变,称为具有中性转向特性,若随车速的增加转向半径越来越小,称为具有过度转向特性。

汽车在等速圆周行驶时表现出不同的响应,主要是由于汽车的充气橡胶轮胎具有侧向弹性。在垂直于车轮平面(不考虑车轮外倾时)的侧向力作用下,轮胎将发生侧向变形,因而车轮的滚动方向与车轮平面不再保持一致,这种现象称为弹性车轮的侧向偏离,如图 6 – 14 所示。车轮滚动方向与车轮平面的夹角称为侧偏角。引起轮胎侧向变形的侧向力大小与侧偏角的比值,称为轮胎的侧偏刚度。

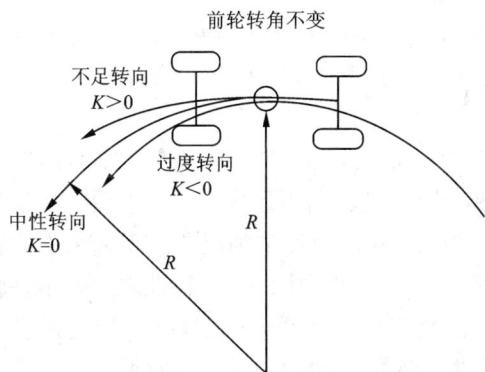

图 6 – 13 汽车的三种稳态转向特性

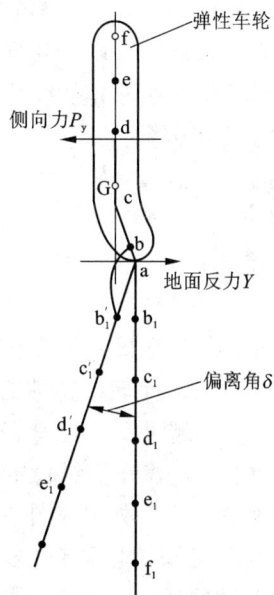

图 6 – 14 弹性车轮的侧向偏离

汽车的稳态转向特性可用稳定性因数 K 表征:

$$K = \left(\frac{G_2}{K_2} - \frac{G_1}{K_1} \right) \frac{1}{gL} \qquad (6-1)$$

式中:K——稳定性因数;

G_1,G_2——前轴及后轴的垂直载荷;

K_1，K_2——前轴及后轴轮胎的侧偏刚度；

L——汽车轴距；

g——重力加速度。

稳定性因数 K 与汽车转向特性的关系如下：

设单位前轮转角引起的汽车转向横摆角速度为 $(r/\delta)_s$，则 $(r/\delta)_s$ 与 K 有如下关系：

$$\left(\frac{r}{\delta}\right)_s = \frac{v/L}{1 + Kv^2} \tag{6-2}$$

式中：$(r/\delta)_s$——单位前轮转角引起的横摆角速度；

v——汽车转向时的圆周速度。

当 $K=0$ 时，$(r/\delta)_s = v/L$，即单位前轴转角引起的横摆角速度与车速 v 成直线关系，其斜率为 $1/L$，这实际上便是中性转向特性。当汽车转向时的车速很低时，离心力一般很小，轮胎侧向变形也很小，这时可认为轮胎的侧偏角等于零，因而 $K \approx 0$ 即汽车在低速转向时，都可以近似看成是中性转向特性。

当 $K>0$ 时，$(r/\delta)_s$ 比中性转向时大，即前轮转过相同角度时，汽车横摆角速度要更大一些，这就是过度转向特性。K 值越小，过度转向量越大。转向不足与转向过度是衡量车辆操控平衡的重要标准。转向不足是前轮轮胎与地面接触面的偏滑角（slip angle）建立速度大于后轮轮胎与地面接触面的偏滑角建立速度造成的。通常，车辆进入衡定状态（steady state）需要一定的速度，转向不足可使车辆在较低的速度就能够进入衡定状态。一旦车辆进入衡定状态，车体扭转角度将无法随着转向轮角度增加而继续增加。表现为方向盘变轻，即使增加转向角度，车体仍旧按照原先的线路行进而车体扭转角度不会变化。

由上述稳定性因数公式可知，汽车的重心位置及前后轴轮胎侧偏刚度的匹配，影响稳定性因数 K，因而也影响汽车的稳态转向特性。车体质量分配不平衡：平衡的车体质量分配应该为前后50：50，如果车体前部质量大于后部（质量分配 >50：50，如60：40），车辆将表现为转向不足。反之如果车体前部质量小于后部（质量分配 <50：50，如40：60），车辆将表现为转向过度。

在一般情况下，在民用汽车的底盘设计中，转向不足被认为是一种比较可取的调较方式。只有具有适度不足转向特性的汽车才易于操纵。原因是转向不足修正比较容易，通常只须驾驶员收小油门幅度，即可减轻转向不足程度。相反，转向过度的情况要修正起来则比较困难。中性转向，是汽车操纵稳定性的重要特性"稳态转向特性"中的几种特性之一。中性转向特性的汽车在本身和外界条件变化时（例如在后面装载的行李重），就容易转变为过多转向，难以操纵。汽车不能具有过多转向特性，具有中性转向特性的汽车也不够好，因为汽车本身或外界条件的某些变化，可能使中性转向特性转化为过度转向特性。一般驾驶员已经习惯于驾驶具有适度不足转向的汽车，知道如何通过转向机构使汽车遵循所期望的路线行驶。若汽车的转向特性突然有变化（如轿车行李座舱中的载货过多而引起后轴负荷过重所引起的），驾驶员的经验不能适应新的、不良的转向特性，一旦突然出现危险情况时，汽车有可能失去控制而导致交通事故。

从物力法则来说，前轮驱动的汽车，或者重心比较偏向前方的汽车，较容易出现动态倾向上的转向不足。但是随着全球汽车界对驾驶操控主动安全性的进一步考虑，目前无论是前轮驱动、后轮驱动还是后轮驱动的民用轿车，大多将转向动态特性调较为转向不足。驾驶员都习惯于驾驶具有适度不足转向的汽车，所以在设计时，一般都要有适当的不足转向量，以保证汽车突然出现甩尾时仍能保持良好的驾驶性能。

2. 汽车的稳定性极限

汽车转向行驶时的稳定性极限对安全行车影响很大。汽车保持稳定行驶的能力，是有一定限度的。如果驾驶员对汽车的操纵动作使汽车的运动状态超过了这一限度，汽车的运动就会失去稳定，发生侧滑或倾翻，从而危及行车安全。汽车在转向行驶时，受到离心力的作用。如果汽车在离心力的作用下，车轮的侧向反作用力达到附着极限时，汽车将沿离心力作用的方向发生侧向滑移。与此同时，离心力还将引起内外两侧车轮法向反作用力的改变。

汽车的侧滑可分为"偏航"和"甩尾"两种情况。如果内侧车轮上的法向反作用力降低为零，当前轮上的侧向反力先达到附着极限时，因前轮发生的侧滑，汽车的横摆角速度减小，转向半径增大，汽车将向外侧甩出，发生"偏航"现象。严重时，汽车会被甩出路外，导致交通事故。如果后轮上的侧向反力先达到附着极限，后轮将先于前轮向外侧侧滑，发生"甩尾"现象。因转向半径减小，极易诱发汽车倾翻。

（1）汽车抗侧滑稳定性界限。

汽车在水平路面上转向行驶时不发生侧滑的极限稳定车速，可以近似地用下述方法求得。设汽车转向的极限稳定车速为 v_{max}，则转向时产生的离心力为：

$$F_1 = m \frac{v_{max}^2}{R} \tag{6-3}$$

式中：F_1——离心力；

　　　m——汽车总质量；

　　　R——汽车转弯半径；

　　　v_{max}——不发生侧滑的极限稳定车速。设车轮与地面的附着力为：

$$F_2 = m \cdot g \cdot \varphi$$

式中：F_2——附着力；

　　　φ——附着系数；

　　　g——重力加速度。

当 $F_1 = F_2$ 时，为极限稳定行驶状态，所以有

$$m \frac{v_{max}^2}{R} = m \cdot g \cdot \varphi \tag{6-4}$$

即

$$v_{max} = \sqrt{R \cdot \varphi \cdot g} \tag{6-5}$$

如果弯道上有超高（路面向内侧倾斜）时，极限稳定车速 v'_{max} 为：

$$v'_{max} = \sqrt{\frac{(\varphi + \tan\theta) R \cdot g}{1 - \varphi \tan \cdot \theta}} \tag{6-6}$$

式中：v'_{max}——路面有超高时的极限稳定车速；

　　　θ——路面倾角（向内侧倾斜时为正）。

（2）汽车抗侧向翻倾稳定性界限。

汽车在高速转向行驶时，如果因离心力的作用使内侧车轮的法向反作用力为零，内侧车轮可能离开地面，严重时发生侧向翻车。汽车转向时，不发生侧向翻车的极限车速可近似地

用下述方法求得：设转向时作用在汽车上的离心力为 F_1，则

$$F_1 = \frac{mv_{max}^2}{R} \qquad (6-7)$$

式中：v_{max}——汽车不发生侧向翻倾的极限车速；

    m——汽车总质量；

    R——转弯半径。

不发生侧向翻倾的条件是：

$$F \cdot h_0 \leqslant \frac{1}{2} m \cdot g \cdot B \qquad (6-8)$$

式中：h_0——汽车重心高度；

    B——汽车的轮距。

即

$$\frac{mv_{max}^2}{R} \cdot h_0 \leqslant \frac{1}{2} m \cdot g \cdot B$$

$$v_{max} \leqslant \sqrt{\frac{R \cdot B \cdot g}{2h_0}} \qquad (6-9)$$

3. 汽车行驶的纵向稳定性和横向稳定性

汽车在纵向坡道上行驶，例如等速上坡，随着道路坡度增大，前轮的地面法向反作用力不断减小。当道路坡度大到一定程度时，前轮的地面法向反作用力为零。在这样的坡度下，汽车将失去操纵性，并可能产生纵向翻倒。汽车上坡时，坡度阻力随坡度的增大而增加，在坡度大到一定程度时，为克服坡度阻力所需的驱动力超过附着力时，驱动轮将滑转。这两种情况均使汽车的行驶稳定性遭到破坏。

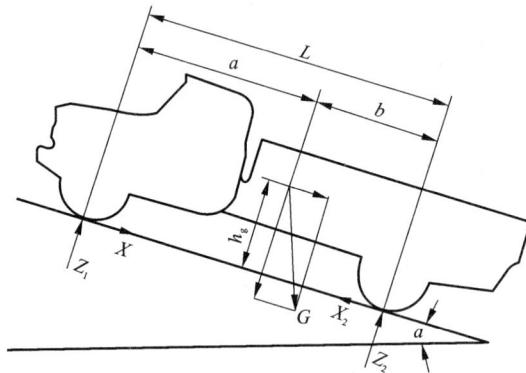

图 6-15　汽车上坡时的受力图

由于现代汽车的重心位置较低，因此上述条件均能满足而有余。但是对于越野汽车，其轴距较小，重心较高，轮胎又具有纵向防滑花纹因而附着系数较大，故其丧失纵向稳定性的危险增加。因此，对于经常行驶于坎坷不平路面的越野汽车，应尽可能降低其重心位置，而前轮驱动型汽车的纵向稳定性最好。

汽车横向稳定性的丧失，表现为汽车的侧翻或横向滑移。由于侧向力作用而发生的横向

稳定性破坏的可能性较多，也较危险。

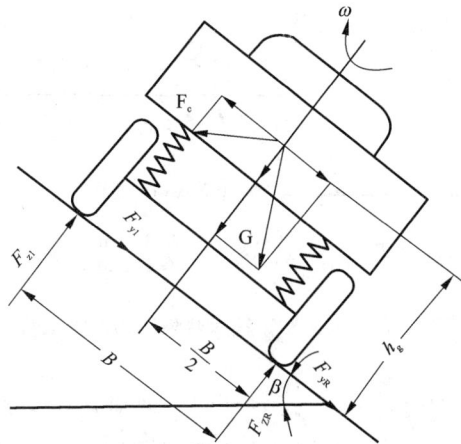

图 6 – 16　汽车在横向坡道上转向时的受力图

如图 6 – 16 所示为汽车在横向坡路上作等速弯道行驶时的受力图。随着行驶车速的提高，在离心力作用下，汽车可能以左侧车轮为支点向外侧翻。当右侧车轮法向反力时，开始侧翻。因此在公路建设上常将弯道外筑有一定的坡度，以提高汽车的横向稳定性。

4. 驾驶员 – 汽车系统在紧急状态下的操纵稳定性

驾驶员在行车中突然遇到危险，由于驾驶员心理上的问题，极易发生操作上的失误。这时，汽车的运动状态虽未超过稳定性界限也会发生事故，这可看成是人 – 车系统工作失调所引起的。因此，研究人 – 车系统中驾驶员的特性，尤其是对反应时间和心理素质进行检测是非常重要的。人 – 车系统的操纵稳定性，可通过躲避障碍物能力试验进行评价。

紧急状态是指驾驶员在行车中突然遇到意想不到的危险，必须在极短时间内作出判断，并采取回避措施时所处的状态。在紧急状态下，由于驾驶员心理上的动摇，极容易发生操作上的失误。这时汽车的运动状态虽未超过稳定性界限，却会发生事故。这可以看成是由于人—车系统工作失调所引起的。为了更切合实际地研究汽车在紧急状态下的运动情况。应该把驾驶员与汽车作为一个有机整体，即人 – 车系统来加以考虑。

研究人 – 车系统的运动时，所遇到的困难是人的特性很难准确而统一地表达。特别是人在紧急状态下的动作行为和平时有很大不同。而且每一具体的交通事故都有其特殊的条件，很难在试验研究的条件下准确地再现事故当时的情况，为此，目前只能采用代替的试验方法，来评价人 – 车系统在紧急状态下的运动。这种代替的实验方法，一般是给出一种比较苛刻的，近似于紧急状态的试验条件，在驾驶员有思想准备的情况下进行试验。

5. 两种试验评价方法

（1）躲避障碍物能力试验。

这一试验的条件如图 6 – 17 所示。假如汽车在直线行驶中突然遇到障碍物，设障碍物出现的距离，即躲避距离为 L，汽车前进方向的横向移动距离为 D，车道宽度为 W，上述各尺寸皆用标杆标出。使试验车沿标杆标示的道路行驶，并规定不得使用制动器，以各种不同的车速及躲避距离 L 进行试验。对于每一种车速，以不碰倒标杆可以通过的最小躲避距离 L_{min} 来评价驾驶员—汽车系统的操纵稳定性。由试验的结果可以明确以下问题：

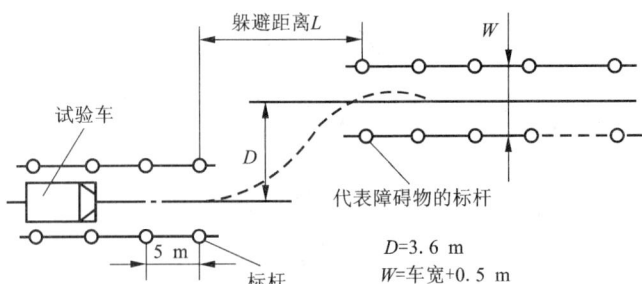

图 6-17　人-车系统躲避障碍物能力试验

①低速时的躲避距离比高速时短得多，低速时的躲避动作需要很大的方向盘转角，所以最小躲避距离主要受驾驶员是否来得及转动方向盘的限制。在高速时躲避障碍物的主要限制是在绕过障碍物后，不容易返回原来的前进方向。

②具有适度不足转向的汽车低速躲避障碍物的性能好。

（2）蛇行穿标试验。

蛇行行驶试验，是测定汽车操纵稳定性的一种典型试验方法。它可以评价汽车的操纵性、转向力大小、侧倾程度和避免事故的能力。试验通常在汽车试验场的操纵稳定性试验场进行。在场地上每隔一定距离设一个标桩，让汽车以各种车速在其间曲折穿行，以不碰杆，不翻车，并能以最短时间穿越全程者为蛇行穿杆能力强。从中测量转向盘转角、转向力、横摆角速度、侧倾角、侧向加速度及汽车行驶速度等。同时，还要由驾驶员对汽车的操纵性能和轮胎滑移情况进行主观评价。由于这种方法不对驾驶员的操作做任何限制，所以可在一定程度上反映出驾驶员—汽车系统转向运动的综合性能。

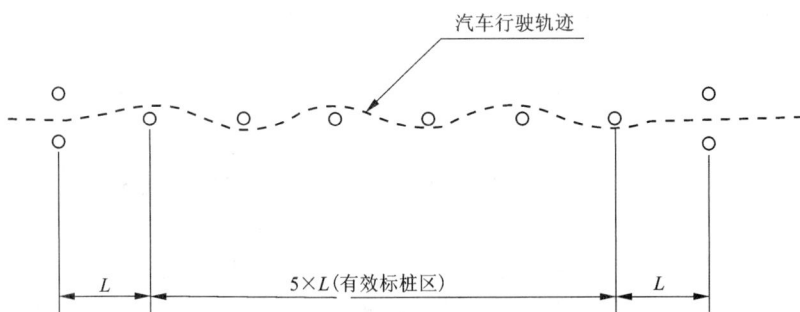

图 6-18　蛇行穿标试验

（三）操纵稳定性的影响因素和要求

（1）汽车本身结构参数，如汽车的轴距、重心位置、轮胎特性、悬挂装置与转向装置的结构形式和参数。

汽车转弯行驶时，全部车轮应绕瞬时转向中心旋转。转向轮具有自动回正能力。在行驶状态下，转向轮不得产生自振，转向盘没有摆动。转向传动机构和悬架导向装置产生的运动不协调，应使车轮产生的摆动最小。转向灵敏，最小转弯直径小。操纵轻便。转向轮传给转向盘的反冲力要尽可能小。转向器和转向传动机构中应有间隙调整机构。转向系应有能使驾驶员免遭或减轻伤害的防伤装置。转向盘转动方向与汽车行驶方向的改变相一致。正确设计转向梯形机构，可以保证汽车转弯行驶时，全部车轮应绕瞬时转向中心旋转。转向轮的自动回正能力决定于转向轮的定位参数和转向器逆效率的大小。合理确定转向轮的定位参数，正确选择转向器的形式，可以保证汽车具有良好的自动回正能力。转向系中设置有转向减振器时，能够防止转向轮产生自振，同时又能使传到转向盘上的反冲力明显降低。为了使汽车具有良好的机动性能，必须使转向轮有尽可能大的转角，其最小转弯半径能达到汽车轴距的 2 ~2.5 倍。

(2)汽车的使用因素，如离心力对汽车的操纵性和稳定性影响很大。

另外，还应注意速度对汽车操纵稳定性的影响。低速时，汽车呈不足转向，但在高速时，汽车有可能变为过度转向。所以在高速行车时，一定要注意方向盘的操纵，避免产生过大的离心力，以保证高速行车安全。转向锁死或无力：轻轻地操作制动器，不可猛然刹车，因为这会使车突然转向。打开危险警告灯并按喇叭，警告其他驾驶员，尽快驶出车道。

车辆转向力大小要求：转向操纵的轻便性通常用转向时驾驶员作用在转向盘上的切向力大小和转向盘转动圈数多少两项指标来评价。GB7258—1997《机动车运行安全技术条件》中要求转向时施加于转向盘外缘的最大切向力不得大于 245 N，还要求机动车转向桥轴载质量大于 4000kg 时必须采用助力转向系统。轿车转向盘从中间位置转到第一端的圈数不得超过 2.0 圈，货车则要求不超过 3.0 圈。

动力转向系统就是在机械转向系统的基础上加设一套转向加力装置而形成的。转向加力装置减轻了驾驶员操纵转向盘的作用力。转向能源来自驾驶员的体力和发动机(或电动机)，其中发动机(或电动机)占主要部分，通过转向加力装置提供。正常情况下，驾驶员能轻松地控制转向。但在转向加力装置失效时，就回到机械转向系统状态，一般来说还能由驾驶员独立承担汽车转向任务。

动力转向系统的应用日益广泛，不仅在重型汽车上必须装备，在高级轿车上应用得也较多，在中型汽车上的应用也逐渐推广。主要是从减轻驾驶员疲劳，提高操纵轻便性和稳定性出发；次要是从减小因在高速行驶中前轮突然爆胎而造成的事故出发。

四轮转向(4WS,4 Wheel Steering)除了传统的以前轮为转向轮，后两轮也是转向轮，即四轮转向。在 20 世纪 80 年代中期开始发展，其主要目的是提高汽车在高速行驶或在侧向风力作用时的操作稳定性，改善在低速下的操纵轻便性，以及减小在停车场时的转弯半径。四轮转向主要有两种方式：当后轮转向与前轮转向方向相同时称为同向位转向；当后轮转向与前轮转向方向相反时称为逆向位转向。

此外为保证在通常行驶状态下汽车具有良好的操纵稳定性，还要求汽车对方向盘角输入的响应要灵敏，直行性中的侧向风敏感性，路面不平敏感性及回正性良好，装备转向助力系统的转向操作轻便等，这里不再举例。当然，影响操纵稳定性的因素以及评价指标还有一些，都穿插在各大系统中了，本文就不再赘述。

二、汽车的制动性与安全

(一)汽车的制动性

汽车是一种行驶速度较高的交通运输工具。在运行时道路和交通情况不断变化,就必须不断改变车速、减速或者停车,这样才能保证行车安全,避免事故发生。通常把行驶中的汽车能够强制地降低车速以致停车或下坡时维持一定速度的能力,称为汽车的制动性能。

汽车制动性能是汽车使用性能的重要参数之一,制动效能越好,高速行车就越安全。研究高可靠性的制动系统是世界各国汽车制造商最为关心的问题,也是保障行车质量和交通安全的关键,重大交通事故往往与制动距离太长、紧急制动时发生侧滑等情况有关。所以,汽车的制动性是汽车行驶的重要保障。

汽车的制动是通过制动装置来实现的。我国国标《机动车运行安全技术条件》(GB7258—97)规定,汽车必须装有行车制动装置和驻车制动装置。行车制动装置是汽车的主要制动装置,常用的有液压式或气压式两种,利用制动器内部摩擦和车轮与路面间的摩擦消耗能量,从而达到减速或停车的目的。汽车的制动性能因刹车装置的性能、轮胎的性能、路面摩擦系数、汽车的装载状态以及刹车操作的不同而异,是保证行驶安全的最重要的性能。国家标准规定,汽车制动性能的评价指标有三个,即制动效能、制动效能的恒定性和制动时汽车的方向稳定性。

(二)评价指标

(1)制动效能:即制动距离与制动减速度,是指在良好路面上,汽车以一定初速制动到停车的制动距离或制动时汽车的减速度,是制动性能最基本的评价指标。制动距离与汽车的行驶安全有直接的关系,它指的是汽车空挡时以一定初速,从驾驶员踩着制动踏板开始到汽车停止为止所驶过的距离。主要是制动系协调时间的长短、附着力的大小、制动器最大制动力和制动开始时的车速。因此减小制动距离必须缩短制动系协调时间,增大制动器最大制动力和路面附着系数。制动减速度反映了地面制动力,因此它与制动器制动力(车轮滚动时)及附着力(车轮抱死拖滑时)有关。由于各种汽车动力性不同,对制动效能的要求也就不同:一般轿车、轻型货车的行驶速度高,所以要求其制动效能也高;而重型货车行驶速度相对较低,其制动效能的要求也就稍低一些。在高速形式的情况下,汽车具有较大的动能,制动的持续时间较长,是制动器升温较高,制动效能降低,从而增加制动非安全区长度。为此在行车时,应慎重使用制动器。根据交通流运行情况,有预见性地制动。严禁在流量较大,车间距相对较小的情况下,突然制动。虽然由于制动性能好而减速停车,但跟随车制动安全距离较小,也可能诱发多车追尾相撞的重大事故。

(2)制动效能的恒定性:制动过程实际上是把汽车行驶的动能通过制动器吸收转化为热能,汽车在繁重的工作条件下制动时(例如下长坡长时间、连续制动)或高速制动时,制动器温度常在300℃以上,有时甚至达到600~700℃,制动器温度上升后,摩擦力矩将显著下降,这种现象就称为制动器的热衰退。所以制动器温度升高后,能否保持在冷状态时的制动效能已成为设计制动器时要考虑的一个重要问题。汽车在高速行驶或下长坡连续制动时制动效能保持的程度,称为抗热衰退性能。制动器抗热衰退性能一般用一系列连续制动时制动效能的保持程度来衡量。根据国际标准草案 ISO/DIS6597,要求以一定车速连续制动15次,每次的制动强度为 3 m/s^2,最后的制动效能应不低于规定的冷试验制动效能(5.8 m/s^2)的60%(在制动踏板力相同的条件下）。制动器抗热衰退性能与制动器材料和制动器的结构形式有关。此外，汽车在涉水行驶后，制动器还存在水衰退的问题。当汽车涉水时，水进入制动器，短时间内制动效能的降低称为水衰退。汽车应该在短时间内迅速恢复原有的制动效能。

（3）制动时汽车的方向稳定性：即制动时汽车不发生跑偏、侧滑以及失去转向能力的性能。制动过程中，有时会出现制动跑偏、后轴侧滑或前轮失去转向能力而使汽车失去控制离开原来的行驶方向，甚至发生撞入对方车辆行驶轨道、下沟、滑下山坡的危险情况。一般把汽车在制动过程中维持直线行驶或按预定弯道行驶的能力称为制动时汽车的方向稳定性。在试验时常规定一定宽度的试验通道（如1.5倍车宽或3.7m），制动时方向稳定性合格的车辆在试验过程中不允许产生不可控制的效应使它离开这条通道。

（三）制动跑偏与侧滑

制动时汽车自动向左或向右偏驶称为"制动跑偏"。造成汽车制动时跑偏的原因有两个：一是汽车左、右车轮，特别是前轴左、右车轮（转向轮）制动器动力不相等；二是制动时悬架导向杆系与转向系拉杆在运动学上的不协调（互相干涉）。其中第一个原因是制造、调整误差造成的，汽车究竟向左还是向右跑偏，要根据具体的情况而定；而第二个原因是设计造成的，制动时汽车总是向左（或向右）一方跑偏。

侧滑是指制动时汽车的某一轴或两轴发生横向移动。其中最危险的情况是在告诉制动时发生后轴侧滑，此时汽车常发生不规则的急剧回转运动而失去控制，严重时甚至可使汽车调头。

前轮失去转向能力是指汽车的弯道制动时，汽车不再按原来弯道行驶而是沿弯道切线方向驶出，和直线行驶制动时转动方向盘汽车仍按直线方向行驶的现象。

侧滑和跑偏是有联系的，严重的跑偏会引起后轴侧滑，而易于发生侧滑的汽车也有加剧跑偏的趋势。失去转向能力和后轴侧滑也是有联系的，一般汽车如果后轴不会侧滑，前轮就可能失去转向能力；后轴侧滑，则前轮常仍有转向能力。由实验和理论分析得出一个结论，制动时若后轴车轮比前轴车轮先抱死拖滑，就可能出现后轴侧滑；若能使前、后轴车轮同时抱死或前轴车轮先抱死、后轴车轮抱死或不抱死，则能防止后轴侧滑。不过若前轴车轮抱死，汽车将失去转向能力。

制动跑偏、侧滑和前轮失去转向能力是造成交通事故的重要原因。一些国家对交通事故的统计表明，发生人身伤亡的交通事故中，在潮湿路面上约有1/3与侧滑有关；在冰雪路面上有70%~80%与侧滑有关。而根据对侧滑事故的分析，发现有50%是由制动引起的。因此，从保证汽车制动时的方向稳定性的角度出发，首先不能出现只有后轴车轮抱死或后轴车轮比前轴车轮先抱死的情况，以防止危险的后轴侧滑。其次，应尽量少出现只有前轴车轮抱死或前、后轴车轮都抱死的情况，以维持汽车的转向能力。最理想的情况是，防止任何车轮抱死，前、后车轮都处于滚动的状态，这样就可以确保制动时的方向稳定性。因此，各国都制订了一些规范来对汽车制动器的制动性提出要求。大部分的汽车跑偏都是因车轮制动器。装配调整不当引起的，为了杜绝或根除因跑偏而产生严重碰撞事故，必须对制动器进行严格的检测，发现不合标准及时修理或重新调整，以保证行车安全。当出现侧滑时，应立即停止制动（特别是高速行驶时），放松油门，并把方向盘朝着后轴侧滑方向转动，当汽车的位置调正后，再平稳地把方向盘转到正常行驶路线上。制动侧滑只有通过改进汽车制动系统的结构设计才能彻底解决。目前装配的ABS防抱死制动系统可以很好地解决这一问题。将在电控系统中详细介绍。

(四)制动安全装置

1. 应急制动系统

制动系统按制动系统的作用可分为行车制动系统、驻车制动系统、应急制动系统及辅助制动系统等。用以使行驶中的汽车降低速度甚至停车的制动系统称为行车制动系统。用以使已停驶的汽车驻留原地不动的制动系统则称为驻车制动系统。在行车制动系统失效的情况下，保证汽车仍能实现减速或停车的制动系统称为应急制动系统。

在行车过程中，辅助行车制动系统降低车速或保持车速稳定，但不能将车辆紧急制停的制动系统称为辅助制动系统。上述各制动系统中，行车制动系统和驻车制动系统是每一辆汽车都必须具备的。

2. 双回路制动系统

20 世纪 80 年代以前，汽车制动系统多为单回路。在单回路制动系统中，制动主缸有一个输出口，连接到制动管路上，向所有车轮制动器提供制动力。该制动系统虽然结构简单，但只要系统中任意一处损坏而漏气或漏油，就会造成整个制动系统失效，即"刹车失灵"，不少车毁人亡的惨剧便因此而发生。为了可靠制动，各国先后采用"冗余技术"，通过法规强制推行双回路制动系，以确保制动系的可靠性，保证行驶安全。我国 GB7258—1997《机动车运行安全技术条件》中规定"汽车、无轨电车和四轮农用运输车的行车制动必须采用双管路或多管路，当部分管路失效时，剩余制动效能仍能保持原规定值的 30% 以上"。

双回路制动系也称双管路制动系，是指全车的所有行车制动器的液压或气压管路由两条相互独立的回路组成，起保险的作用。双回路制动系的制动总泵有 2 个独立的工作腔，分别与各自回路的管路连接。若其中一个回路失效后，仍能利用另一完好的回路起制动作用。

双回路制动系管路布置形式。双回路制动系有以下 5 种不同的管路布置形式如图 6 - 19 所示。双回路制动系统的管路布置形式 II 式(前后式)：一条回路连接前桥(轴)车轮制动器，另一条回路连接后桥(轴)车轮制动器。前桥车轮制动器与后桥车轮制动器各用一个回路。X 式(对角线式)：一条回路连接左前轮和右后轮制动器，另一条回路连接右前轮和左后轮制动器，一般前轮驱动轿车多采用交叉对角线形式，制动主缸的前腔与右前轮、左后轮的制动管路相通，后腔与左前轮、右后轮的制动管路相通，形成一个交叉的"X"形对角线，其好处是当有一个制动系统发生故障时，另一个系统依然能进行最低限度的制动，且不易发生汽车跑偏现象。而后轮驱动轿车因负荷较大，多采用前后轮分别独立的制动形式，即有两套制动总泵，一套控制的前轮制动，另一套控制后轮制动。还有 HI 形式，HH 形式，LL 形式。

3. 制动管路的防冻、防气阻

制动管路的防冻仅对气压制动系统而言，防气阻仅对液压制动系统而言。

气路管路在冬季最容易出现故障，历来是冬运保修的重中之重。车上很多地方需要用到气路，比如车门、刹车等，而气体的流动通常把水汽、油污、杂质等带入气路，在温度下降时，这些物质会发生凝结，阻塞气路。如果气路故障，可能会造成开关门延迟、刹车故障等，影响车辆运行的安全及可靠。车辆中的防冻器和空气干燥器就属于防冻装置。驾驶员需要按时检查和保养制动气路，保证清洁干燥的压缩空气。

制动液在高温环境中易蒸发汽化，在制动管路中形成气阻；制动盘也容易磨损过度，造成制动失灵。因此，夏季应及时检查调整制动系统，添加或更换制动液，彻底排净液压制动

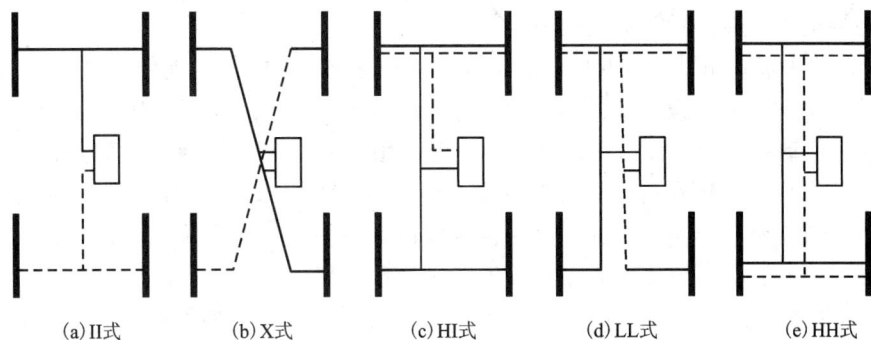

(a)II式　　　(b)X式　　　(c)HI式　　　(d)LL式　　　(e)HH式

图6-18　双回路制动系统管路布置

系统中的空气，并保证制动软管和制动盘的完好，下长坡途中应注意停车晾刹，保证制动性能良好；若发现制动盘发烫，应停车降温，但不可浇泼冷水，以防破裂。

4.制动电控系统的报警

为保证制动系统的高可靠性，在制动系统中安装了各种报警装置。一旦制动系统出现问题，就会报警提醒驾驶员。比如制动液位报警灯，制动助力报警装置，制动灯和ABS故障警告灯，刹车片磨损警报装置等，当出现报警时就要及时检修。这些指示灯在前面已经提过，不再重述。

5.避免制动侧滑的简单技巧

相对于拉力赛车在比赛中为缩短过弯时间而主动采取的漂移动作，普通乘用车辆的"侧滑"俗称"甩尾"，造成车辆侧滑的因素很多，雪天，雨天、冰面上行车时突然抬起油门或突然加速、紧急制动、制动瞬间后轮比前轮先抱死或两侧车轮对地面的附着力不均匀，都容易发生车辆侧滑而造成事故。发生侧滑时不要紧张，下面介绍几个摆脱侧滑状态的简单方法和技巧：

（1）要确保车辆制动系统性能正常以保证前后轮在制动时能同时产生均匀的制动力，避免后轮先于前轮抱死或因四轮受力不均而导致车身偏移正常行驶方向。

（2）雨、雪路面行车时，一定要保持车辆的速度均匀，踩踏和松开油门踏板动作要平稳，不要突然猛踩油门加速或突然抬起油门减速。加速时产生侧滑要马上减小油门，反之亦然。

（3）学会准确控制车速，没有配备ABS的车辆在遇到紧急情况时要采用间断制动法，即先猛烈地踩下制动器踏板，达到踏板行程1/2至3/4，再松回1/4行程，利用这种迅速踩下和松起制动踏板多次的方法，使车辆减速停车。其实质是模仿ABS的做功形式，既不让车轮抱死，又能达到迅速降低车速的目的，同时也能保证驱动轮不被锁死而导致方向失控。

（4）如果车辆发生了侧滑，要保持冷静，若是因制动引起的应立即停止制动，车辆向左侧滑就向左打方向盘，反之亦然，但动作不能太大，否则又会向相反方向侧滑。不能使用手刹制动，因为大部分车辆的手刹都是制动后轮的，更容易发生侧滑或侧翻事故。

（5）行车时，遇到小角度的转弯或路面结冰的情况，急刹车可能会使车发生侧滑。北方的司机，经常在冬季遇到轮胎打滑。他们的经验是：立即向后轮侧滑的方向打动方向盘。这样做可以有效减弱由于后轮侧滑，重新控制车的前进方向；不能踩刹车，甚至还要加一点油，使汽车的中心后移，使后轮获得更大的抓地力，迅速将打滑的情况纠正过来。打方向盘的速度和幅度也要适度，避免回轮不及时造成新的险情。

（6）制动器失灵：如果还有时间，急速踩动制动踏板；这样做可能使制动系统重新张紧，并提供一些制动力。如果没有时间这么做，应慢慢地但是牢牢地设置驻车制动器。如果还有时间，而急速踩动制动踏板没有用的话，另一个可用的办法是往下换挡。但是，不可换进驻车挡。因为这会导致车辆在行驶中突然熄火。绝对不可将钥匙转到锁定位置，这将锁住方向盘。如果这些方法都不能奏效，试一试能否侧擦过道路护栏、信号牌或其他物体，以减低车速。但是千万小心，如果是直接的撞击，会造成严重伤害。

（7）车灯熄灭：如果夜间行车时车灯突然熄灭，应立刻打开危险警告灯。转向信号灯也能提供一些照明。同时，慢慢制动，驶出车道停住。不可紧急刹车以至造成故障。除非车灯突然熄灭时您正行驶在山崖旁车道上的 U 形急转弯处，不然您有足够的时间安全制动停车。

三、汽车的维护和保养

大量的实践证明，定期地对汽车发动机、底盘、车身及电气各个系统及其零部件的检查、维护和保养对汽车的稳定可靠的工作和行驶安全有着非常重要的安全保障。同时在更换零部件的时候一定用原厂件，保证工作的可靠和安全，避免使用便宜的假货，比如质量不好的刹车片对制动性能是大打折扣的。

汽车定期保养与维护是非常重要的，换油≠保养！！！换油只是汽车保养内容中的一个单独工项而已，决不可用换油来代替保养与维护。形象地说：定期保养与维护，就像人们平日体检及锻炼身体。汽车是由数千个零部件组成，在使用过程中，都会有不同程度的老化与磨损，其中有些零部件的寿命与行驶里程有关，而有些零部件的寿命与时间有关。所以，按里程或运行时间定期保养与维护是十分必要的。

定期保养与维护中重点检查的内容有：各液位、液质，必要时添加；各管线有无干涉、磨损和泄漏，必要时调整或更换；发动机/变速器有无渗、漏油状况，必要时维修；制动系统检查，必要时更换刹车片、刹车油；底盘系统检查，各螺栓力矩、各悬臂胶套、密封套状况、各轴承状况，必要时紧固、调整和更换；轮胎检查胎压、轮胎异常磨损、轮胎老化程度、有无损伤，必要时对轮胎换位、更换、做四轮定位；全车电器检查，灯光、电器、防盗、音响等功能齐全有效，必要时维修。

第三节　汽车平顺性与舒适性

驾驶员的工作条件对主动安全性的影响主要体现在工作环境的舒适性和驾驶操作的平顺性两个方面以及其他乘员乘坐的舒适性。汽车平顺性好，舒适性高，自然人不容易疲劳和紧张，工作效率就高，在安全方面也就越好。

一、汽车行驶平顺性

汽车行驶平顺性是指汽车在一般行驶速度范围内行驶时，能保证乘员不会因车身振动而引起不舒服和疲劳的感觉，以及保持所运货物完整无损的性能。汽车行驶时，由于路面不平等因素激起汽车的振动。振动影响人的舒适、工作效率和身体健康，并影响所运货物的完好；振动还在汽车上产生动载荷，加速零件磨损，导致疲劳失效。因此，汽车平顺性的主要目的就是控制汽车振动系统的动态特性，使振动的"输出"在给定工况的"输入"下不超过一定界限，以保持乘员的舒适性，汽车行驶平顺稳定。

1. 汽车平顺性评价方法

（1）客观评价法。

常用汽车车身振动的固有频率和振动加速度评价汽车的行驶平顺性。

（2）主观评价法。

国际标准化组织 ISO 2631《人体承受全身振动的评价指南》。该标准用加速度均方根值（rms）给出了在中心频率 1～80Hz 振动频率范围内人体对振动反应的三种不同的感觉界限：舒适—降低界限、疲劳—工效降低界限和暴露极限：舒适—降低界限与保持舒适有关。在此极限内，人体对所暴露的振动环境主观感觉良好，并能顺利完成吃、读、写等动作。疲劳—工效降低界限与保持工作效率有关。当驾驶员承受振动在此极限内时，能保持正常地进行驾驶。暴露极限通常作为人体可以承受振动量的上限。当人体承受的振动强度在这个极限之内，将保持健康或安全。

人体最敏感的频率范围，对于垂直振动为 4～8Hz；对于水平振动为 1～2Hz 以下。在 2.8Hz 以下，同样的暴露时间，水平振动加速度容许值低于垂直振动。频率在 2.8Hz 以上则相反。ISO 2631 推荐的两种评价方法是 1/3 倍频带分别评价法和总加速度加权均方值评价法。将人体最敏感频率范围以外的各 1/3 倍频带加速度均方根值分量进行频率加权，等效于 4～8Hz（垂直）、1～2Hz（水平）的分量数值。即按人体感觉的振动强度相等的原则，折算为最敏感的频率范围。要改善行驶平顺性，主要避免振动能量过于集中，尤其是在人体最敏感的频率范围内，不应该有突出的尖峰。ISO 2631 给出的界限值是针对 1/3 倍频带分别评价法给的。

2. 影响汽车行驶平顺性的因素

（1）速度控制：汽车在运行时不可避免地产生振动，如何把汽车的振动控制在人们的承受范围之内就是汽车设计的标准了。车身振动频率较低，而人的共振区通常在低频范围内。为了保证汽车具有良好的平顺性，应使引起车与人的共振频率段的行驶速度尽可能地远离汽车行驶的常用速度。这样就不容易出现晕车等不舒适症状。对于这点，一方面汽车设计者从汽车结构方面做了考虑，比如良好的减振机构，自动变速器的大量运用等；另一方面，驾驶员也应该根据环境路况等因素选择合适的车速来达到舒适的效果。

（2）悬挂总成：减少悬架刚度，即增大静挠度，可提高汽车行驶平顺性。但刚度降低会增加非悬挂质量的高频振动位移。而大幅度的车轮振动有时会使车轮离开地面，前轮定位角也将发生显著变化，在紧急制动时会产生严重的汽车"点头"现象。转弯时因悬架侧倾刚度的降低，会使车身产生较大的侧倾角。采用悬架刚度可变的非线性悬架。使空车时的刚度比满载时的低。为了使减振器阻尼效果好，又不传递大的冲击力，常把压缩行程的阻尼和伸张行程的阻尼取不同值。在弹性元件的压缩行程，为了减少减振器传递的路面冲击力，选择较小的相对阻尼系数；而在伸张行程，为使振动迅速衰减，选择较大的相对阻尼系数。

悬挂质量与非悬挂质量的比例合理，汽车的悬挂质量由车身、车架及其上的总成所构成。悬挂质量由减振器和悬架弹簧与车轴、车轮相连。减少公共汽车和载货汽车的悬挂质量，车身振动的低频和加速度增加，会大大降低行驶平顺性。在此情况下，为了保持良好的行驶平顺性，应采用等挠度悬架，使悬架刚度随悬挂质量的减小而减小。车轮、车轴构成非悬挂质量。车轮再经过具有一定弹性和阻尼的轮胎支承路面上。减小非悬挂质量可降低车身的振动频率，增高车轮的振动频率。这样就使低频共振与高频共振区域的振动减小，而将高频共振移向更高的行驶速度，对行驶平顺性有利。常用非悬挂质量与悬挂质量之比评价非悬挂质量对行驶平顺性的影响，比值越小，行驶平顺性越好。对于现代轿车等于 $10.5\% \sim 14.5\%$，可以保证良好的行驶平顺性。

（3）轮胎：为了提高汽车行驶平顺性，轮胎径向刚度应尽可能减小。在采用足够软的悬架的情况下，在相当大的行驶速度范围内，低频共振的可能性完全可以消除，但轮胎刚度过低，会增加车轮的侧向偏离，影响稳定性，同时，还使滚动阻力增加，轮胎寿命降低。

二、汽车乘坐舒适性

随着人们生活水平的提高，人们对车辆的舒适性的要求也越来越高。随着现代文明进程，汽车越来越多地介入了社会的各个方面，成为与人们工作和生活紧密相关的、大众化的产品，汽车作为"活动房间"的功能日趋完善。汽车就像一个移动的小家，营造舒适温馨的驾驶和乘坐环境当然是十分必要的。

汽车舒适性是指为乘员提供舒适、愉快的乘坐环境、货物的安全运输和方便安全的操作条件的性能。汽车舒适性包括：汽车噪声、汽车空气调节性能、汽车乘坐环境及驾驶操作性能等；它是现代高速、高效率汽车的一个主要性，也是行驶平顺性最主要的评价指标。良好的驾驶操作性能、舒适的驾乘环境、低振动和低噪声渐渐成为现代汽车的重要标志。同时，从提高工作效率和降低事故发生率的要求出发，汽车的乘坐及工作环境必须具有一定的舒适性。汽车空气调节性能是指对车内空气的温度、湿度和粉尘浓度实现控制调节，使车室内空气经常保持使乘员舒适的状态。汽车空调是改善工作条件、提高工作效率的重要手段。汽车乘坐环境及驾驶操作性能是指乘坐空间大小、座椅及操纵件的布置、车内装饰、仪表信号设备的易辨认性等。

与汽车其他性能不同，汽车舒适性各方面的评价都与人体主观感觉直接相关。乘坐舒适性在很大程度上还取决座位的结构、尺寸、布置方式和车身（或载货汽车的驾驶室）的密封性（防尘、防雨、防止废气进入车身）、通风保暖、照明、隔声等效能，以及是否设有其他提高乘客舒适的设备（钟表、收音机、烟灰盒、点烟器等），特别是人机工程学在汽车上的运用大大提高了汽车舒适性。

（一）汽车环境舒适性

汽车乘坐环境是指活动空间、内部设备、脚踏板高度、车门及通道宽度等；汽车驾驶操作性能是指驾驶操作的轻便性和各种信息的接受能力等。

汽车驾驶员的眼睛、头部、胯部、膝部及胃腹部等一些与车身设计有关的特殊点称为驾驶员的人体特征点。驾驶员以自己的意愿将座椅调整到适意位置、并以正常驾驶姿势入座后，人体上的这些特征点在车内坐标系中的位置可以通过摄影法测得。测得的位置数据经数理统计处理后，便可得到各种百分位身材男女

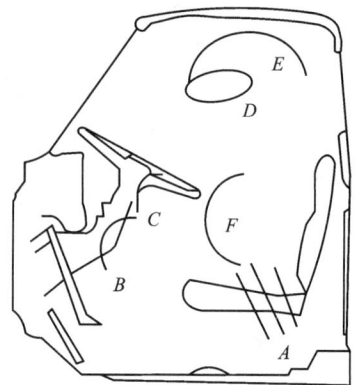

图 6－20　车室设计用具性图

驾驶员的人体特征点的分布图形(如图6-20所示)。它们包括驾驶员眼椭圆(图中D),头廓包络线(图中E),左右膝包络线(图中C和B),H点位置线(图中A),胃部包络线(图中F)等。将图形制成样板可作为车室设计的工具,因此上述图形也称为车室设计用工具性图形。

汽车驾驶员手伸及界面是指驾驶员以正常姿势坐在座椅中,身系安全带,右脚支承于加速踏板上,一手握住方向盘时,另一只手所能伸及的最大的空间曲面。该曲面的形状及其在汽车中的位置如图6-20所示。驾驶室内的一切手操作钮件、杆件、开关等的位置均应在驾驶员手伸及界面之内,这是汽车理论的一条重要原则。

1.足蹬力及手操舵力

坐姿时用足蹬踏板,足蹬力大小与坐姿、足位、踏板与座椅间的距离等因素有关。一般情况下,右腿可提供的最大平均足蹬力为2620N,左腿为2420N。足蹬力达2250N的持续时间约为40s。膝部屈曲160°时足蹬力最能发挥。为防止踏板的误操作,踏板的起动压力应大于足休息时对踏板的静压力。静压力值为18~32N。

坐姿时驾驶员双手对方向盘的手操舵力与方向盘倾角有密切的关系。方向盘倾角越小,手操舵力越大。但可以转动方向盘的角度值也变小,此时对应的座椅靠背也比较垂直,驾驶员坐姿相应地也比较平直。大客车、重型汽车由于前轴负荷较大,要求有较大的操舵力施于方向盘上,故其方向盘的倾角均不大,对于轿车,要求施加在方向盘上的操舵力并不大,从而有可能加大方向盘倾角。这样驾驶员上躯干可以适当后倾,背部受到靠背的支持,坐姿舒适性得以改善。另外,方向盘倾角的加大对安全气垫的装设提供有利条件。

2.人体的疲劳

开车时,人的脉搏和心律都增高。这主要是由于心脏的原因,同时也是由于肌肉的活动,而使氧气消耗量增加的缘故。一般来说,操作力越大,耗氧量就越多,肌肉和人体的疲劳就越严重。另外,姿势不正确或以一种姿势持续时间过长,也会产生肌肉疲劳现象,所以车内应考虑提供适当活动身体的余地。

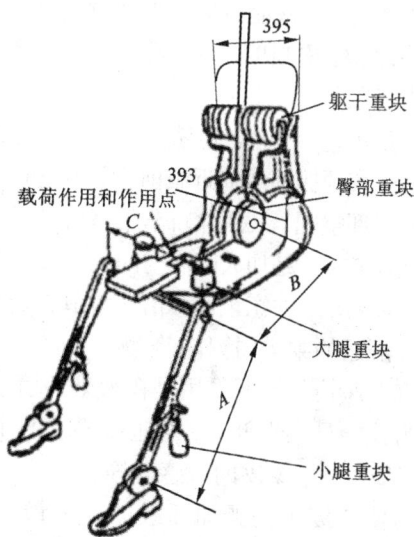

图6-21 H点的人体模型

随着汽车操作轻便性的提高,驾驶引起的肉体疲劳已没有精神疲劳所占的比重大。精神因素表现在人的种种生理反应上,遇到紧急情况时,精神因素的作用更大。这些反应越激烈,频度越高,则精神疲劳越严重。腰痛是驾驶员的一种常见职业病。这是脊椎的一种疲劳。座椅装备和形状不好或坐姿不正确,时间长了,椎间板就会受到损伤,造成腰痛。

(二)汽车方面的影响因素

改善汽车乘坐环境与驾驶操作性能,主要应考虑必要的活动空间、舒适的乘坐(操作)姿势、较强的信息接受能力。

1.必要的活动空间

大致分为前排空间、后排空间和后备箱空间三个部分。其中前排空间又分为头部空间、腿部空间、乘员间距离、高度、宽度、座椅尺寸等十余项。座椅和电动座椅可以进行长、宽、高等的调整；头部、腿部空间、坐垫、靠背均从人体工程学角度考虑来设计，保证了舒适性。还有一些使用方便舒适的脚垫、地毯外，包括车门面板、车门嵌入板、车门立柱、车顶篷蒙板、后窗台板、行李箱侧壁板、驾驶座椅后壁等覆盖物，还包括车门储物盒、手套箱等储物装置，另外还有保险带等。汽车的外形尺寸不可能无限大。研究车内活动空间的基本条件是：在有限的外形内，如何设计出必要的空间来。

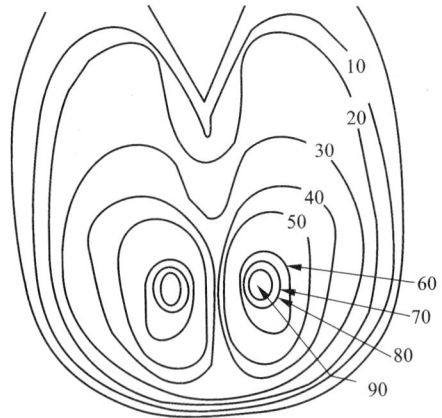

图 6-22　坐垫体压分布曲线

为有效发挥活动空间的功效，必须探讨车室长、宽、高之比，车室前后玻璃平面倾角、车门形状、内饰影响、车内设备布置、车身造型、空气动力特性、结构强度、自重等方面的因素。实际上，汽车活动空间就是指可以容纳额定乘员的最小极限尺寸。

确定车室容积时，应考虑乘员坐姿及供身体转动的足够空间。加大车室前后玻璃窗倾角会使人感到车顶棚前缘逼近眼前，室内空间狭窄。撞车时头部也容易发生挫伤。而采用曲面玻璃既扩大肩部空间，又消除轿车后座椅显得过于狭窄的缺陷。采用前置前驱动方式可减少传动系造成地板鼓包，是加大脚底空间的最重要的方法。车内装饰件，除考虑尺寸大小外，还应研究人的心理要求，注意色调和谐。为节省资源和能源，轿车正致力于结构紧凑型研究。

2. 舒适的乘坐(操作)姿势

汽车座椅的重要作用是在乘坐环境下支持乘员，并作为缓冲装置缓和地板传给人体的振动。为让乘员乘坐舒适，对座椅要求的主要因素是：稳定的坐姿、合理的体压分布、缓冲特性、座椅尺寸、蒙皮的触感等等。

为使坐姿下的腰曲弧线的变形最小，汽车座椅的靠背应提供所谓两点支承。其中，第一支承位于第5~6胸椎之间，形成靠背承受较大的压力。第二支承设置在第4~5腰椎之间的高度上，形成腰垫，正确的腰垫形状应该是使腰曲弧线微微前突。

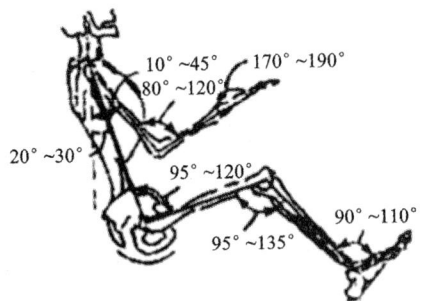

图 6-23　驾驶姿势舒适角

人体臀部的不同部位在产生不舒适感觉之前所能忍受的压力是不同的。坐骨粗壮，能承受比其周围肌肉更大的压力，大腿底部的大血管和神经系统，压力过大会影响血液循环和神经传导而感到不适。所以坐垫上的压力应按臀部不同部位承受压力不同的原则分布，在坐骨处压力最大，向四周逐渐减少，至大腿部位时压力降到最低值。此为坐垫设计的压力分布不均匀原则。图 6-22 为较理想的坐垫体压分布曲线。每条封闭曲线为等压线，单位为 100 Pa。为了减轻驾驶姿势的不适和疲劳，驾驶员身体各部之间的夹角应保持在合理范围(如图 6-23 所示)。

汽车座椅的几何参数可参考坐姿人体尺寸确定。但是垂直坐姿与驾驶(或乘坐)姿势有明显区别,因此汽车座椅中的某些尺寸或角度还应从专门的驾驶(或乘坐)姿势的人体测量中获得。表6-1和表6-2分别提供了驾驶员座椅和乘客座椅几何参数的参考值。

表6-1 驾驶员座椅几何参数(mm)

车型		靠背角	坐垫后倾角	座高	座宽	座深	靠背高	方向柱倾角
轿车		105°	12°	300~640	480~520	400~420	450~500	20°~35°
货车	轻型	98°	10°	340~380	480~520	400~420	450~500	20°~35°
	长头中型	96°	9°	400~470	480~520	400~420	450~500	40°~45°
	重型	92°	7°	470~500	480~520	400~420	450~500	60°~85°
大客车		92°	7°	450~500	480~520	460~500	450~500	70°~80°

表6-2 乘客座椅几何参数(mm)

车型	靠背角	坐垫后倾角	座高	座宽	座深	靠背高	背靠宽
大客车	105~115	6°~7°	400~480	450~530	420~4500	530~560	450~530
轿车	100~105	8°~13°	340~410	480~530	420~530	510~660	480~530

从人体工程学角度,对汽车座椅要求可归纳为:

(1)贴合感。座椅靠背和坐垫的形状是否与人体背部、臀部、大腿底面的形状相贴合。接触面积和部位以及坐垫的弹性迟滞损失特性与贴合感密切相关。

(2)侧向稳定感。汽车转向行驶时乘坐者能受到座椅左右的适当约束,避免人体横向偏斜。侧向稳定感与座椅两侧形状、压力比、压力分布等因素有关。适当选择侧向压力与总压力之比能改善侧向稳定感。

(3)腰椎依托感。腰椎依托感良好的座椅,其乘坐者容易获得舒适坐姿。第3至第5腰椎部的压力与靠背总压力比适当时,依托感有明显改善。

(4)振动弹性感。与振动弹性感相联系的是座椅的静态刚度、共振频率及衰减特性。

(5)坐垫与靠背的软硬感。可用392N作载荷时的静态变形特性来反映,不得有陷落的感觉。

(6)蒙皮触感。重要的是提高蒙皮的摩擦系数、传热效率、透气性,等等。

(7)座椅安全带。应减少采用时的压迫感和失调感,并要求不妨碍自由动作,系解容易。

除以上要求外,汽车座椅不得有臀部滑动感、腹部压迫感及背部弓形感等。为保证驾驶员得心应手地进行操作和不易疲劳,所有手操纵件必须布置在驾驶员手伸及范围以内。方向盘、加速、制动、离合器踏板、变速杆等操纵机构使用频繁,特别重要。汽车理论中把这些操纵机构和驾驶员的相对位置关系称为"驾驶位置"。

影响"驾驶位置"协调的因素有机构的布置、操作方式、机构的形状、所需操作力等。任何一个因素不佳,都会影响综合效果,整体协调是十分重要的。一般应考虑以下几点:

(1)在操纵开关和控制手柄时,既要保证动作平稳,又要确切地感觉到动作的位置。所以操作力既不能过重也不能过轻。另外,操作力过轻,有时会误碰或外力振动引起动作,发生误操作，必须注意。

（2）每个操作装置最好只有一种或两种功能，以使操作方法简单。三种以上功能，由于操作方法复杂，遇紧急情况时容易引起误操作。

（3）驾驶汽车时，经常连续操纵各种操作装置。为此，必须考虑在预想的各种使用场合下，使动作进行得自然而有节奏。例如：转向信号手柄和变速杆的布置，一般应是分用两只手操作。

（4）提高操纵装置的机能，可以获得更好的操作性。用自动化取代手上操作，以减少操作次数，用助力装置以减轻操作负荷。

（5）为适应驾驶员不同体形的最佳驾驶位置，汽车驾驶座椅和方向盘的位置一般都应设置调节机构。

（三）汽车空气调节性能

1. 汽车空气调节性能

汽车空气调节性能是影响汽车舒适性的重要因素之一。为了达到热舒适的要求，必须对车室内空气的质量和数量进行调节。从而使车室内空气经常保持使乘员感到舒适的状态，以提高汽车舒适性和安全性。汽车空气调节包括制冷、采暖、通风、除霜、空气净化等内容。这与普通建筑物空气调节系统并无本质区别，但由于汽车是一种"移动房间"，所以它的使用条件比普通建筑物更为严格，因而要求汽车空气调节系统具有更高的性能。其特点为：

（1）因车室内空间小，乘员多，所以要求有更大的换气量；

（2）汽车使用条件（运行状况）和所处环境变化急剧，且变化幅度大，随机性强，故要求有快速制冷和快速采暖能力；

（3）为使驾驶员前方保持清晰的视野，汽车前窗玻璃应具有除霜功能；

（4）在提高汽车空气调节性能的同时，强调不降低或少降低汽车动力性，并尽可能地减少燃油消耗；

（5）追求运行可靠、操作自动化、低制造成本、维修简便。表6-3列出汽车空调系统基本功能。

表6-3　汽车空调系统基本功能

温　度	快速冷却、急速冷却、温度分布、双层、区域调节、温度调节（外部空气、内部空气、日光补偿）、快速升温
湿　度	湿度调节（湿度传感器）、增湿、减湿
气流速度	气流连续控制，多通风口，无噪声运行，正面气流速度（通风），冷却调节，摆动式百叶窗
辐射（日光）	（日光补偿）区域调节（点调节）
气味灰尘（通风量）	气味调节，负离子调节，外界空气进入，内部循环空气，灰尘自动调节，通风
运行性能	冷却能力调节，需求响应（运行申请模式、运行/A/C联合模式），节能控制，燃油经济性，振动小
舒适（疲劳）	舒适，噪声低，增湿（避免眼睛、喉咙、鼻子干燥）
操作性	易于操作（位置，操作力大小，简便，外形），模式转换调节，模式指示（显示），手动和自动转换（动力操作）
视界范围视觉识别	自动除霜、除雾、气帘、模式指示（操作指示）

2.汽车空气调节评价

对汽车空气调节性能的评价通常是出乘员和驾驶员对车室内的温度、湿度、空气流速、空气压力、气味、空气洁净度，甚至包括噪声和振动等指标的感受和反映来决定的。研究表明，从影响空气调节性能重要性角度出发，温度、湿度和空气流速三个因素最为重要。同时，对于一个给定的空调车室，每个人对上述三因素组合的某种状况感受和反映并不一致，这又与每个人的年龄、性别、民族、衣着、个人活动量、身体素质以及季节、昼夜等因素有关。总之，舒适感是很多因素综合效果决定的，准确定量地描述人体对空气调节性能的感受相反映是非常困难的。几十年来，人们围绕这一问题在不断地进行研究与试验。现对汽车空气调节性能的评价简述如下。

（1）人体的温度感觉。

人的身体在不断地产生和散发热量，以维持体温恒定不变的热平衡。热量的大部分是由人的皮肤散发的。在一年四季中，人的皮肤温度不尽相同，如果能获得体温恒定不变的热平衡，便可以认为人是处于舒适状态。

1）不适指数。

当对温度进行感性评价时，常用"不适指数"这个指标。它是通过温度与湿度的关系，得出适宜与否的评价。

$$不适指数 = (气温 + 湿度) \times 0.42 + 40.6$$

该指数如果超过80，则对大多数人来说是不适的。从生理学观点看，所谓"不适酷热"就是意味着为维持36℃体温的多余热量不能充分散发（就像汽车发动机的过热）。不适酷热将导致人的植物神经失调，使判断和操作机能迟钝，如一个人在这种状态下驾驶汽车，则将使事故率显著增高。

2）人体的热特性。

人体的放热约有80%是通过皮肤进行的。皮肤以及与其相关连的血管对温度变化的反应非常敏感，当外界气温下降时，血管和皮肤便收缩，使其向体外散发的热量减少，结果使得离心脏较远的手、脚等部位的血液流量显著减少，所以容易感到冷。因此，手、脚较头部和胸部等处要求有更高的温度。故冬季舒适温度条件应是"头寒足热"。

空气的流动也可以增加人的舒适感。人在 1 m/s 的风速下，会觉得温度下降约1℃。风速不同，人的舒适感也会有变化，一般不希望风速过大，因为它会使人体局部过度散热而感到难受。因此，最好使大部分流量的风遍及全身，并尽量减低风速。

当环境变化时，例如乘员从房间进入车室内，由于人体具有一定的热容量，故实现新环境下的人体热平衡是需要一定时间的。为缩短这段时间，在开启汽车空调的最初时间里，提供稍许过度的冷或热风，便会增加人的舒适感。所以评价汽车空气调节性能时特别重视达到室温稳定的时间这一指标。

（2）舒适的空气调节参数。

1）车室温度。

一般认为控制车室内温度在22～30℃较舒适，人们在冬季比春季更喜欢室温高一点。但对夏季高温时室温不宜太低，以防温差太大导致感冒。气流不宜直接吹向人体。

2）空气湿度。

在一般情况下，人体每小时释放25g汗水，出汗量随环境温度升高而增加。皮肤的舒适感与环境的蒸汽压力和湿度有关。如果车室太干燥，乘员将非常难受。相对湿度一般应在30% ~70%左右，其具体值应根据当地环境湿度、季节、太阳辐射、乘员身体状况调节。

　　3) 气流速度。

　　人对静止空气的感觉和运动汽车空气的感觉是不一样的。当环境温度低于人体皮肤温度时，若增加室温，则同时也应增加气流速度，这样才能使人有舒适感。在炎热的夏季，下吹气流对身体更舒适，吹向脑部的气流可达 3 m/s，但臂部和喉部最好别直吹，面部特别是眼部也别用高速气流直吹。头部气流温度应比胸部气流湿度低 7℃。

　　4) 车内换气。

　　人体吸入的氧气将有 30% 变成二氧化碳而排出，如果车内换气不良，就会使二氧化碳浓度上升。二氧化碳浓度一般应控制在 0.1% 以下。因此必须保证每位乘员有 20 ~ 30 m^3/h 的换气量。同时还应考虑吸烟、道路上污染、尘埃等侵入车厢内而必须增加的通风换气量。

　　再者，人呼吸会有大量水蒸气排出，使车内湿度上升。夏天感到闷热，冬天会使车窗结霜。因此防止车内湿度上升也是换气的重要任务。除此之外，换气还有这样两个功效：吸入车外冷空气、使室内温度下降；室内有适量的风在流动，提高了乘员的舒适感。

表 6-4　汽车空调的舒适参数

指标/项目	温度/℃		相对温度/%	风速/(m·s⁻¹)	CO 含量/%	噪声/dB
	冬	夏				
舒适	16 ~ 18	22 ~ 28	50 ~ 70	0.075 ~ 0.2	<0.01	<45
不舒适	0 ~ 14	30 ~ 35	15 ~ 30 90 ~ 95	<0.075, >3	>0.015	>65
有害	<0	>43	<15, >95	>0.4	>0.03	>120

　　①脚下左右部位的温差尽可能小；

　　②头部的温度比脚部低 2 ~ 5℃，即所谓"头寒足热"；

　　③前后座位温差要小，特别是后排座位脚部，应有充足的热风流通。

　　④夏季制冷时则要求尽可能保持上下身相同的温度。

　　3. 噪声

　　人乘坐的舒适性，噪声需要严格控制，以声压级来评价：人耳的听阈（基准声压）：声压是 2×10^{-5}Pa；人耳的痛阈：声压为 20Pa。在本文第八章中有详细的阐述。

　　4. 自动巡航

　　自动巡航控制（cruise control）是让驾驶员无须操作油门踏板就能保证汽车以某一固定的预选车速行驶的控制系统。当汽车在高速公路上长时间行驶时，一打开巡航控制开关，系统就能够根据道路行驶阻力的变化，自动地增减发动机油门的开度，使汽车行驶速度保持一定，从而给驾驶带来了很大的方便，同时也可以得到较好的燃油经济性。巡航定速有时也被厂家称为速度控制（speed control）或自动巡航（autocruise）。

　　在驾车行驶过程中，驾驶员可以启动巡航定速，之后不需再踩油门，车辆既可按照一定的速度前进。在巡航定速启动后，驾驶员也可通过巡航定速的手动调整装置，对车速进行小幅度调整，而无须踩油门。在平缓的道路上，使用巡航定速可以保持车辆匀速形式，减少耗油量；在长途驾驶时，巡航定速装置可以把驾驶员的脚从油门踏板上解放出来，从而减少疲劳程度；在有限速标志的路段，驾驶员可以运用巡航定速控制车速，不再看速度表，把注意力放在路面上，从而可以促进安全。

5. 自动泊车系统

可以使汽车自动地以正确的停靠位泊车，该系统包括：环境自动泊车系统数据采集系统、中央处理器和车辆策略控制系统，所述的环境数据采集系统包括：图像采集系统和车载距离探测系统，可采集图像数据及周围物体距车身的距离数据，并通过数据线传输给中央处理器；所述的中央处理器可将采集到的数据分析处理后，得出汽车的当前位置、目标位置以及周围的环境参数，依据上述参数作出自动泊车策略，并将其转换成电信号；所述的车辆策略控制系统接受电信号后，依据指令作出汽车的行驶如角度、方向及动力支援方面的操控。

图 6 - 24　自动泊车

此外还有导航，倒车雷达等各种行车辅助系统以及自动变速器，无级变速器等操作舒适，轻松完成，均增加了乘坐的舒适性。

第四节　汽车动力性与通过性

在汽车主动安全技术方面，汽车动力性和通过性也是两个重要的方面。动力性能越好，汽车在爬坡超车等方面所具有的性能就好，通过性好，在各种路面的表现就好。

一、汽车的动力性

（一）评价指标

汽车的动力性是指汽车在良好路面上直线行驶时由汽车受到的纵向外力决定的，所能达到的平均行驶速度。汽车的动力性指标，从获得尽可能高的平均行驶速度的观点出发，汽车的动力性主要可由三方面的指标来评定，即：

（1）汽车的最高车速 u_{max}，单位为 km/h；

（2）汽车的加速时间 t，单位为 s；

（3）汽车能爬上的最大坡度 i_{max}，单位为（°）或（%）。

1. 最高车速

最高车速是指汽车在良好的水平路面上能达到的最大行驶速度。条件：额定最大总质量在风速≤3 m/s 环境中水平良好路面的最高稳定车速。

2.汽车的加速性能

汽车的加速性能是指汽车在各种使用条件下迅速增加行驶速度的能力。

评价:理论上用加速度实际实验中用汽车加速时间 $t(s)$ 来评价。

加速时间是指在额定最大总质量情况下,在风速≤3 m/s 的环境中,水平良好路面由某一低速加速到某一高速所需的时间。分为原地起步加速时间和超车加速时间。

①原地起步加速时间:指汽车由第Ⅰ挡或第Ⅱ挡起步,并以最大的加速强度(包括选择恰当的换挡时机)逐步换至最高挡后到某一预定的距离或车速所需的时间。

②超车加速时间:指用最高挡或次高挡由某一较低车速全力加速至某一高速所需的时间。

3.汽车的上坡

汽车的上坡能力通常用最大爬坡度表示。最大爬坡度 i:是指汽车满载时用变速器最低挡在风速≤3 m/s 的条件下,在干燥、清洁良好路面上等速行驶所能克服的最大道路纵向爬坡度 i_{max} 表示的。一般 i_{max} 在 30% 即 16.5°左右。

(二)汽车行驶的驱动附着条件

确定汽车的动力性,就是确定汽车沿行驶方向的运动状况。为此需要掌握沿汽车行驶方向作用于汽车的各种外力,即驱动力与行驶阻力。根据这些力的平衡关系,建立汽车行驶方程式,就可以估算汽车的最高车速、加速度和最大爬坡度。

1.汽车的行驶方程式为

$$Ft = \sum F = F_f + F_i + F_w + F_j \qquad (6-10)$$

Ft——驱动力; $\sum F$——行驶阻力之和。

汽车的行驶阻力:滚动阻力——以符号 F_f 表示;

空气阻力——以符号 F_w 表示;

坡度阻力——以符号 F_i 表示;

加速阻力——以符号 F_j 表示;

因此汽车行驶的总阻力为:

$$\sum F = F_f + F_w + F_i + F_j$$

汽车行驶的驱动条件:

$$Ft \geq Ff + Fw + Fi \qquad (6-11)$$

式(6-11)称为汽车的驱动条件,可以采用增加发动机转矩、加大传动比等措施来增大汽车驱动力。汽车行驶除受驱动条件制约外,还受轮胎与地面附着条件的限制。

2.汽车行驶的附着条件

地面对轮胎切向反作用力的极限值称为附着力 F,在硬路面上它与驱动轮法向反作用力 F_z 成正比,常写成

$Fx_{max} = F = F_z \cdot \varphi$ 称为附着系数

$$Ft \leq F_z \qquad (6-12)$$

F_z——作用于所有驱动轮上的地面法向反作用力。把驱动条件和附着条件连起来写,则有 $Ff + Fw + Fi \leq Ft \leq F_z \cdot \varphi$,这才是汽车行驶的必要与充分条件,称为汽车行驶的驱动—附着条件。

106

二、汽车通过性

1. 定义

汽车通过性是指在一定载质量下，汽车能以足够高的平均车速通过各种坏路及无路地带和克服各种障碍的能力。坏路及无路地带，是指松软土壤、沙漠、雪地、沼泽等松软地面及坎坷不平地段；各种障碍，是指陡坡、侧坡、壕沟、台阶、灌木丛、水障等。

- 根据地面对汽车通过性影响的原因，它又分为支承通过性和几何通过性；
- 汽车的通过性主要取决于地面的物理性质及汽车的结构参数和几何参数；
- 也与汽车的其他使用性能（如动力性、平顺性、机动性、稳定性、视野性）有关。

由于汽车与地面间的间隙不足而被地面托住、无法通过的情况，称为间隙失效。当车辆中间底部的零件碰到地面而被顶住时，称为"顶起失效"；当车辆前端或尾部触及地面而不能通过时，则分别称为"触头失效"和"托尾失效"。显然，后两种情况属同一类失效。

与间隙失效有关的汽车整车几何尺寸称为汽车通过性的几何参数。这些参数包括最小离地间隙、纵向通过角、接近角、离去角、最小转弯直径，转弯通道圆等，如图 6-25 所示。

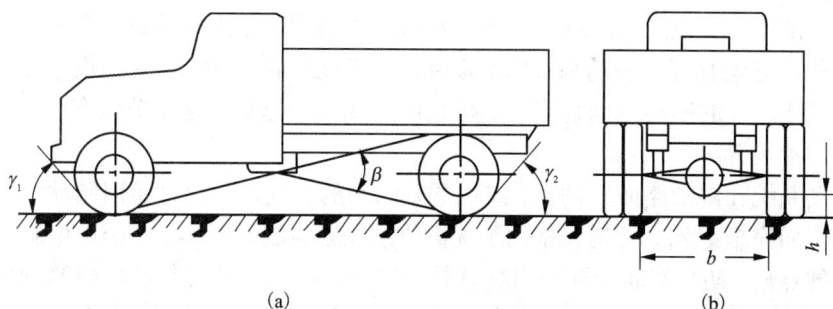

图 6-25 汽车通过性参数

h—最小离地间隙；b—两侧轮胎内缘间距；γ_1—接近角；γ_2—离去角；β—纵向通过角

最小离地间隙 h_{min}：汽车满载、静止时，支承平面与汽车上的中间区域（0.8b 范围内）最低点之间的距离。它反映了汽车无碰撞地通过地面凸起的能力。

纵向通过角 β：汽车满载、静止时，分别通过前、后车轮外缘作垂直于汽车纵向对称平面的切平面，当两切平面交于车体下部较低部位时所夹的最小锐角。它表示汽车能够无碰撞地通过小丘、拱桥等障碍物的轮廓尺寸。β 越大，顶起失效的可能性越小，汽车的通过性越好。

接近角 γ_1：汽车满载、静止时，前端突出点向前轮所引切线与地面间的夹角。γ_1 越大，越不易发生触头失效。

离去角 γ_2：汽车满载、静止时，后端突出点向后轮所引切线与地面间的夹角。γ_2 越大，越不易发生托尾失效。

2. 通过性与驾驶安全

驾驶技术对通过性有很大影响。通过沙地、泥泞地、雪地等松软地面时，应用低速挡，保持平稳车速，避免换挡、加速；用低速挡以保证有较大的驱动力和较低的行驶速度，使附着力提高。换挡、加速容易产生冲击载荷，使土壤的表面破坏。如果因双胎间夹泥而滑转，可适当提高车速，以甩掉夹泥。当传动系装有差速锁时，汽车进入可能滑转区前，应将差速器锁住。当汽车驶离坏路后，应脱开差速锁。

越野汽车常采用高摩擦式差速器（或称防滑式差速器）。

由于差速器的内摩擦力矩较大，转矩并非平均分配到各驱动轮上。当一侧驱动轮由于附着不足而开始滑转时，则传给它的转矩受附着力矩限制，而另一侧驱动轮转矩增加，使总的驱动力增加，从而提高了汽车的通过性。

第五节　电子控制与驾驶辅助系统

主动安全体系大致包括以下几种系统。为预防汽车发生事故，避免人员受到伤害而采取的安全设计，称为主动安全设计，如 ABS、EBD、TCS、LDWS 等都是主动安全设计。它们的特点是提高汽车的行驶稳定性，尽力防止车祸发生。

一、ABS（防抱死制动系统）

"ABS"（Anti-locked Braking System）中文译为"防抱死刹车系统"。它是一种具有防滑、防锁死等优点的汽车安全控制系统。ABS 是常规刹车装置基础上的改进型技术，可分机械式和电子式两种。它既有普通制动系统的制动功能，又能防止车轮锁死，使汽车在制动状态下仍能转向，保证汽车的制动方向稳定性，防止产生侧滑和跑偏，是目前汽车上最先进、制动效果最佳的制动装置。

普通制动系统在湿滑路面上制动，或在紧急制动的时候，车轮容易因制动力超过轮胎与地面的摩擦力而完全抱死。防抱死制动系统实质是在紧急制动时候，一个由电脑代替人来进行的高频率的点刹，防止车轮抱死而出现意外的安全系统。它通过传感器侦测到的各车轮的转速，由计算机计算出当时的车轮滑移率，由此了解车轮是否已抱死，再命令执行机构调整制动压力，使车轮处于理想的制动状态（快抱死但未完全抱死）。对 ABS 功能的正确认识：能在紧急刹车状况下，保持车辆不被抱死而失控，维持转向能力，避开障碍物。在一般状况下，它并不能缩短刹车距离。

制动时方向的稳定性，是指汽车制动时仍能按指定的方向的轨迹行驶。如果因为汽车的紧急制动（尤其是高速行驶时）而使车轮完全抱死，那是非常危险的。若前轮抱死，将使汽车失去转向能力；若后轮抱死，将会出现甩尾或调头（跑偏、侧滑），尤其在路面湿滑的情况下，对行车安全造成极大的危害。

汽车的制动力取决于制动器的摩擦力，但能使汽车制动减速的制动力，还受地面附着系数的制约。当制动器产生的制动力增大到一定值时，汽车轮胎将在地面上出现滑移。其滑移率

$$\delta = (V_t - V_a)/Vt \times 100\% \qquad (6-13)$$

式中：δ——滑移率；

V_t——汽车的理论速度；

V_a——汽车的实际速度。

据试验证实，当车轮滑移率 $\delta = 15\% \sim 20\%$ 时附着系数达到最大值，因此，为了取得最佳的制动效果，一定要控制其滑移率在 $15\% \sim 20\%$ 范围内。

ABS 的功能即在车轮将要抱死时，降低制动力，而当车轮不会抱死时又增加制动力，如此反复动作，使制动效果最佳。

二、驱动防滑控制系统

驱动防滑系统又称牵引力控制系统 ASR，是汽车制动防抱死系统功能的自然扩展。ASR，其全称是 Acceleration Slip Regulation，即驱动防滑系统，其目的就是要防止车辆尤其是大马力车辆，在起步、再加速时驱动轮打滑现象，以维持车辆行驶方向的稳定性。

ASR 可以通过减少节气门开度来降低发动机功率或者由制动器控制车轮打滑来达到对汽车牵引力的控制。装有 ASR 的车上，从油门踏板到汽油机节气门（柴油机喷油泵操纵杆）之间的机械连接被电控油门装置所代替，当传感器将油门踏板的位置及轮速信号传送至控制单元时，控制单元就会产生控制电压信号，伺服电机依此信号重新调整节气门的位置（或者柴油机操纵杆的位置），然后将该位置信号反馈至控制单元，以便及时调整制动器。当汽车行驶在易滑的路面上时，没有 ASR 的汽车加速时驱动轮容易打滑，如果是后驱动轮打滑，车辆容易甩尾，如果是前驱动打滑，车辆方向容易失控。有 ASR 时，汽车在加速时就不会有或能够减轻这种现象。在转弯时，如果发生驱动轮打滑会导致整个车辆向一侧偏移，当有 ASR 时就会使车辆沿着正确的路线转向。总之，ASR 可以最大限度利用发动机的驱动力矩，保证车辆起动、加速和转向过程中的稳定性。

ASR 与 ABS 的区别在于，ABS 是防止车轮在制动时被抱死而产生侧滑，而 ASR 则是防止汽车在加速时因驱动轮打滑而产生的侧滑，ASR 是在 ABS 的基础上的扩充，两者相辅相成。现在 ASR 还只安装在一些高档车上面，但是因为 ASR 与 ABS 包含着性能及技术上的贯通，所以有望近几年 ASR 变得与 ABS 一样普及。

三、EBD（电子制动力分配系）

它必须配合 ABS 使用，在汽车制动的瞬间，分别对四个轮胎附着的不同地面进行感应、计算，得出摩擦力数值，根据各轮摩擦力数值的不同分配相应的刹车力，避免因各轮刹车力不同而导致的打滑，倾斜和侧翻等危险。

四、ESP（电子稳定程序）

ESP 是英文 Electronic Stability Program 的缩写，中文译成"电子稳定程序"。它是综合了 ABS（防抱死制动系统）、BAS（制动辅助系统）和 ASR（加速防滑控制系统）三个系统，功能更为强大。这一组系统通常是支援 ABS 及 ASR（驱动防滑系统，又称牵引力控制系统）的功能。它通过对从各传感器传来的车辆行驶状态信息进行分析，然后向 ABS、ASR 发出纠偏指令，来帮助车辆维持动态平衡。ESP 可以使车辆在各种状况下保持最佳的稳定性，在转向过度或转向不足的情形下效果更加明显。

ESP 一般需要安装转向传感器、车轮传感器、侧滑传感器、横向加速度传感器等。ESP 可以监控汽车行驶状态，并自动向一个或多个车轮施加制动力，以保持车子在正常的车道上运行，甚至在某些情况下可以进行每秒 150 次的制动。目前 ESP 有 3 种类型：能向 4 个车轮独立施加制动力的四通道或四轮系统；能对两个前轮独立施加制动力的双通道系统；能对两个前轮独立施加制动力和对后轮同时施加制动力的三通道系统。它实际上也是一种牵引力控制系统，与其他牵引力控制系统比较，ESP 不但控制驱动轮，而且控制从动轮。它通过主动干预危险信号来实现车辆平稳行驶。如后轮驱动汽车常出现的转向过多情况，此时后轮失控而甩尾，ESP 便会放慢外侧的前轮来稳定车子；在转向过少时，为了校正循迹方向，ESP 则会放慢内后轮，从而校正行驶方向。

当汽车发生转向不足时，车身表现为向弯外推进，此时 ESP 系统将通过对左后轮的制动来遏制车辆陷入险境；而当汽车发生转向过度时，此时 ESP 系统则通过对右前轮的制动来纠正危险的行驶状态。ESP 可以实时监控汽车行驶状态，必要时可自动向一个或多个车轮施加制动力，以保持车子在正常的车道上运行，甚至在某些情况下可以进行每秒 150 次的制动，而且它还可以主动调控发动机的转速并可调整每个轮子的驱动力和制动力，以修正汽车的过度转向和转向不足。ESP 还有一个实时警示功能，当驾驶者操作不当和路面异常时，它会用警告灯警示驾驶者。

在 ABS、BAS 及 ASR 三个系统的共同作用下，ESP 最大限度地保证汽车不跑偏、不甩尾、不侧翻。

五、EBA（紧急刹车辅助系统）

电脑根据刹车踏板上侦测到的刹车动作，来判断驾驶员对此次刹车的意图，如属于紧急刹车，则指示刹车系统产生更高的油压使 ABS 发挥作用，从而使刹车力更快速地产生，缩短刹车距离。

六、LDWS（车道偏离预警系统）

该系统提供智能的车道偏离预警，在无意识（驾驶员未打转向灯）偏离原车道时，能在偏离车道 0.5 s 之前发出警报，为驾驶员提供更多的反应时间，大大减少了因车道偏离引发的碰撞事故，此外，使用 LDWS 还能纠正驾驶员不打转向灯的习惯，该系统其主要功能是辅助过度疲劳或长时间单调驾驶引发的注意力不集中等情况。

七、胎压监控系统

驾驶者可以通过车内提示警告系统来判断轮胎胎压情况是否正常，首先避免了因轮胎亏气出现的行车跑偏，其次在高速行驶时也对乘坐者安全是一种保障。轮胎的使用状况直接影响汽车安全性，轻者导致爆胎，重者导致车辆失控，造成重大交通事故。因此，安装轮胎压力监控预警系统显得非常重要。在汽车行驶时，轮胎压力监控系统（Tire Pressure Monitor System，简称 TPMS）是对轮胎内空气压力和温度实时地进行自动监测的安全装置。当轮胎内气压过低或过高、漏气、温度过高、电池电压过低、传感器有故障时，系统都会立刻发出报警，提醒司机及时对轮胎进行检查和处理，以保障行车安全。许多国家已制定法规，分阶段在新出厂的汽车上强制安装 TPMS。

1. 轮胎压力监控系统的类型

TPMS 的基本形式主要有以下两种：

（1）直接式 TPMS（Pressure Sensor Based TPMS，简称 PSB TPMS）这种系统利用安装在每一个轮胎里的压力传感器来直接测量轮胎的气压，利用无线电发射器将压力信息从轮胎内部发送到射频接收器系统，然后仪表会显示轮胎气压数据或者直接使用报警指示灯。

（2）间接式 TPMS(Wheel Speed Based TPMS, 简称 WSB TPMS)这种系统是通过汽车本身的 ABS 系统的轮速传感器来比较轮胎之间的转速差别，以达到监测胎压的目的。当轮胎压力降低时会使轮胎直径变小，在同等车速下这个轮胎会与其他正常轮胎轮速不一样，这种变化即可触发系统警报。由于 PSB TPMS 从功能和性能上均优于 WSB TPMS，因而，目前一般汽车所配置的 TPMS 大都采用直接式。

2.轮胎压力监控系统的组成

汽车的典型直接式 TPMS 由传感器、控制单元、无线电发射器、射频接收器和锂电池等部分组成。

如图 6 - 26 所示为轿车轮胎压力监控系统示意图。轮胎压力监控系统控制单元连接在 CAN 总线上。每个车轮还有一个轮胎压力传感器，每个车轮罩内都安装了一个轮胎压力监控发射器。发射器、接收器和天线通过 LIN 总线与控制单元相连。

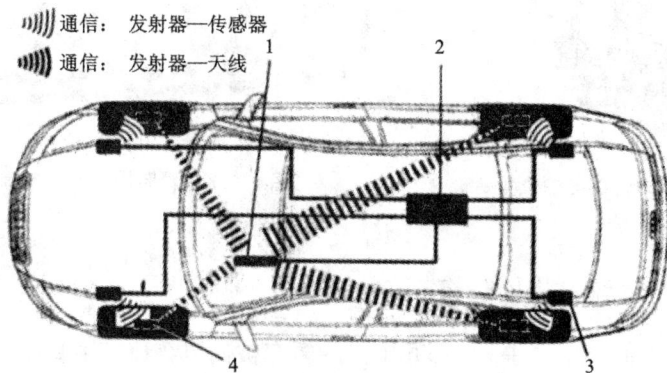

图 6 - 26　轮胎压力监控系统示意图
1—TPMS 天线；2—TPMS 控制单元；3—TPMS 传感器；4—轮胎压力传感器

3.轮胎压力监控系统的工作过程

传感器用来检测轮胎的压力与温度，轮胎压力传感器上装有离心力传感器，该传感器可以识别出车轮是否在转动。传感器与发射器模块连接在一起，固定在气门芯、轮胎轮毂或放置在轮胎胎面里，它将测量到的压力与温度信号转换为电信号，通过无线发射装置将信号发射出来，如图 6 - 27 所示。

传感器发射出来的无线电信号由接收器接收。由于发射出的无线电信号中包含有传感器的 ID，这样控制单元就可识别出是哪个传感器发出的信息及其位置。经控制单元处理后，再由安装在驾驶台上的显示器显示出来，在行驶过程中实时地进行监视。其中显示方式可以采用如 LED、LCD 或语音提示等方式，如图 6 - 28 所示。

八、倒车警告/倒车影像/车外摄像头

倒车警告这项技术用于在驾驶期间以及驻车时，针对您盲区中的轿车或物体向您发出警告。通常，该系统会在您行车时已经进行响应；它可能会使后视镜内的一个警告标示进行闪烁，同时会发出声音警告，该系统是一个短程检测系统。如：上海通用别克君越车内后视镜

就配备此功能，反光镜左边会有一个车体形状的图标，前/后雷达在侦测障碍物时警告标示会给驾驶者以视觉和听觉上的警告。倒车影像和后视摄像机是一体，不仅保护您的轿车，还能够避免在倒车时意外伤及儿童和动物。倒车已经从向下倾斜后视镜或发出声音警告到实时查看。新一代技术包括一个摄像机，它可以与导航系统协同工作，对您身后的一切进行广角拍摄，然后反映在车内屏幕上，从而帮助您倒车或挂接拖车。

图 6-27　轮胎压力传感器的位置

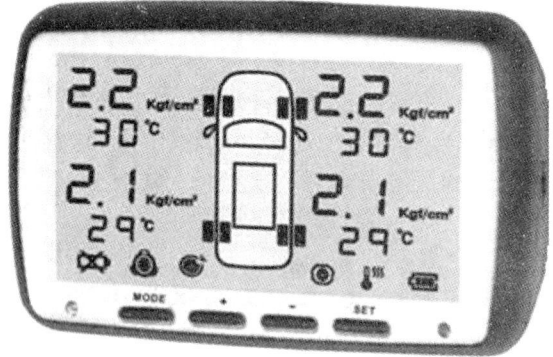

图 6-28　轮胎压力监控系统的显示

九、汽车防盗系统、芯片防盗系统

财产安全也被人们日益关注，一部几十万的轿车被偷盗会让车主受到很大的损失。厂家也绞尽脑汁为轿车加入更多的安全防范系统。通用别克君越不仅在点火钥匙上加入 Passkey III 安全防盗系统，还针对后行李箱结构进行了改进，变为遥控开启无锁芯防盗模式，大大减低了被盗被撬的几率，给车主财产方面的最大保护。

汽车防盗装置按其结构可分为机械式、电子式、网络式、指纹识别式四大类。

1. 机械式

防盗装置是采用金属材料制作的各种防盗锁具，包括转向柱锁、转向盘锁、变速杆锁、踏板锁(离合器踏板锁、制动踏板锁)、车轮锁等等，通过这些防盗锁是锁住汽车的操纵部件，使窃贼无法将汽车开走。该防盗装置简便易行、价格便宜，缺点是不能报警。

2. 电子式

防盗装置也称微电脑防盗装置，主要有插片式、按键式和遥控式等种类。该防盗装置通过电子设备控制汽车的起动、点火等电路，当整个系统开启之后，如果有非法移动汽车、开启车门、油箱门、发动机盖、行李舱盖、接点火线路时，防盗装置立刻发出警报，顿时灯光闪烁，警笛大作，同时切断起动电路、点火电路、喷油电路、供油电路，甚至自动变速器电路，使汽车处于完全瘫痪状态。该防盗装置安装隐蔽，功能齐全，无线遥控，操作简便，是目前中、高档轿车上广泛使用的防盗装置。

3. 网络式

汽车防盗系统是目前国际上比较流行而且比较先进实用的一种防盗方式。它是在充分总结了前几各防盗方式存在的一种新型的汽车防盗方式。其主要有两种：一种是全球卫星定位、通过 GSM 进行无线传输对汽车进行定位跟踪和防盗防劫的 CAS 防盗系统，俗称"地网"。该类防盗系统最大的优点是改变了传统防盗装置单一的技防功能，而增加了人防功能，它能过建立在天空和地面的"网"对车辆进行及时报警并跟踪定位，从而使公安快速出警追堵被盗车辆成为可能，而且这种防盗系统具有阻断油、电路熄火停车等防盗又防劫功能。

4. 指纹识别式

汽车指纹识别防盗系统是国际上最新流行的，也是防盗效果最好的防盗系统。它通过人体指纹的生物特征的唯一性，通过指纹识别控制汽车的电路，油路，启动马达等，从而达到防盗的目的。它多采用物理连接，没有空间信号的传递，从而有防屏蔽等功能；活体指纹的不可复制性以及复杂性，从而可以做到防解码等特点。指纹识别技术分为光学指纹识别技术、半导体电容式活体指纹识别技术等，其中半导体电容式活体指纹识别技术的精确性更高，当然也取决于芯片本身的制造工艺。

十、自动感应大灯和/或夜视辅助系统

自动感应大灯随车辆周边环境光线影响，系统会自动识别判断。雨雾天气光线不够，大灯会自动亮起给驾驶者提供更安全的行车环境。后期厂家又延伸到自适应大灯系统，这更高级的系统会因方向而调节（在车辆转向时会转动灯光）。它们也可以是车速感应式车灯（可以改变光束的长度或高度），或者对环境光进行补偿。夜视系统可以有不同的形式，如基本的红外线大灯或热成像摄像机。但是无论采用何种科技，作用都一样：在夜间或者视线不明的情况下，帮助您看清更远处的路面并且辨别接近 1000 英尺外道路上的动物、人或树木。图像在驾驶室中的显示屏上形成，使肉眼难于看清的障碍物体提前被驾驶者掌控，目前博世公司开发的夜视系统则具有以上功能，但价格很昂贵，即使是超豪华轿车目前也基本为选配系统。相信不久将来这一更高级的系统也会被中高级轿车所选用。

十一、VSC 车辆稳定控制系统

车辆动态稳定性控制系统（VSC）是一种可在各种行驶条件下提高车辆行驶稳定性的新型主动安全体系。VSC 控制系统增强了制动防抱死系统（ABS）、牵引力控制系统（TCS）以及发动机扭矩控制系统的功能，其功能处于比 ABS 和 TCS 更高的控制层次。统计资料显示，在重大死亡车祸中，约 1/6 是由于车辆失控造成的；而在车辆失控事件中，由车辆打滑造成的占到了 75%。丰田 VSC 系统利用控制单元与制动系统及发动机系统相联，随时监测车身的动态状况，当出现打滑现象时，系统自动介入油门与制动的操作，控制发动机的功率输出，并适时对适当的车轮施加制动，以利用有附着力的轮胎，使车辆稳定减速，修正车辆的动态，使其稳定行驶在本来的行驶路线上，保证车辆安全。

丰田公司开发的 VSC（Vehicle Stability Control）车辆动态稳定性控制系统，首见于 1997 年推出的 Lexus 车系中，现已普及至 Lexus 及 Toyota 旗下大部分的车辆：花冠、锐志、皇冠、佳美、霸道等等。在 2007 年 3 月新推出的锐志 2.5S 特别天窗版中，更是增加了 VSC 系统作为其一个卖点。作为 ABS、TCS（亦称 TRC 驱动防滑转或 ASR 加速防滑控制系统）系统的功能扩展，车辆动态稳定控制系统已成为主动安全系统发展的一个重要方向。VSC 系统在汽车高速转弯将要出现失控时，可有效地增加汽车的稳定性，系统通过对从各传感器传来的车辆行驶状态信息进行分析，向制动防抱死系统 ABS、牵引力控制系统 TCS 发出纠偏指令，帮助车

辆维持动态平衡，减少事故发生。VSC 系统可使车辆在各种状况下保持最佳的稳定性，在过度转向或不足转向的情形下作用尤为明显。目前不同厂家对车辆稳定性控制系统的称谓不同，如宝马公司将其称为 DSC 系统；保时捷则称其为 PSM；本田公司称为 VSA 系统。VSA 及 VSC 系统与奔驰公司的 DSC 均属同一类系统，是转向时对由制动力产生危险的汽车进行动态修正的主动安全装置。区别在于 VSC 和 DSC 是用于前置发动机后轮驱动车辆（FRV）；而本田的 VSA 是为 FFV 车辆开发的。

十二、四轮转向控制系统

目前被很多公司所采用，其中大多应用在了大型车辆上，也有一些 SUV 以及跑车具有四轮转向的功能。配备四轮转向之后，车辆可以减少转弯半径、提高低速行驶时的机动性以及高速行驶时的操纵性和可控制能力。

四轮转向系统是在传统的前轮转向基础上增加了一个电动后轮转向系统。系统有四个主要部件——前轮定位传感器、可转向的整体准双曲面后轴、电动机驱动的执行器以及一个控制单元。前轮定位传感器和车辆速度传感器连续不断地向控制单元报告数据，控制单元根据报告的数据确定后轮合适的角度。通过计算，决定正确的操作阶段。该系统有三种主要运行方式：负相、中相、正相。低速行驶时，后轮转弯方向与前轮相反，这就是负相。中速行驶时，后轮笔直而保持中相。高速行驶时，后轮处于正相，和前轮转弯方向相同。在低速行驶时，负相拖曳操纵，尾部跟随车辆的真实轨迹，比两轮转向更紧密。这使得在城市交通中的驾驶更容易。低速操纵时，如倒车上船板或野营带拖车、停车时，将使操纵更容易。带拖车时，负相极大地改进拖车对转向动作的反应，更容易使车辆就位，提高了车辆的高速行驶平稳性。高速行驶时后轮和前轮的转向相同，有助于减少车辆侧滑或扭摆，对平衡车辆在超车、变道、或躲避不平路面时的反应均有帮助。此外，四轮转向系统和四轮驱动系统也可以完全兼容，并能提高四轮驱动系统的性能，根据制造厂商的要求，既能由驾驶员选择，又能实现全自动化。比如使用选择界面，驾驶员就能调节不同驾驶条件下后轮转向的性能。选择模式包括一个一般驾驶，一个拖车拖运，一个两轮转向。如果四轮转向系统损坏的话，四轮转向系统还可控制回到正常两轮转向模式。

十三、HUD 抬头显示系统（Heads up Display）

抬头显示仪 风窗玻璃仪表显示，又叫平视显示系统，它可以把重要的信息，映射在风窗玻璃上的全息半镜上，使驾驶员不必低头，就能看清重要的信息。这种显示系统，原是军用战斗机上的显示系统，飞行员不必低头，就能在风窗上看到所需的重要信息。目前，一些高级汽车把它移植到汽车上来。这种显示系统的优点是：①驾驶员不必低头，就可以看到信息，从而避免分散对前方道路的注意力。②驾驶员不必在观察远方的道路和近处的仪表之间调节眼睛，可避免眼睛的疲劳。总之，这种显示系统的作用是提高汽车的安全性。当然这种系统成本昂贵，目前还难以在汽车上普及。

十四、AFS（智能前大灯随转系统）

智能前大灯随转系统：AFS 是弯道辅助照明系统的缩写。AFS 系统有三种形式：①转向头灯形式的，就是头灯内灯具可以左右旋转 8°～15°照明弯道死角。②利用独立弯道照明系统的，就是在灯具里有一个固定的灯泡照向弯道，转弯时候自动点亮。③利用左右雾灯进行弯道时候照明，转向时候对应弯内侧雾灯亮起，照明弯道死角。

十五、智能化夜间可视系统

保护夜间行人为主要着眼点开发的智能化技术，它可以在夜间行驶、视线不佳的情况下，提醒驾驶员注意前方有行人。根据交通事故的统计也可以看出，夜间发生的车撞人的事故有很多，其中很多例子都是因为夜间难以发现行人而造成的。不妨碍前方视野的收起式挡风玻璃影像显示器，设置在前保险杠里面的两台立体式远红外摄像机拍摄的图像，会显示在收起式挡风玻璃影像显示器上。图像的上下位置可以随驾驶员的座椅姿势调节。

十六、IHCC 控制模式

IHCC 系统具有控制车速及行车间距的功能，其雷达探测范围：汽车前方 100 m 以内、角度 16 度。系统发挥作用的车速：45～100 km/h。

主要包括有常速控制、跟随控制、减速控制以及加速控制几大模式。常速控制：设定好所希望的车速。跟随控制：开始常速行驶。行车间距：随着前车车速的变化设定有 3 个挡可供选择。始终在既定行车间距下行驶（最大车速不超过设定的车速）。减速控制：在同一行车线前方行驶的车辆速度比自车的既定速度慢时，通过油门和制动使汽车减速。当由于前方汽车紧急制动及有别的加速控制的车加塞进来使自车减速；当自车前方行驶的车制动不到位时，以警报音和屏幕上的提示来提醒驾驶员换到别的行车线，可平稳地加速到既定车速后进行相应的操作保持常速行驶状态。

十七、LKAS 保持行车线辅助系统

LKAS 即保持行车线辅助功能，此系统发挥作用的车速：65～100 km/h 保持行车线的范围：直线道路与半径 230 m 以上的弯道。

还有一些汽车主动安全的最新的电控系统这里就不一一列举了。

第六节　汽车轮胎与安全行驶

本节之所以把轮胎单独作为一节来讲，是因为汽车轮胎是所有系统中最终的执行环节，只有靠轮胎与地面的作用才有汽车的安全行驶。

汽车轮胎是汽车行驶结构中的主要基础部件。轮胎的质量与性能对汽车的牵引性、制动性、行驶稳定性、平顺性、安全性、越野性和燃料经济性等都有着直接的影响。而汽车轮胎的正确使用与保养、又是保持轮胎质量，充分发挥轮胎性能的关键，正确使用与保养轮胎，可以提高汽车的上述性能，延长轮胎的使用寿命，省胎、节油，有效地降低运输成本，提高经济效益。认识到轮胎的各种性能及不同结构类型，正确使用轮胎，减少紧急制动、超速行驶和急转弯等不良驾驶行为，有利于充分发挥轮胎性能，延长轮胎使用寿命，防止出现爆胎等情况，从而减少由于轮胎故障引发的交通事故。

1. **轮胎结构类型**

汽车轮胎的结构类型很多，按结构分类可分为普通轮胎、子午线轮胎、带束斜交胎和特

种轮胎而后两者由于我们使用较少这里不作专门介绍了。

普通轮胎和子午线轮胎都是有内胎轮胎。子午线轮胎的优点是高速性能和缓冲性能好、滚动阻力小、节约燃料。另外，还具有承载能力大、胎面耐穿刺且不易爆破、附着性能好、越野性能高、行驶温度低、散热快及节约原料、轮胎重量轻等优点。其缺点主要有：胎面与胎侧的过渡区及轮辋附近易产生裂口；因胎侧变形大，其侧向稳定性较差；成本高；车速过快时有"发飘"现象。另外，无内胎轮胎的行驶温度较普通轮胎低 20% ~ 25%，利于高速行驶且结构简单、重量小、寿命长（长约 20%）。子午线轮胎的特点是帘布层帘线排列的方向与轮胎的子午断面一致（即胎冠角为零度），由于帘线的这样排列，使帘线的强度能得到充分利用，子午线轮胎的帘线层数一般比普通的斜线胎约可减少 40% ~ 50%。帘线在圆周方向只靠橡胶来联系。子午线轮胎与普通斜线胎相比，具有弹性大，耐磨性好，可使轮胎使用寿命提高 30% ~ 50%，滚动阻力小，可降低汽车油耗 8% 左右，附着性能好，缓冲性能好，承载能力大，不易穿刺等优点。缺点是：胎侧易裂口，由于侧面变形大，导致汽车侧向稳定性差，制造技术要求及成本高。

无内胎轮胎与一般的轮胎不同之处在于没有内胎，空气直接压入外胎中，因此轮胎与轮辋间需有很好的密封。无内胎轮胎在外观上和结构上与有内胎轮胎近似，所不同的是无内胎轮胎内壁上附加了一层厚约 2 ~ 3 mm 的专门用来封气的橡胶密封层，它是用硫化的方法黏附上去的，当轮胎穿孔后，由于其本身处于压缩状态而紧裹着穿刺物，故能长期不漏气，即使将穿刺物拔出，也能暂时保持胎内气压。无内胎轮胎胎圈上有若干道同心的环形槽，在胎内气压作用下，槽纹能可靠地使胎圈压紧在轮辋边缘上保证密封。安装无内胎轮胎的轮辋是不漏气的，它有着倾斜的底部和平匀的漆层。气门嘴直接固定在轮辋上，其间垫以密封用的橡胶衬垫。无内胎轮胎有气密性好，散热好，结构简单，质量轻等优点。缺点是途中修理较为困难。目前轿车已经实现了子午线轮胎无内胎，俗称"原子胎"。这种轮胎在高速行驶中不易聚热，当轮胎受到钉子或尖锐物穿破后，漏气缓慢，可继续行驶一段距离。另外，原子胎还有简化生产工艺，减轻重量，节约原料等好处。因此，装配原子胎已在轿车领域中逐渐成为潮流。

宽断面汽车轮胎：随着汽车车速的提高，要求降低整车重心，改善操纵性能，这就要求提高轮胎的侧向稳定性和对路面的附着性能，以确保高速状态下的行车安全，这样宽断面轮胎的出现就成为必然趋势。轮胎的断面高（H）与断面宽（B）的比值（H/B）是代表轮胎结构特征的重要参数，称之为轮胎的高宽比，也有人称之为扁平比。从 20 世纪 20 年代开始，轿车轮胎的外径减小了 25%，轮辋直径减小了 35%，轮胎和轮辋的宽度增加了将近一倍，轮胎的高宽比不断减小，轿车达 0.5，赛车达 0.4，特别是宽宽的轮胎与高级轿车匹配，更为美观大方。

汽车轮胎生产发展的历史表明，前 50 年主要是解决如何提高轮胎的使用寿命问题，近年来，由于汽车制造和交通运输部门对轮胎的要求日益苛刻，轮胎研究的重点转到轮胎行驶性能、安全性能、舒适性能和经济性能上来，总之，轮胎的发展总趋势是"三化"，即子午线化、无内胎化、宽断面化。目前，轿车轮胎已实现了这"三化"，货车轮胎正在向这个方面发展。

2. 车轮与轮胎结构认识

车轮一般由轮辋、轮胎和轮辐三部分组成，轮胎的具体结构如图 6 – 29 所示。

一般轮胎规格可描述为：[胎宽 mm] / [胎厚与胎宽的百分比] R [轮辋直径（英寸）] [载重系数] [速度标志]或者[胎宽 mm] / [胎厚与胎宽的百分比] [速度标志] R [轮辋直径（英寸）] [载重系数]

116

子午线轮胎结构　　　　　　斜交胎结构

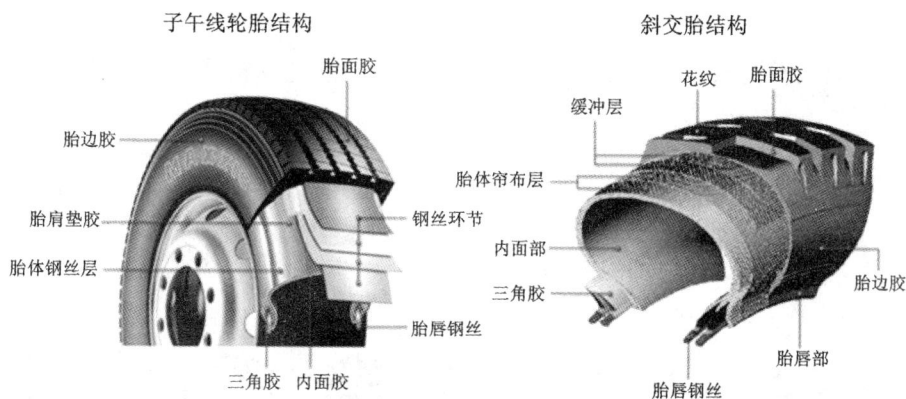

图 6 - 29　轮胎的具体结构

例如轮胎：195/65 R15 88H 或者 195/65H R15 88。

可以解释为：胎宽 195 mm，胎厚与胎宽的百分比为 65% 即胎厚为 126.75，126.75/195 ×100% =65(%)，轮辋直径 15 英寸，载重系数为 88，速度系数为 H。

一般来说，了解[胎宽]/[胎厚与胎宽的百分比] R[轮辋直径(英寸)]对更换适合爱车的轮胎有帮助。了解轮胎的[载重系数][速度标志]对行车安全有帮助。

注：①较常见轮胎速度标志为：P，S，T，H；②如轮胎无速度标志，除非另有说明，一般认为最大安全速度为 120km/h；图 6 - 30 是轮胎上一些常见标志，该图为典型北美轮胎标志，仅供参考；Tire Size/轮胎尺寸，Loading Rating Index/载重系数，Speed Rating Index/速度标志。

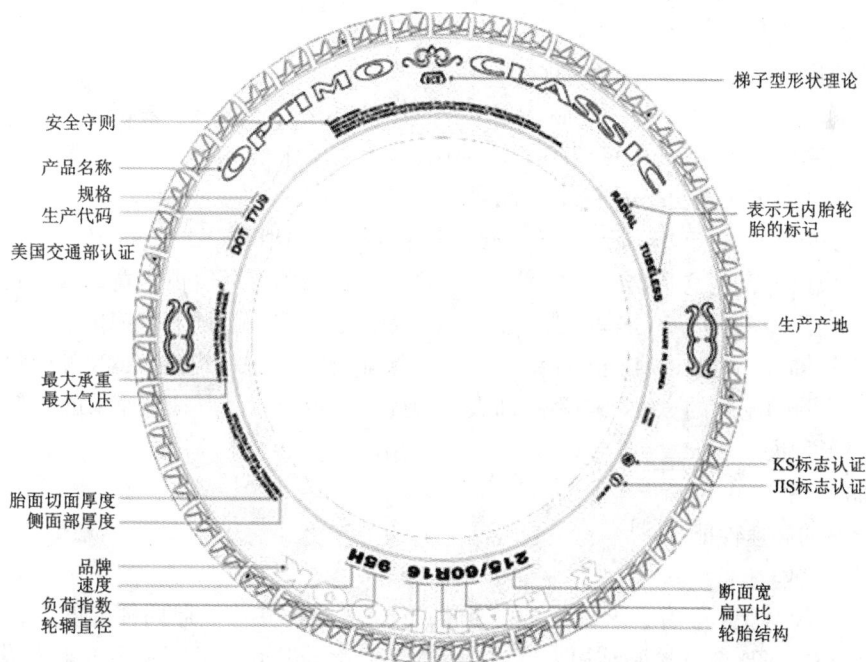

图 6 - 30　汽车轮胎标识

3. 轮胎的分类

按花纹分类可分为条形花纹轮胎、横向花纹轮胎、混合花纹轮胎、越野花纹轮胎；

①普通花纹包括

纵向花纹：多用于轿车；

横向花纹：多用于货车；

②越野花纹：多用于越野车。

③混合花纹如下图(c)所示。

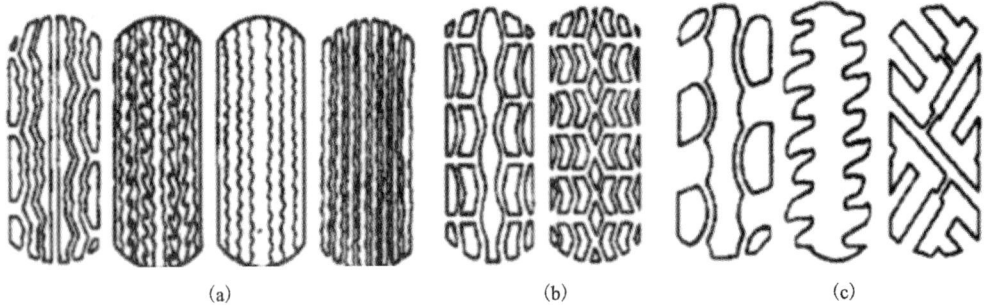

图6-31 轮胎花纹平面图

(a)普通花纹；(b)混合花纹；(c)越野花纹

按汽车种类分类，轮胎大概可分为8种。即：PC—轿车轮胎；LT—轻型载货汽车轮胎；TB—载货汽车及大客车轮胎；AG—农用车轮胎；OTR—工程车轮[2]胎；ID—工业用车轮胎；AC—飞机轮胎；MC—摩托车轮胎。

4. 轮胎的选用

轿车的车轮一般使用子午线轮胎。子午线轮胎的规格包括宽度，高宽比，内径和速度极限符号。以丰田汽车轮胎CROWN3.0轿车为例，其轮胎规格是195/65R15，表示轮胎两边侧面之间的宽度是195 mm，65表示高宽比，"R"代表单词RADIAL，表示是子午轮胎。15是轮胎的内径，以英寸计。有些轮胎还注有速度极限符号，分别用P，R，S，T，H，V，Z等字母代表各速度极限值。特别要指出的是高宽比，其含义是轮胎胎壁高度占胎宽的百分比，现代轿车的轮胎高宽比多在50~70之间，数值越小，轮胎形状越扁平。随着车速的提高，为了降低轿车的重心和轴心，轮胎的直径不断缩小。为了保证有足够的承载能力，改善行驶的稳定性和抓地力，轮胎和轮圈的宽度只得不断加大。因此，轮胎的截面形状由原来的近似圆形向扁平化的椭圆形发展。

5. 轮胎的性能

(1)轮胎的高速性能。

1)轮胎生热。

轮胎长时间行驶时，由于承受反复的变形，产生大量的热。轮胎内部温度与轮胎的负荷和速度的乘积成正比。从轮胎结构来看，轮胎内部温度与其轮胎外壳的厚度平方成正比，因此，高速行驶的轮胎希望轮胎外壳厚度尽量薄些。

2）轮胎的驻波。

当汽车的行驶速度达到某一数值时，波浪变形振动频率增大，轮胎胎冠表面呈现波浪变形，称之为轮胎的驻波。发生驻波时，轮胎的温度在短时间内很快上升，最后可能造成轮胎的损伤。开始产生驻波的速度称之为临界速度 V_{cr}，提高轮胎行驶速度关键在于提高轮胎驻波形成的临界速度。

3）轮胎的液面效应。

汽车以高速行驶在具有较厚水膜的路面上时，由于水的动压作用，轮胎在水面上打滑，使汽车丧失操纵性、制动性和驱动能力，这种现象称为液面效应。液面效应产生的临界速度取决于水深、轮胎花纹沟槽深度和轮胎气压。

（2）轮胎对路面的力学特性。

轮胎对路面的力学特性是指轮胎的缓冲性能、牵引性能、制动性能和通过性能。这些性能受轮胎与路面间相互作用的直接影响。

（3）轮胎的耐久性能。

轮胎的耐久性能是轮胎的主要性能之一。轮胎的寿命取决于轮胎及轮辋的构造、所受负荷、气压、路面状况、行驶条件、外界温度等。影响轮胎磨耗的主要因素是：轮胎的形状和结构、轮胎的负荷和气压、汽车的行驶速度、前轮定位的调整、制动次数，特别是紧急制动次数的多少，以及弯道、坡道情况、气温的高低等。此外，还取决于驾驶员是否正确使用和保养轮胎。

6. 正确使用轮胎

轮胎在汽车各部件中的地位十分重要，对汽车行驶性能影响很大，轮胎的使用寿命直接影响运输经济效益。

（1）限制行车速度。

提高车辆行驶速度，特别是经常处于快速行驶时，轮胎的使用寿命显著降低。因为车辆快速行驶时，轮胎在单位时间内与地面的接触次数就越多，摩擦也越频繁，使轮胎的变形频率增加。这时胎体周向和侧向产生的扭曲变形也随之加大。当速度达到临界速度时，胎冠表面的振动出现了波浪变形，形成静止波。这种静止波能在其产生几分钟后导致轮胎爆破，这是由于轮胎变形来不及复原所造成的滞后损失，而它的大小与负荷作用的时间有关，速度越快，时间超短，大部分的动能被吸收转变成热量，从而使轮胎温度升高，橡胶老化加速和帘线层的耐疲劳强度降低，轮胎因而早期脱空或爆破，因此，限制行车速度是非常重要的。

（2）根据道路情况行车。

路面的种类及状况对轮胎使用寿命的影响很大，驾驶员应根据道路条件选择路面，掌握适当的行车速度，对增加轮胎的行驶里程具有积极作用。

车辆在平整、宽敞且视野良好的道路上行驶，如高速公路、国道线和省道线等，可根据车辆本身的技术条件和轮胎的性能适当提高车速，但也不宜过高，否则影响行车安全，降低轮胎的使用寿命。在不平整的碎石路和矿区路上行驶，由于尖石裸露或路边石块锐利，极易损坏轮胎，应注意选择路面并在较低车速下行车，以防止轮胎爆破损坏。

在冰雪路面上行驶，由于路面与车轮的摩擦系数较小，要注意防滑；若车轮打滑，应立即停车，试行倒退，另选路线前进，若倒退仍打滑，则应排除车前后和两旁的冰雪，或将后轮顶起，铺上石块、砖头、稻草，以便车辆通行。不要猛踏加速踏板，强行起步，以免轮胎越陷越深，原地空转剧烈生热，防止轮胎胎面及胎侧严重刮伤、划伤，甚至剥离掉块。在转弯频繁的路面上或陡坡上行驶，轮胎受到部分拖曳，即使路面条件较好，也应当在较低车速下行驶，以减少轮胎磨耗，确保行车安全。

（3）掌握轮胎的温度变化。

炎热天气行车，由于外界气温较高，轮胎积热散发困难，由于行车速度快、运距长，道路条件恶劣等原因，胎温急剧上升，胎内气压也随之增加，从而加速橡胶老化，降低帘线与橡胶的黏合力，致使帘布层脱空或爆破损坏，故炎热天气行车应注意控制轮胎的使用温度。在酷热时行车，除应适当降低车速外，有条件的情况下可在早晚气温较低时行车，或车辆行驶一定距离后停车休息，防止胎温过高。严禁采用放气降压的做法，因放气后轮胎变形增大，会使胎温升高，最后也会因过热而使轮胎损坏。在气温低的季节，因为轮胎在使用时散热快，不容易产生高热，胎面较为耐磨。在气温低的季节，特别是严寒天气，车辆过夜或长时间停放后重新行驶时，为了提高轮胎温度，最好在起步后头几公里以低速驾驶为宜。因此，掌握轮胎行驶中温度变化是极重要的。

7. 采用正确驾驶方法

（1）汽车起步不可过猛，无论空、重车都应低速平稳起步。避免轮胎与地面拖曳，以减少胎面磨耗。

（2）在良好路面上行驶，应保持直线前进，除会车和避让障碍物外，禁止左右摇摆和急剧转向，以防轮胎和轮辋之间产生横向的切割损伤轮胎。

（3）车辆下长坡时应根据坡度大小，长度和道路情况，适当控制车速。在坡长、路陡、路况复杂的情况下，应挂挡行驶，并利用轻微制动控制车速下坡，这样不但可以避免紧急制动，减少轮胎磨损，而且对安全行车也有保障。

（4）车辆上坡时，应尽量利用惯性行驶，适时变速，及时换挡，上坡时要保持车辆有适当的余力，不要等车停了再重新起步，以减少轮胎的磨损。

（5）行车转弯应根据弯道情况控制车速，不要高速转弯，否则车辆产生较大的离心力，使车载货物倾斜，质心偏移一侧，单边轮胎超载拖曳，加速磨耗，同时还会使轮胎被轮辋横向切割，造成损坏。

（6）在复杂情况下（会车、超车、通过城镇、交叉路口、过铁路）行驶时，应掌握适当的行车速度，减少频繁制动和避免紧急制动，否则造成轮胎与地面之间的滑动摩擦，致使胎面严重磨损。

（7）在不良道路上应减速行驶，并仔细观察，择路通过，通过后应停车检查双胎之间是否夹有石子，如有应及时排除。

（8）车辆途中停车和到场停车，要养成安全滑行的停车习惯。在停车前要选择地面平整、干净和无油污的地面停放，每条轮胎都要平稳落地，尤其是车辆装载过夜，更应该注意选好停放地点，必要时将后轮顶起。

8. 轮胎的磨损与维护

（1）磨损原因。

汽车的轮胎包括备用轮胎，一定要每月定期检查。检查时，要同时观察汽车轮胎表面是否有裂痕或划伤。最好戴上手套伸到轮胎内侧，检查是否有可疑的痕迹。只要发现丝毫可疑之点，要立即请车行做详细检查。有毛病的轮胎不要舍不得扔。假如发现轮胎表面磨损情况不正常，应想到可能车轮的前束调校有问题，要去修理。检查轮胎花纹的异常磨损，可以发现故障的早期征兆和原因，以便及时排除影响轮胎寿命的不良因素，防止早期磨损和损坏。

轮胎磨损主要是轮胎与地面间滑动产生的摩擦力造成的。汽车起步、转弯及制动等行驶条件的不断变化，转弯速度过快、起步过急、制动过猛，轮胎的磨损就快。另外，轮胎的磨损还与汽车的行驶速度有关，行驶速度愈快，轮胎磨损愈严重，路面的质量也直接影响到轮胎与地面的摩擦力，路面较差时，轮胎与地面滑动加剧，轮胎的磨损加快。以上情况产生的轮胎磨损，基本上是均匀的，属正常磨损。若轮胎使用不当或前轮定位不准，将产生故障性不正常磨损，轮胎出现异常磨损与早期损坏的原因是多种多样的。有人为驾驶操作不合理，轮胎保养不当，也有汽车本身故障及路面条件和气候的影响等。主要是以下几方面原因造成的：

1) 两边磨损过大。

主要原因是轮胎气压偏低，由于轮胎胎冠中部向上拱起，使胎面中部负荷减小，两边缘（两肩）负荷急剧增大，使得两肩磨损加剧，这种现象亦称为轮胎的"桥式效应"。轮胎气压过低会产生轮胎胎壁擦伤，还会使轮胎的滚动阻力和汽车油耗增加，使外胎胎侧出现胶线脱离、折断等现象。或长期超负荷行驶。充气量小或负荷重时，轮胎与地面的接触面大，使轮胎的两边与地面接触参加工作而形成早期磨损。

2) 中央部分早期磨损。

主要原因轮胎气压偏高，胎面中部的磨损加剧，还会使得胎体帘线经常处于较高的应力状态，促使帘线"疲劳"，从而引起早期爆破。

另外，还会降低汽车在不平路面上的行驶平顺性，加速汽车部件的磨损。严重时，也会影响燃料消耗量。轮胎气压偏低与偏高，都会降低轮胎使用寿命。适当提高轮胎的充气量，可以减少轮胎的滚动阻力，节约燃油。但充气量过大时，不但影响轮胎的减振性能，还会使轮胎变形量过大，与地面的接触面积减小，正常磨损只能由胎面中央部分承担，形成早期磨损。如果在窄轮辋上选用宽轮胎，也会造成中央部分早期磨损。

3) 一边磨损量过大：主要原因是前轮定位失准。当前轮的外倾角过大时，轮胎的外边形成早期磨损，外倾角过小或没有时，轮胎的内边形成早期磨损。

4) 胎面出现锯齿状磨损：主要原因是前轮定位调整不当或前悬挂系统位置失常、球节松旷等，使正常滚动的车轮发生滑动或行驶中车轮定位不断变动而形成轮胎锯齿状磨损。

5) 个别轮胎磨损量大：个别车轮的悬挂系统失常、支承件弯曲或个别车轮不平衡都会造成个别轮胎早期磨损。出现这种情况后，应检查磨损严惩车轮的定位情况、独立悬挂弹簧和减振器的工作情况，同时应缩短车轮换位周期。

6) 出现斑秃形磨损：在轮胎的个别部位出现斑秃形磨损的原因是轮胎平衡性差。当不平衡的车轮高速转动时，个别部位受力大，磨损加快，同时转向发难，操纵性能变差。若在行驶中发现某一个特定速度方向有轻微抖动时，就应该对车轮进行平衡，以防出现斑秃形磨损。

(2) 轮胎超载。

轮胎超载分为静超载和动超载两种情况。控制载货量并均匀合理装载，可消除静超载，防止动超载主要是避免紧急制动，提高驾驶技术，尽可能平稳地驾驶车辆。

轮胎超载可使轮胎产生多种异常磨损和早坏，还可经常由此引发其他机械故障，甚至引起车祸，危及行车安全。轮胎超载可造成胎冠两肩磨损、胎壁擦伤、帘布层折断和爆破、胎体脱层、胎面和胎侧脱空。超载的轮胎碰到障碍物时，常发生对角线形、十字形、直线形及Y形胎冠爆破。当汽车高速行驶时，由于超载轮胎的滚动阻力大、升温快、温度高，使燃料消耗量增加，而且极易产生碾胎爆胎。

（3）驾驶与保养不当。

驾驶员的驾驶不当会缩短轮胎的使用寿命。如：起步猛、紧急制动、超速行驶和急转弯、违反轮胎装拆和换位规则等，不及时保养和修理轮胎，也是造成轮胎早期损坏、缩短使用寿命的重要原因。如表6-5所示。

表6-5　轮胎磨损原因与特征

特　征	原　因	特　征	原　因
胎冠过度磨损	气压过高	单边磨损	前轮外倾角失准，后桥壳变形
胎肩过度磨损	气压过低	杯形（贝壳形）磨损	悬挂部件和连接车轮的部件（球节、车轮轴承、减振器、弹簧衬套等）磨损，车轮不平衡
锯齿（羽毛）状磨损	前束失准主销衬套或球节松旷	第二道花纹过度磨损（只出现在子午线胎上）	轮辋太窄而轮胎太宽，不配套

为了避免上述这些不正常磨损情况的发生，我们应该注意以下事项：

1）注意轮胎气压。气压是轮胎的命门，过高和过低都会缩短它的使用寿命。气压过低，则胎体变形增大，胎侧容易出现裂口，同时产生屈挠运动，导致过度生热，促使橡胶老化，帘布层疲劳、帘线折断。气压过低，还会使轮胎接地面积增大加速胎肩磨损。气压过高，会使轮胎帘线受到过度的伸张变形，胎体弹性下降，使汽车在行驶中受到的负荷增大，如遇冲击会产生内裂和爆破，同时气压过高还会加速胎冠磨损，并使耐轧性能下降。停止行驶后，须等轮胎散热后再充气，因车辆行驶时胎温会上升，对气压有影响，检查气门嘴，气门嘴和气门芯如果配合不平整，有凸出凹进的现象及其他缺陷，都不便充气和量气压。充气要注意清洁。充入的空气不能含有水分和油液，以防内胎橡胶变质损坏。充气时不应超过标准过多后再行放气，也不可因长期在外出不能充气而过多地充气，如超过标准过多会促使帘线过分伸张，引起其强力降低，影响轮胎的寿命。

充气前应将气门嘴上的灰尘擦净，不要松动气门芯，充气完毕后应用肥皂泡水（或口水）涂在气门嘴上，检查是否漏气（如果漏气就会产生小气泡），并将气门嘴帽配齐装紧，防止泥沙进入气门嘴内部。子午线胎充气时，由于结构的原因，其下沉量、接地面积均较大，往往误认为充气不足，而过多地充气；或反之，因其下沉量和接地面积本来就较大，在气压不足时也误认为已充足。应用标准气压表加以测定。子午线轮胎的使用气压应高于一般轮胎 0.5 ~ 1.5kg/cm^2。随车的气压表或胎工间使用的气压表均应定期进行校对，以保证气压检查准确。

2）定期检查前轮定位。前轮定位对轮胎的使用寿命影响较大，而尤以前轮前束和前轮外倾为主要因素。前轮外倾主要会加速胎肩的磨损即偏磨；前轮前束过小过大主要是加速轮胎内外侧的磨损。

3）注意自己的驾驶方式。司机在行车中除了处理情况外，要选择路面行驶，躲避锋利的石头、玻璃、金属等可能扎破和划伤轮胎的物体，躲避化学遗洒物质对轮胎的黏附，腐蚀。行驶在拱度较大的路面时，要尽量居中行驶，减少一侧轮胎负荷增大而使轮胎磨损不均。一般情况下，超载 20% 则轮胎寿命减少 30%，超载 40% 则轮胎寿命减少 50%；另外急速转弯、紧急制动、高速起步以及急加速等都将对轮胎的损坏产生影响，是司机在行车中要避免的。

磨损记号露出应报废：轮胎磨损到一定程度是必须要报废的，一般是在胎面上的磨损记号露出时就应进行报废处理，普通轮胎在行驶 8 万左右也就到了报废的时候。然而很多人认为只有花纹磨光才需要更换，其实不然，当路面湿滑时长期使用轮胎磨损严重的汽车，方向盘和制动器几乎完全失效，汽车很容易产生侧滑跑偏而酿成事故。如果此时慌慌张张踩制动，是很危险的，正确的做法应该是双手握住方向盘，轻轻踩制动器以降低速度。

另外，您是否曾经因为更换备胎而手忙脚乱过呢？不要着急，换备胎也要有一定技巧：换备胎切勿在不平路面或坡道上进行，拆卸轮胎时将轮胎制动片放置在被换轮胎对角位置处轮胎的外侧，防止汽车移动。挂上挡拉起手制动。使用车轮螺丝钉扳手，将螺丝钉向左转动约 1/2 圈，用千斤顶将汽车顶起，确认千斤顶的正确位置后，再更换轮胎。把螺丝母和螺丝钉配合锁紧，放下千斤顶，轮胎着地后，再按对角形式逐一把螺丝母进一步锁紧。换完之后，要检查轮胎的气压是否平衡。没事的时候您可以练习一下，做到有备无患。而且，还有一个很多人忽视的问题，那就是轮胎的寿命，国际上给轮胎的寿命的定义一般是三年，言下之意即是：哪怕是全新的轮胎，安然搁置 3 年，也就不能使用了。而且，在轮胎修补方面，一定找专业店热补，注意，一定要热补，不能塞胶条去应付。否则容易造成轮胎内部的束带层等部位老化，形成隆起，对驾车安全造成威胁。修补后可以上高速公路，但千万注意应将修补后的轮胎安装在后轮上。当然，胎侧等不可修补区出现问题，一定将轮胎废弃，切不可再使用。

9. 汽车备胎

（1）全尺寸备胎：全尺寸备胎的规格大小与原车其他 4 条轮胎完全相同，可以将其替换任何一条暂时或已经不能使用的轮胎。非全尺寸备胎：这种备胎的轮胎直径和宽度都要比其他 4 条轮胎略小，因此只能作为临时代替使用，而且只能用于非驱动轮，并且最高时速不能超过 80 km/h。

（2）零压轮胎：零压轮胎又被称为安全轮胎（run - flat tire），也就是我们俗称的"防爆轮胎"，业界直译为"缺气保用轮胎"。与普通轮胎相比，零压轮胎在遭到刺扎后，不会漏气或者漏气非常缓慢，能够保持行驶轮廓，胎圈也能一直固定在轮辋上，从而保证汽车能够长时间或者暂时稳定行驶至维修站。因此，装有这种轮胎的汽车也就不再需要携带备用轮胎，从而将备胎以另一种方式无形地隐藏在 4 条轮胎上。

首先，由于备胎使用频率较低，因此其与另外四个胎的磨损程度也就有所不同，因而摩擦系数也会不一样，如果长时间使用备胎便会对车辆的制动系统、转向系统及悬挂系统产生一定影响，同时还会对行车安全带来一定隐患。所以，我们应当及时对受损害的轮胎进行补救处理并将备胎换回。另外，在调换备胎时要还注意调整气压，因为备胎气压与正在使用的轮胎存在一定数值差，所以在更换之前应用气压表将其调整至正常值后，方可正常使用。

1）定期检测备胎：在日常保养或者长途旅行前，应检测备胎有无磨损或裂痕，如已磨损到标志线，那么就要尽早进行更换。而如果胎侧有细小裂纹就不能用它来跑长途或高速行驶，因为较薄的轮胎侧壁在高速运转时很容易发生爆胎。

2）不要与腐蚀性物品放在一起：由于轮胎的主要成分是橡胶，而橡胶最怕各种油品侵蚀。某些车主经常会在后备箱内存放例如润滑油等类似油品，当这些油沾到轮胎便会使轮胎发生一定程度胀蚀，会大大降低轮胎使用寿命。

3）备胎也有寿命：千万不要以为备胎一直放在后备箱里不使用，就可以"长命百岁"。可能有些车主遇到过这种类似情况，当轮胎被扎或损坏后想用备胎调换时，却发现备胎已严重老化以致无法使用。这是因为轮胎是橡胶制品，存放时间太长会老化，一般老化期为 4 年左右。

4）备胎不应长时间使用：由于备胎使用频率低、与另外四条轮胎的摩擦系数不同，而且非全尺寸备胎的扁平比、胎宽或轮胎直径都与正常使用的轮胎不同，因此长时间使用会对车辆的制动系统、转向系统及悬挂系统产生一定的影响，给行车安全带来隐患，还会使同向的其他轮胎产生摩擦不均匀等现象。

5）经修补后要放在后轮：经过修补的轮胎如果要再次使用，无论何种驱动方式车辆都要放在后轮上，这是因为由于前轮爆胎后的危险系数要相对更高，所以修补后的轮胎放在后轮会相对安全些。

10. 轮胎的使用与维护

（1）轮胎的选配和安装：轮胎安装的正确与否直接关系到轮胎的使用寿命，尤其是在更换新轮胎的时候。类型和花纹不同的轮胎，由于各轮胎的实际尺寸和负荷能力不同，一定不可以任意混装。此外，如果您自己还不能完全掌握更换轮胎的技能，我们建议您还是到专业的轮胎店或者车辆特约维修商处进行更换。

（2）工作气压：轮胎胎压过低或过高，都会影响轮胎的使用寿命。如果轮胎气压过低，其径向变形增大，胎壁两侧变形过度，产生胎冠两肩磨损现象，使轮胎的温度升高，将严重降低轮胎的使用寿命。如果轮胎气压过高，轮胎的刚性增大，变形和接地面积减小，使胎面中部的单位压力增大，磨损加剧。产生胎冠中央磨损现象，影响到舒适性并将降低轮胎寿命。试验证明，如果提高气压25%，轮胎寿命将缩短30%左右。

（3）轮胎负荷：车辆的负荷越大，则轮胎的寿命越短，这点是不容置疑的。尤其是在超载的情况下，更加突显。正规轮胎厂家生产的轮胎都标有载重指数。轮胎应在指定的载重指数所对应的最大载重量内使用。

(4)行驶速度：正规轮胎厂家生产的轮胎都标有速度级别指数。轮胎应在指定的速度级别指数所对应的最高行驶速度内使用。

(5)轮胎温度：车辆在行驶过程中，轮胎由于受到伸张、压缩和摩擦，引起胎温升高。过高的温度容易加剧轮胎磨损甚至发生爆胎。

(6)底盘状况：前、后车轴的平行度、四轮定位、制动装置工作状况以及底盘其他机件技术状况都会不同程度地影响到车辆轮胎的寿命。一旦出现严重的交通碰撞事故，车主一定要将车辆开到专业维修站进行底盘状况检查及调整。

(7)道路条件：如果车辆长时间在砂石路面或者恶劣的路况下行驶，轮胎使用寿命肯定会降低。这一点对于越野车轮胎也不例外。

(8)驾驶习惯：这是直接与车主有关的因素。起步过猛、骤然转向、紧急制动、在路况不好的地段高速行驶、经常上下马路台阶和停车时轮胎刮蹭障碍物等，都会导致轮胎的严重磨损，进而降低轮胎的使用寿命。

(9)轮胎维护：轮胎适时换位、选用合适的胎纹、日常勤维护、定期检查胎压、及时修补并且勤挖胎纹中的石子、异物等都是延长轮胎寿命的重要因素。

(10)车辆维护：很多汽车维修专家都说车辆要"三分修，七分养"，不要等到出现了故障才开去维修站维修。而车辆的定期维护与轮胎寿命的延长也是息息相关的。四轮定位、转向节、车轮轴承及悬架系统的定期检查维护一个都不能少。

11. 养护轮胎的方法

驾车之前，一定要做好轮胎的检测保养，确保驾车的安全性和舒适性，您应该在进行换季保养时的进行常规检查或进行自检。

项目包括：检查轮胎是否有鼓包、裂纹、切口、刺穿和异常磨损，出现以上现象一定要停止使用，请专业人员进行检测及更换。定期检查轮胎胎面花纹沟槽深度，确保其深度大于1.6 mm，否则应及时更换新轮胎，因为过分磨损的轮胎会产生运动性能下降，湿滑路面打滑等很多危险。检查轮胎表面是否有不规则磨损，由于驱动轮、转向轮安装位置不同，受力也不同，轮胎所受磨损会不均匀，为了防止异常震动、噪音的产生，延长轮胎使用寿命，应进行适当的轮胎换位。

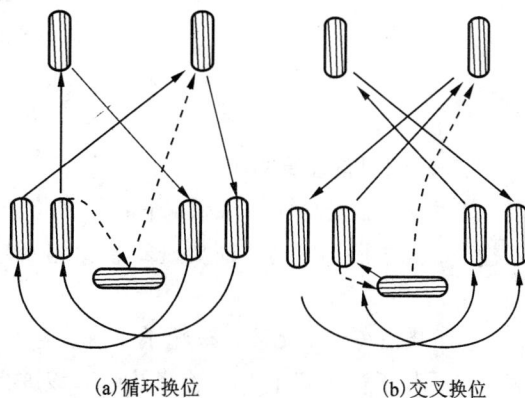

图 6-32　六轮二桥轮胎换位
(a)循环换位；(b)交叉换位

车轮和轮胎的维护应结合车辆的维护强制执行，轮胎的维护分为日常维护、一级维护和二级维护。汽车轮胎的使用与维修可按交通部标准《汽车轮胎使用与维修要求》JT/T303—1996进行。

轮胎作为一种耗材，需要经过一段时间的使用后更换。首先，汽车每行驶1万km就应该将前后轮按对角线位置对调，因为现在的家用轿车基本上都是前轮驱动，前轮既负责转向又负责驱动整车，这样就导致前后轮的磨损程度不相同，而且，轮胎的磨损与车辆重量的

125

分布也有关系，轮胎换位对轮胎均匀磨损有很大的帮助。规格、结构、耐磨度不同的轮胎对车辆的操纵性能和稳定性能有很大的影响。另外，轮胎换位要在专业的维修站进行，调换完轮胎之后最好再做一次四轮定位，虽然这不是主要针对轮胎的保养，但是对于整车的行驶还是很有好处的。在轮胎的二级维护中，轮胎的换位非常重要。按时正确的轮胎换位可使轮胎磨损均匀，可延长20%左右的使用寿命。轮胎换位应结合车辆的二级维护定期进行。

　　常用的换位方法有交叉换位法和循环换位法，如图6－32所示。装用普通斜交轮胎的六轮二桥汽车常用图中的交叉换位法，并在换位的同时翻面。

　　四轮二桥汽车采用斜交轮胎也可用交叉换位法，如图6－33(a)所示；子午线轮胎宜用单边换位法，如图6－33(b)所示。

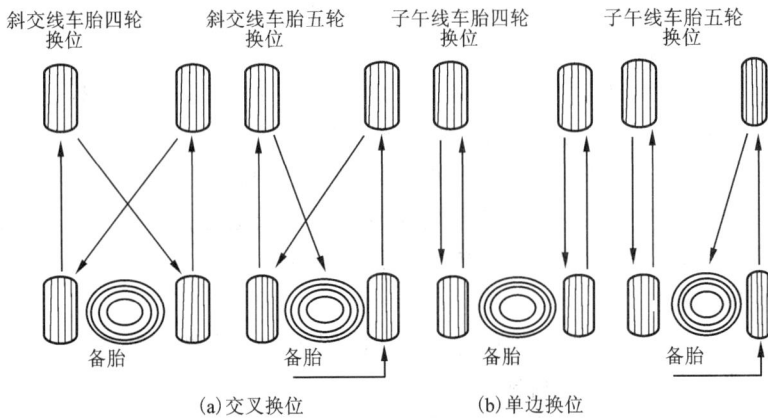

图6－33　四轮二桥轮胎换位

(a)交叉换位；(b)单边换位

12.汽车轮胎日常注意事项

(1)提高对轮胎安全性的认识，平时要多检查轮胎，特别是上高速前，一定要做好充分细致的检查，除了胎压之外，还要观察轮胎侧面是否有裂口、胎面磨损状况，发现隐患应及时排除。

(2)定期修正车轮平衡度，车轮不平衡度超标，高速行驶时将会产生高频的摆动，造成轮胎偏磨，不利于行车安全。轮胎修补后应该进行动平衡检测调整，轮胎单边动平衡检测值应该小于等于40 g。

(3)定期实施轮胎换位，为保持同一辆车上轮胎磨损均匀，车辆每行驶5000 km应做一次轮胎换位，每行驶5000～10000 km做一次四轮定位，以避免轮胎非正常过度磨损，不允许在同一轴上安装不同型号或者新旧差异较大的轮胎。

(4)车轮及车轮螺栓是相互配对的，调换不同规格的车轮(如合金车轮或带冬季用轮胎的车轮)，必须采用长度及锥度合适的螺栓。它影响车轮的紧固程度及制动系统的功能。应使所有的轮胎磨损均匀一致。较深的花纹使汽车行驶更为安全，尤其是在潮湿的路面上。基于安全原因，轮胎应成对调换，而不可单个调换，花纹深的轮胎应装在前轮。在装上新的无内胎轮胎时应同时装上新的橡胶气门。

（5）不能装用其他型号的轮胎，轮胎与轮辋必须配套使用，拆装时需用轮胎拆装机，不允许对轮辋进行敲击，也不能用撬棍去撬。

（6）新车上的车轮是经过动平衡的，但汽车行驶后很多因素会影响车轮的平衡性，从而影响汽车的操纵稳定性，并且加速轮胎磨损。所以，修理过的或新的轮胎必须经过动平衡才能使用。车轮动态不平衡量应在规定的范围内。

13. 轮胎修补

如果汽车使用的是充气式轮胎，当汽车轮胎在行驶过程中遭受到尖锐物件刺穿后，轮胎内空气泄漏，以至汽车不能正常行驶。此时应当立即停车，并进行轮胎的修补。

一般而言，漏气胎的补胎方法依据轮胎受损程度，大致可分为三种：冷补（内补或粘贴补）、热补和胶条法。

（1）冷补是将受伤轮胎从轮辋上卸下，找到创口之后，将创口处的异物清理后，从轮胎内层贴上专用的补胎胶皮，从而完成补漏。需要专用的扒胎机及补胎胶皮才能完成。其优点是可以对较大的创口进行修补，缺点是不够耐用，在经过一段时间的水浸或车辆高速行驶之后，修补处很可能再次出现漏气现象。

（2）热补是较为彻底的补胎措施。热补同样要将轮胎从轮辋上卸下，然后将专用的生胶片贴附于创口。再用烘烤机对创口进行烘烤，直至生胶片与轮胎完全贴合。热补的优点是非常耐用，基本不用担心创口处会重复漏气。缺点是施工时的技术要求较高，因为一旦烘烤时的火候控制不好，很可能会将轮胎烤焦，严重的还会产生变形。

（3）胶条法，不用卸胎，在轮胎破裂处钻孔，直接塞入胶条。这种方式很不安全，因为钻孔会破坏轮胎内部的帘布层、钢丝层，随着时间推移，这种破裂会扩大，胶条也会老化，因此只能应急使用。

14. 爆胎应对方法

除了自燃，夏日高温也很容易造成汽车爆胎。爆胎原因主要有三：一是出行前未对车辆进行安全检查，胎侧胎冠带伤，车辆在高速行驶中发生爆胎；二是轮胎花纹磨损严重，未及时更换；三是在车辆行驶中轮胎受到外力剐蹭引发爆胎。

行驶途中如轮胎突然爆裂，不要惊慌，只要双手紧握方向盘，仍可控制汽车。在注意后面车辆的同时，缓慢制动并驶离主干道。爆胎后切勿紧急制动，以免因制动力不均而使车辆甩尾或翻车。如果爆裂是前面的轮胎，会严重影响驾驶者对方向盘的控制。遇到这种情形，应该尽可能轻踩制动踏板，以免车头部分承受太大的压力，甚至导致轮胎脱离轮圈。还要用双手稳握方向盘，这样在汽车大幅度偏左或偏右行驶时，还可以立刻矫正。如果是后面的轮胎爆裂，汽车的尾部就会摇摆不定、颠簸不已。只要驾驶者保持镇定，以双手紧握方向盘，通常都可以使汽车保持直线行驶。此外，最好反复一下一下地踩踏制动踏板，这样可以把汽车的重心前移，使完好的前轮胎受力，减轻爆裂后轮胎所承受的压力。记住，不要过分用力踩制动踏板。

15. 防止车轮打滑的方法

在交通事故档案中，记录着不少由于车轮打滑造成的重大和特大交通事故。怎样才能有效地防止这类事故的发生呢？

防止车轮打滑首先要弄清车辆打滑的原因。专家指出，从理论上来说是轮胎减少了对路面的附着力，行车偏离了行驶方向而造成的。其原因是司机采取的措施失当所致，比如刹车过猛，加速过急或打方向过快等。

车轮打滑有三种情况：一是后轮打滑会使车辆横摆路中甩尾，此时，司机无法操控。二是四轮打滑，因刹车过程中四个轮子锁死不能转动。三是前轮打滑，大多会发生在弯路或转弯时车速过快，路面过滑时。

首先针对后轮打滑现象，就是当后半部车身打滑时，专家建议车主朋友，无论车辆往哪个方向打滑，这时候要往打滑的方向打方向盘并切记千万不能刹车，所有动作尽可能轻柔。

其次当四轮打滑时，车主会感觉到车辆向前猛冲速度比平时要快。这时我们先让前轮找到着地力，收油门，不踩刹车，轻点离合，所有动作尽可能轻柔。让车辆慢慢行驶直至打滑现象消失为止。

此外，若遇到前轮打滑，即方向盘无法转动，车辆朝前方直冲，直至碰撞障碍物时方停车。此时记住等车轮转动后，方向盘才可转动，直至恢复正常，反复踩刹车这样使得制动系统达到最有效的工作状态。

第七章
汽车被动安全技术

随着科学技术的不断发展，汽车主动安全技术适应以人为本的需求，已经发展细化到了各个方面的保护，并且也在实际中发挥了巨大的作用，但尽管如此，仍然会由于某些原因不可避免地发生意外情况，此时汽车被动安全技术将是十分必要的保障了。汽车被动安全技术是指发生事故时，汽车保护车内乘员、行人和其他车辆乘员的能力。另外，还应考虑防止事故车辆火灾及其他灾害，同时迅速疏散乘客的性能等。同样的原因，笔者也对汽车的被动安全技术从以下几个方面来说明：外部被动安全技术，内部被动安全技术，汽车防火和人员自救安全技术。

第一节　汽车被动安全性的评价

1. 车辆事故统计和分析

道路交通事故的统计和分析是研究汽车被动安全性的基础。根据事故统计，了解事故与气候、道路、时间与驾驶员和车外人员的年龄等的关系，并找出发生频数最多的那一部分事故（即所谓"典型事故"），便于集中力量进行研究。

汽车碰撞分为一次碰撞和二次碰撞。一次碰撞即在有碰撞形态的交通事故中，碰撞物体双方最初的接触。一次碰撞后汽车的速度下降，车内驾驶员和乘员受惯性力的作用继续以原有的速度向前运动，并与车内物体碰撞，称为二次碰撞。事故中致死伤害主要是头、胸、下腹和脊椎等部位。

汽车发生碰撞事故时，其碰撞形式大致可分为正面碰撞、侧面碰撞及后面碰撞三种形式，另外还有汽车撞行人与翻车等。汽车和自行车碰撞时速度多在 40～50 km/h，而与摩托车碰撞速度则高得多，往往超过 65 km/h。大多数行人是在十字路口和道路入口处从侧面被汽车前部所撞。在轿车发生正面碰撞或碰到固定障碍物上时，汽车前部出现特别大的平均减速度 $J_{cp}=300\sim400\ g$，向后逐渐降低。据统计，在每年的交通事故中，发生车辆侧面碰撞所占的比例约为 20%～30%，其致死率仅次于正面碰撞，而致伤率则超过正面碰撞居第一位。同样，由于燃油箱的质量不合格而在追尾事故中出现二次事故的案例也层出不穷。

在事故调查中，正面及侧面碰撞造成乘员死亡的比例是最大的，如图 7-1 所示，35% 的死亡事故是由侧面碰撞所产生，而正面碰撞的比例则多达到 40%。经计算可知在车速 80 km/h 发生碰撞时这部分能量占总碰撞能量的 70%。因此在发生正面碰撞时车身前部结构吸能与车室变形关系重大。

2. 评价被动安全性的指标

（1）各国标准。

为了评价汽车的被动安全性，采用了不少指标。其中最简单的是事故的"严重性因素" F。各国统计数据表明，F 一般在 1/5～1/40 范围内。考虑到事故中伤亡情况的差异，前苏联

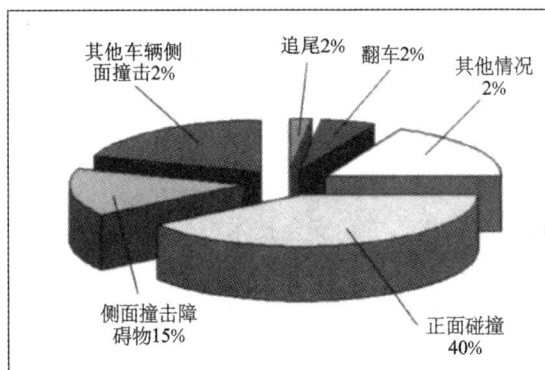

图 7 - 1　不同事故类型的死亡率分布

学者 M. K. KopakoBB 提出了"危险系数"的概念,轿车中前排乘客座位的危险性最大,而后排乘客座位相对较安全一些,其中驾驶员后面的后排乘客座位危险性最好,也就是说相对最安全。

(2)中国汽车安全标准还待提高。

我国从 2006 年开始在满足正面碰撞标准的前提下,还要通过侧撞和后撞的测试标准。所谓"侧面碰撞"和"车后碰撞"测试,就是让一块硬而重的移动变形壁障以一定的速度从侧面或者后面撞击静止的汽车,碰撞后要求车辆的车门能够打开、燃油不泄漏、车内的试验用假人不能出现太大伤害。

我国强制性侧碰的具体方法是,将侧碰撞假人安放在驾驶员座位上,被撞车辆垂直牵引导轨静止停放在规定位置。测验时,移动变形壁障以 50 km/h 的速度撞击汽车驾驶员侧面,并以这一实验结果判断被测车辆是否符合侧碰标准具体要求。乘用车后碰测试的具体试验方法是,车辆静止不动,移动壁障以 50 km/h 的速度从后方撞击试验车辆,并以测试结果判断被撞车辆是否达到相关标准。

实施侧撞标准后,汽车的车身结构需要进行相关调整,一般包括侧门内安装加强装置,加强 A 柱、B 柱,增加气帘、侧气囊等,这样势必对汽车制造企业的设计与制造水平提出了更高的要求。据悉,即便实施了新标准后,我国的汽车安全标准与欧美等发达国家还是有差距的。相对来说,我国的安全标准要松很多。例如,正面的安全碰撞标准,我国的法规要求是 50 km/h 下的 100% 正面碰撞,而欧洲标准为正面偏置 40% 重叠碰撞,速度为 56 km/h。专家介绍说,100% 正面碰撞的意思就是,车辆正面完全撞在障碍物上,车头的受力面为100%;而偏置 40% 重叠碰撞则是,车辆正面的 40% 与障碍物相撞,受力面为 40%。显然,偏置 40% 重叠碰撞的情况更接近现实情况,而且其碰撞时对车的压强更大。由于车辆的一侧变形会比较大,车辆转向机构等零部件对乘员造成伤害的可能性也会更大。

国家标准委员会发布的《汽车侧面碰撞的乘员保护》、《乘用车后碰撞燃油系统安全要求》等两项强制性国家标准将正式执行。在新颁布的侧碰标准中明确规定,所有 M₁ 类车型 [9 座(以下)4 轮(以上)载客机动车辆] 和 N₁ 类车型 [最大设计总质量≤3.5 t 的 4 轮(以上)载货机动车辆],都必须满足侧碰强制性规定;而在后碰撞标准中则规定,所有 M1 类车型都必须满足后碰撞的强制性规定。

3. 正面碰撞、侧面碰撞、后面碰撞的安全对策

轿车车身设计主要考虑三个耐碰撞面，即前面和后面的碰撞面，另一个是侧面的碰撞面。

为了尽量保证碰撞后轿车乘员的安全，目前许多轿车的车身前部和后部，都设计出一定的碰撞变形区域，以吸收大部分的碰撞冲击能量，尽量维护乘员厢的安全。

（1）车身前部和后部分别做成折叠区。在正面碰撞中，动能被保险杠和车身前部变形所吸收，在剧烈碰撞时，还要涉及乘客区前部。汽车的后部碰撞，其理想碰撞特性应与前部相同，但后部撞车的速度较低，所以，轿车后部折叠区的变形行程稍短一些，约为 300 ～ 500 mm。

（2）折叠区的变形力满足梯度特性，并具有良好的能量吸收特性。为了减小对车内乘员和车外人员及物体的伤害，折叠区的变形力应满足梯度特性。良好的能量吸收特性，是指汽车前部结构要尽可能多地吸收撞击能量，使作用于乘员上的力和加速度降到规定的范围内；考虑撞车安全性的车身结构设计的基本思想是利用车身的前、后部有效地吸收撞击能量，驾驶室要坚固可靠，确保乘员的有效生存空间。

（3）车身侧部结构应具有一定承受碰撞的能力。与正面碰撞相比，侧面碰撞车身变形空间小，对乘员的危害较大，因此，增加车室刚度，保证乘员的有效生存空间显得更为重要。此外，翻车时，车门应保证不能自开，在活顶式轿车上，可装设展开式翻车保护杆，并约束乘员头部。

在汽车碰撞试验中，美国标准是正面及与碰撞墙呈正负 30° 夹角，欧洲标准则是正面 40% 接触的碰撞，固定壁碰撞试验的试验车速为 55 km/h（后面碰撞为 50 km/h），试验车净质量为 1600 kg。碰撞后方向盘水平位移量不大于 127 mm，不能大量泄漏燃油，假人的任何肢体部分都不得离开车厢，假人各部分损伤不能超过规定标准。为了达到这些要求，现代轿车车身前面都设置有较大的碰撞变形区域和高强度的保险杠，以承受冲击力，吸收大部分碰撞能量。车后面也有作用相同的结构，但防护程度没有前面那么高，因为发生后面撞击时，两车的相对速度等于两车速度之差，而两车前端迎面碰撞的相对速度是两车速度之和，两种情况产生的撞击力大小差别很大。

轿车前、后面碰撞变形区域的设计，一般是在纵梁上人为地设置一些薄弱的缺口，汽车碰撞后在纵梁受冲击挤压，缺口处隆起变形或呈现折叠式弯曲，吸收较多的冲击能量，以减少冲击能量向乘员厢传递。有一些车（例如 Polo）前纵梁做成中间厚两端薄的不对称截面纵梁，根据碰撞能量的冲击力对材料和材料厚度进行优化设计，对前、后围板在不同位置分别有不同材料厚度，从达到碰撞时折叠吸收碰撞能量的效果。有一些车在碰撞时前纵梁与副车架会自动脱开，发动机下沉，避免发动机撞入乘员厢内。

在侧面碰撞中，轿车车身允许碰撞变形的余地很少，因此只能采取加强侧围和车门的耐碰撞能力。例如加厚纵梁中段截面，增加横向防撞梁，增强侧围刚度。车门内加添横向钢管，改进立柱的横截面形状，增强前、中、后柱的强度。这样才能在车速为 50 km/h、质量超过 950 kg 以上的碰撞试验物体的碰撞之后，车内假人无伤害。在实例中，一些车（例如 Polo）就是通过侧围和车门的碰撞加强措施，使得侧面发生碰撞时车身的总体侵入量少，侵入速度的时间分布合理，中柱变形均匀。这些都是当侧面碰撞发生对乘员保护的必备条件。

汽车侧部不如前部(有保险杠),受撞击后危险更大。当驾驶员发现来车将要撞到车侧时,要迅速转向或加速,尽力避免受撞。当驾驶座部位不可避免地要受撞时,驾驶员应将身体迅速向右偏移,并用一只手控制方向盘,减轻受撞后的损害和创伤。当汽车将被后方驶来的汽车碰撞时,驾驶员的背部应紧靠椅背,双手迅速置于脑后并护住头后部,双脚钩住脚踏板,这样在撞击后可减轻脊椎和颈部的创伤;驾驶员旁的乘客,应将头部紧靠椅背,两膝顶住仪表盘,双手紧抓座椅边缘;后面的乘客也应采取同样的姿势。

4.汽车被动安全技术主要流派

目前主要分为三大流派:软防护派、硬防护派和设备派。国际汽车界对于被动安全已经有着非常详细的测试规定,所以在某种程度上,被动安全是可以量化的。但在这方面不同的公司有不同的强调侧面。以日本的丰田等汽车公司以安全碰撞实验为依据,强调的是安全设计的重要,也就是被不少汽车爱好者称为的"软防护派"。有研究表明,在道路交通事故中,绝大部分的碰撞能量被车身所吸收。在这一思路的指导下,发生碰撞事故时车内乘员的保护主要通过车体结构的溃缩实现,通过预先设定的褶皱永久变形,能够吸收外力冲击的大部分。考虑到汽车的轻量化设计潮流,"软防护派"确实显得很经济,但基于标准化的碰撞实验结果其实并不能够涵盖一切突发的车辆事故,所以在极端的事故中这些车辆的安全性还是有待进一步研究。

从人们的直观印象来说,车身钢板越厚越硬、车室结构越坚固,在发生事故时变形量也就会越小,安全性自然更高。的确,同样尺寸的车在互相的碰撞中,"体重"往往具有优势。在不少消费者心目中,以德国车为代表的欧洲车是"硬防护派"的代表。欧洲车的造车理念与注重成本控制的日、韩系车不同,大量采用整块钢板一体冲压成型的部件,并安装了侧门双防撞板,其强度与焊接门不可同日而语,因此不少极端条件下的事故中,"硬防护派"车可能表现出实验室里无法测试出的牢固度,这其中当然有偶然的成分,也有那些百年老厂的经验与智慧的因素在其中。值得注意的是,软与硬的两派近年一直在互相靠拢,两者的分歧也越来越小。

现代汽车工业的最新进展之一,就是大量的新电子设备被有效地运用到了汽车安全系统中。智能安全气囊、预紧式安全带、乘员头颈保护系统、儿童安全座椅等均是设备派的典型代表作。

笔者根据汽车被动安全技术的空间和时间因素,从外部被动安全技术,内部被动安全技术、汽车防火和人员自救安全技术几个方面来说明。

第二节　外部被动安全技术

1.安全车身

(1)车身结构。

汽车结构与安全密切相关,有主动的结构设计和被动的结构设计,汽车外部被动安全车身结构一般来说车身结构按照受力情况可分为以下几种类型:非承载式、半承载式和承载式车身三种。

1)非承载式车身是不参与承载重的车身。这种车身通过多个橡胶垫沿车身安装在大梁上,橡胶垫可以吸收以及缓冲来自不平路面的冲击和振动,从路面、发动机、转向机构、传动机构、悬架等传来的振动不会直接传给车身,从而提高驾乘者的舒适度。车身与车架通过弹簧或橡胶垫作柔性连接。在此种情况下,安装在车架上的车身对车架的加固作用不大,而车架则承受发动机及底盘各部件的重力,汽车行驶载荷和碰撞载荷主要由车架来承受,车身的变形相对小些。

2）承载式车身：承载式车身的上半部分和底部框架被加工成一个整体保证了质量效益和结构牢固。相比同级别其他车通常采用的上下分离式车身结构,承载式车身为车辆性能和抗撞击性打下了良好的基础。承载式车身在其车身结构中大量使用高强度钢材。承载式车身的特点是汽车没有车架,而是由外部覆盖零件和内部钣件焊合而成的一个整体空间结构,车身就作为发动机和底盘各总成的安装基础。在此种情况下,碰撞载荷由整个车身来承受,车身变形影响的范围也要更大一些。

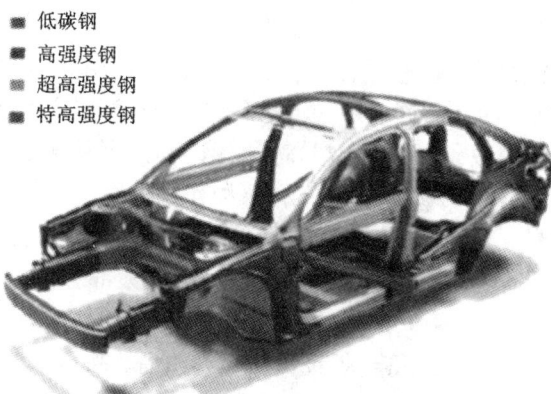

■ 低碳钢
■ 高强度钢
■ 超高强度钢
■ 特高强度钢

图 7-2　承载式车身

3）半承载式车身：这是一种介于非承载式车身和承载式车身之间的车身结构,因此被称为半承载式车身。它的车身本体与底架用焊接或螺栓刚性连接,加强了部分车身底架而起到一部分车架的作用,例如发动机和悬架都安装在加固的车身底架上,车身与底架成为一体共同承受载荷。这种形式实质上是一种无车架的承载式车身结构。在此种情况下,汽车车身除了承受上述各项载荷外,还在一定程度上有助于加固车架,分担车架的部分载荷。因此,通常人们只将汽车车身结构划分为非承载式车身和承载式车身。

如今,为了减小汽车的整车质量和节约材料,大多数中级、普通级、微型轿车车身常采用承载式结构。承载式车身的地板有较完整(厚度也较大)的纵、横承力元件,其前部有两根断面尺寸较粗大的纵梁,它们往往与两侧的前挡泥板和前面的散热器固定框等焊接成刚性较好的空间构架,以便直接安装发动机和前悬架等部件并承受其工作载荷。钣金件是构成承载式车身的主体。车身骨架和车身顶盖、底板、各种围板焊接成的骨架总成,用来承受汽车上的各种内力和外力,组成承载式车身。车身制造时,首先将防锈钢板以模具冲压成单片钣金件形状,然后以卡具定位用点焊机焊接成车身整体结构。由于整个车身是一个薄板壳形结构,因此重量较轻,强度和刚性好,抗弯曲、抗扭斜、抗冲击、抗振动性能好。

（2）安全车身结构。

安全车身是在这三种车身结构的基础上,首先应该对汽车车身前部和侧面结构有针对性

133

地对其安全性进行改进与优化。安全车身应该包括前后碰撞变形区和高强度乘员舱。前后碰撞变形区应拥有柔软的吸能区，吸能区在正面碰撞中变形越大，对于碰撞能量的吸收就越多产生二次碰撞的能量也就越小，可以尽可能小的避免撞击力传到乘员舱中。同时，应采用高强度乘员舱保证碰撞后乘员舱的有效空间避免乘员受到挤压减少乘员受伤的危险。特别是在遭受侧面碰撞时，由于轿车侧面与外界只有一扇车门之隔因此车门的抗冲击能力和乘员舱的框架强度成为保护乘员的根本。

对于正面碰撞时的保护可以在以下方面对前后碰撞变形区进行改进：利用汽车前部的压溃变形吸收能量以缓解碰撞加速度，汽车前部特别是纵梁，常设计成形纵梁或 Y 形纵梁。而对于提高侧面抗撞能力可采用以下措施增加车门强度，采取的具体办法有增加板厚或增加防撞横梁，增加侧围物件的强度，包括增大 A 柱、B 柱、C 柱的截面形状及板厚增加门槛梁强度，增强措施包括增大承载面积，在车身 B 立柱高度上安装横梁系统，在仪表板下面以及后风窗下面安装加强横梁合理设计门锁及门铰链有利于将车门所受的撞击力有效地传给立柱。

除此之外车身的材料对其安全性同样起着非常重要的作用。如图 7-2 所示为沃尔沃新采用的安全车身结构，通过使用不同强度的钢材分为普通、高强度、超高、特高四种，将车身的前后分为多个变形吸能区域，乘员舱用超高强度钢，保证其强度在侧面增加了特高强度钢的加强筋将侧面碰撞力有效地转移到车身具有保护作用的梁、柱、地板、车顶及其他部件，使撞击力被这些部件分散、吸收，从而极大限度地把可能造成的损害降低到最小程度。安全车身通过吸能变形区的设计，让车体的前部在碰撞时吸收大部分能，让坚固的乘员舱尽量减少变形以避免乘员受到挤压。

最重要的是要使以下三种情况得到保证：发生碰撞后，乘员舱的变形极小或者不变形，车身前部变形明显，发动机盖向上翘弯，叶子板也向两旁弯曲，发动机室里的机件则向上方及两侧移动，唯独不朝客舱的方向溃缩。如图 7-3 所示的阴影线部分就是撞车变形的理想区域。碰撞后车门是否能顺利打开，车厢的刚性结构在将传至乘员的冲击力减小的同时也使车厢的变形减至最小。这样能够保护乘员舱的完整性及保护乘员安全逃离。既要防止汽车发生侧面碰撞时车门自动打开，又要保证碰撞后，车门能够容易开启以利于乘员的车外救护。能吸收机构是否可以降低对成员造成二次碰撞的撞击力把冲撞力切断、吸收，再经由整体式车身，把力量均匀分散至车身各部分骨架。现代车身的安全设计以自我牺牲的方式当车子在重撞击的瞬间尽可能降低内部空间的变形程度最大限度保护座舱中的驾乘者。

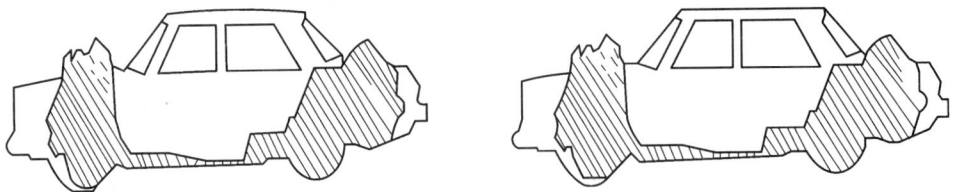

图 7-3　汽车碰撞的理想变形区

安全车身设计新理念：在加强车辆自我保护，增加安全性的同时，车身结构安全设计理念应加强对碰撞时行人的保护措施，应该减少对其他车辆及行人的伤害性，应把车辆，行人或自行车都纳入考虑的范围成为独有的共存安全的基本理念。坚实、稳固的被动安全是保护乘员生命安全的最重要的系统。而安全的车身结构是所有被动安全设施的基础也是车内乘员的最后一道防线。在车身结构所形成的高级别安全性基础上安全气囊等其他被动安全装置才可以给人们提供更多的安全保障。

根据碰撞安全性的要求，车身壳体的正确结构应是，使乘客舱具有较大的刚度以便在碰撞时尽量减小变形，同时使车身的头部、尾部等其他离乘员较远的部分的刚度相对较小，在碰撞时得以产生较大的变形而吸引撞击能量，显然，如果车身乘客舱按照汽车行驶时的载荷来设计，其刚度就显得不足，还需要进行局部加强。乘客舱较易加固的是地板、前围内门、窗孔洞的周边则是薄弱环节，但风窗支柱和中立柱的断面尺寸又不宜过大，所以只能在其内部贴上较厚的加强板。在汽车碰撞时，为避免整个乘客舱的构架产生剪切变形或坍塌，最重要的是加固门、窗周边的拐角部分，可在其上贴上加强板或加大拐角处的过渡圆角。杆件或梁在弯曲时变形较大而在拉伸或压缩时变形较小。车身客舱构件应合理布置，使之尽量少承受弯曲载荷。在汽车头部或尾部受撞击时，可通过倾斜的构件将力传递至客舱的纵向构件，使之承受压缩或拉伸。

为了使车身头部和尾部的刚度较小，可以在粗大的构件或强固的部件上开孔或开槽来削弱其刚度，或者使构件在汽车碰撞时承受弯曲载荷。车身前部安装发动机和前悬架的纵、横梁都较粗大，因此某些现代轿车的前部纵梁不是平直的，而是有意弯折成 Z 字形以便在碰撞时折叠变形并吸收冲击能量。

为使乘客舱侧面较强固以便承受较大的撞击力，车身的门槛通常较粗大，并用横梁将左右两根门槛连接起来共同受力。此外在门外板的内表面还常常贴有瓦楞状加强板。

图 7-4 丰田公司开发的世界级的 GOA(Global Outstanding Assessment)安全车身

2. 保险杠与护条

汽车保险杠是吸收缓和外界冲击力、防护车身前后部的安全装置。汽车的最前端和最后端都装有保险杠，有金属、塑料或者二者组合件之分，许多新式轿车(例如桑塔纳、奥迪等轿车)左右两侧还装有纵贯前后的护条。保险杠和护条的安装高度应符合规定，以便在汽车相撞时两车的保险杠或护条能首先接触。塑料保险杠具有强度、刚性和装饰性，从安全上看，汽车发生碰撞事故时能起到缓冲作用，保护前后车体；从外观上看，可以很自然地与车体结合在一块，浑然成一体，具有很好的装饰性，成为装饰轿车外型的重要部件。

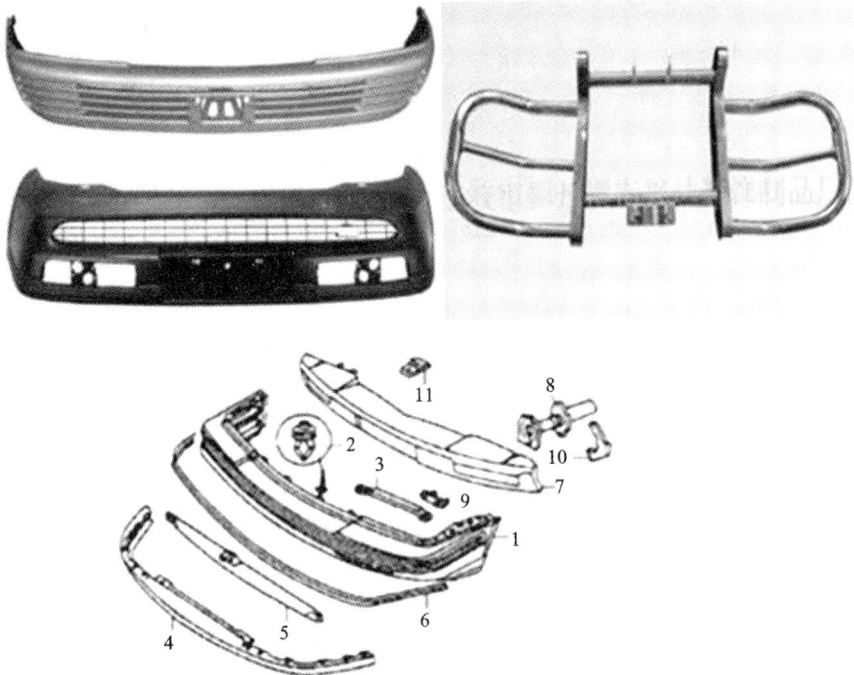

图7-5　汽车保险杠

1—保险杠罩；2—推入式锁扣；3—保险杠罩支架；4—保险杠面罩扰流板；5—散热器空气扰流板；6—保险杠面罩
模件；7—保险杠；8—碰撞吸能器；9—钢板及嵌钉；10—吸能器垫片；11—牵引钩缓冲垫

保险杠的防护结构应包括两部分：①减轻行人受伤的软表层，主要由弹性较大的泡沫塑料制成；②能吸收汽车一部分碰撞能量的装置，有金属构架、全塑料结构、半硬质橡胶缓冲结构、液压或气压装置等型式。车身侧面的护要与行人接触的可能性很小，一般由半硬质塑料或橡胶制成。

侧门防撞杆：众所周知，当汽车受到侧面撞击时，车门很容易受到冲击而变形，从而直接伤害到车内乘员。为了提高汽车的安全性能，不少汽车公司就在汽车两侧门夹层中间放置一两根非常坚固的钢梁，这就是常说的侧门防撞杆。当侧门受到撞击对，坚固的防撞杆能大大减轻侧门的变形程度，从而能减少汽车撞击对车内乘员的伤害。

3. 安全玻璃

安全玻璃有两种钢化玻璃与夹层玻璃。钢化玻璃是在玻璃处于炽热状态下使之迅速冷却而产生预应力的强度较高的玻璃，钢化玻璃破碎时分裂成许多无锐边的小块，不易伤人。夹层玻璃共有3层，中间层韧性强并有黏合作用，被撞击破坏时内层和外层仍黏附在中间层上，不易伤人。汽车用的夹层玻璃，中间层加厚一倍，子弹都打不碎，如图7-6所示，有较好的安全性而被广泛采用。

4. 汽车其他外部构件

除了保险杠外，经常致使行人受伤的构件主要有前翼子板、前大灯、发动机罩、车轮、风

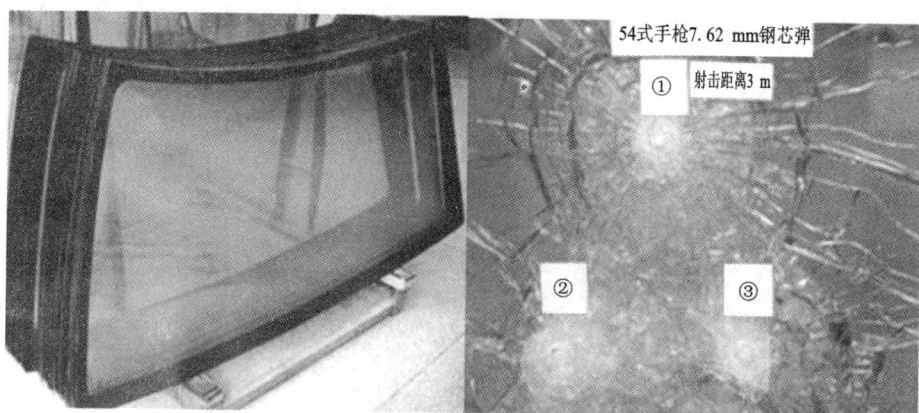

图 7 - 6 钢化玻璃与夹层玻璃

窗玻璃等。这些构件不应制造得尖锐而坚硬，最好是平整光滑而富有弹性。某些轿车包括保险杠在内的整个正面都用大块聚氨酯泡沫塑料制成并将发动机罩的顶面用软材料包垫，使安全性大大提高。

第三节 内部被动安全技术

内部被动安全性是指汽车所具有的在事故中使作用于乘员的加速度和力降低到最小。在事故发生以后提供足够的生存空间，以及确保那些对从车辆中营救乘员起关键作用的部件的可操作性等的能力。它们就是车内安全防护装置，包括如下：

1. 安全带

（1）汽车安全带的作用。

有些人在购车时也非常注重车辆的安全性能，可是对于保护驾驶人和乘客生命的安全带却重视不够。当高速行驶的汽车发生碰撞或遇到意外紧急制动时，将产生巨大的惯性力，这个惯性力可能超过驾驶人体重的 20 倍（视行车速度及撞击程度有所不同），使驾驶人及乘客与车内的方向盘、挡风玻璃、座椅靠背、车门等物体发生碰撞，极易造成对驾乘人员的伤害，甚至将驾乘者抛离座位或抛出车外。汽车安全带的作用就是在车辆发生碰撞或使用紧急制动，预紧装置就会瞬间收束，绷紧佩带时松弛的安全带，将乘员牢牢地拴在座椅上，防止发生二次碰撞。一旦安全带的收束力度超过一定限度，限力装置就会适当放松安全带，保持胸部受力稳定。

因此，汽车安全带起着约束位移和缓冲作用，吸收撞击能量，化解惯性力，避免或减轻驾乘人员受伤的程度。汽车事故调查表明，在发生正面撞车时，如果系了安全带，可使死亡率减少57%，侧面撞车时可减少44%，翻车时可减少80%。车速较高时，人们普遍认可安全带的作用，在车速较低时，尤其城市道路上交通相对拥挤，交通阻塞时有发生，行车速度较慢，很多驾驶人容易产生麻痹心理，认为车速低不需要系安全带。事实上，即使车辆在较慢的速度下行驶，若发生碰撞或紧急制动，惯性仍然会使车内乘员与方向盘、挡风玻璃等设施发生二次碰撞，对其身体造成损害。经研究表明，在我国有90%的驾乘人员没有自觉系安全带意识和习惯。安全带失灵是导致道路交通死亡事故发生的第三大原因，仅次于超速行驶和酒后驾驶。据统计，在美国每年有超过1万名驾驶者因为使用安全带而保住性命；在欧洲通过使用安全带每年将挽救5500个欧洲人的生命。安全带是最有效的防护装置，可以大幅度地降低碰撞事故的受伤率和死亡率。这一点已被国内外大量使用实践证明。

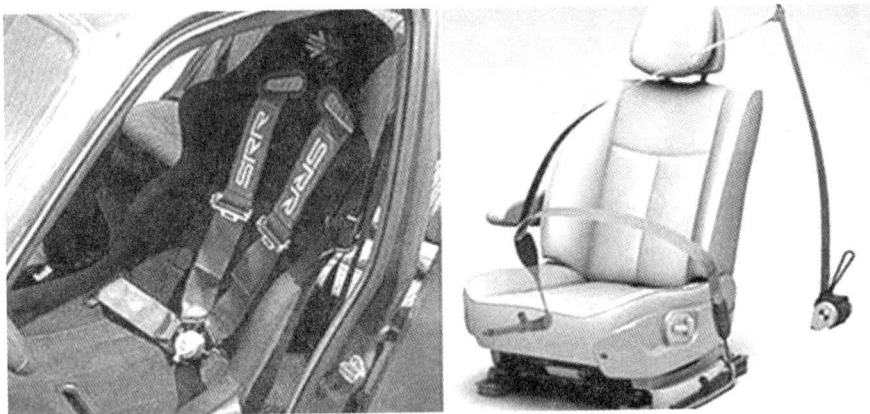

图7-7　安全带

（2）分类与组成。

1）最常用的三点式安全带的各个组成部分。带子由结实的合成纤维织成，包括斜跨前胸的肩带，绕过人体胯部的腰带。在座椅的外侧和内侧地板上各有一个固定点，第三个固定点位于座椅外侧车身支柱的上方。绕过上方固定点的环状导向板，带子伸入车身支柱内腔并卷在支柱下端的收卷器内。乘员胯部内侧附近有一个插扣，插扣由插板（松套在带子上）和锁扣（与内侧地板固定点相连）两部分组成，该两部分插合后即可将乘员约束在座椅上。按下插扣的红色按钮就能解除约束。收卷器有好几种结构型式，功能较完备的是紧急锁止式收卷器（ELR）。该种结构在正常情况下，安全带对人体上部并不起约束作用。当乘员向前弯腰时，带子可从收卷器经由上方固定点的导向板被拉出；而当乘员回复正常坐姿时，收卷器又会自动将带子收起，使带子随时保持与人体贴合。但在紧急情况下——亦即汽车减速度超过预定数值时或车身严重倾斜时，收卷器会将带子卡住从而对乘员产生有效的约束。

预紧式安全带的特点是当汽车发生碰撞事故的一瞬间，乘员尚未向前移动时它会首先拉紧织带，立即将乘员紧紧地绑在座椅上，然后锁止织带防止乘员身体前倾，有效保护乘员的安全。预紧式安全带中起主要作用的收卷器与普通安全带不同，除了普通收卷器的收放织带功能外，还具有当车速发生急剧变化时，能够在0.1s左右加强对乘员的约束力，因此它还有控制装置和预拉紧装置。

2）基本原理：理想的安全带作用过程是：首先，及时收紧，在事故发生的第一时刻毫不犹豫地把人"按"在座椅上。然后，适度放松，待冲击力峰值过去，或人已能受到气囊的保护时，即适当放松安全带。避免因拉力过大而使人肋骨受伤。先进的安全带都带有预收紧装置和拉力限制器。

3）预收紧装置：当事故发生时，这种装置负责提供瞬间绷紧，首先由一个探头负责收集撞车信息，然后释放出电脉冲，该脉冲传递到气体发生器上，引爆气体。爆炸产生的气体在

138

管道内迅速膨胀，压向所谓的球链，使球在管内往前窜，带动棘爪盘转。棘爪盘跟轴连为一体，安全带就绕在轴上。简单地讲，就是气体压力使球动，球带动棘爪盘转，棘爪盘带动轴转——瞬间实现了安全带的预收紧功能。从感知事故到完成安全带预收紧的全过程仅持续千分之几秒。管道末端是一截空腔，用于容留滚过来的球。

4）拉力限制器：事故发生后，安全带在预收紧装置的作用下，已经绷紧了。但我们希望在受力峰值过去后，安全带的张紧力度马上降低，以减小乘员受力，这份特殊任务就由安全带拉力限制器来完成。在安全带装置上，有一个如前所述的预收紧装置，底下卷绕着安全带。轴芯里边是一根钢质扭转棒。当负荷达到预定情况时，扭转棒即开始扭曲，这样就在一定程度上放松了安全带，实现了安全带的拉力限制功能。

5）控制装置分有两种：一种是电子式控制装置，由电子控制单元（ECU）检测到汽车加速度的不正常变化，经过电脑处理将信号发至收卷器的控制装置，激发预拉紧装置工作，这种预紧式安全带通常与辅助安全气囊组合使用。另一种是机械式控制装置，由传感器检测到汽车加速度的不正常变化，控制装置激发预拉紧装置工作，这种预紧式安全带可以单独使用。

6）预拉紧装置则有多种形式，常见的预拉紧装置是一种爆燃式的，由气体引发剂、气体发生剂、导管、活塞、绳索和驱动轮组成。当汽车受到碰撞时预拉紧装置受到激发后，密封导管内底部的气体引发剂立即自燃，引爆同一密封导管内的气体发生剂，气体发生剂立即产生大量气体膨胀，迫使活塞向上移动拉动绳索，绳索带动驱动轮旋转使收卷器卷筒转动，织带被卷在卷筒上，使织带被回拉。最后，收卷器会紧急锁止织带，固定乘员身体，防止身体前倾避免与方向盘、仪表板和玻璃窗相碰撞。

（3）安全带的标准安装和使用。

安全带包括两根肩带和一根腰带。安全带的固定点：腰带两个，肩带两个或者座位靠背后方、与靠背中心线对称的一个。使用的安全带必须符合国际汽联8854/98或8853/98的技术标准。安全带必须装有按扣开释系统或旋钮开释系统。

（4）汽车安全带使用规定。

1）国家规定。

《中华人民共和国道路交通安全法》第五十一条规定，机动车在行驶时，驾驶人、乘坐人员应按照规定使用安全带。公安部1992年11月15日发布《关于驾驶和乘坐小型客车必须使用安全带的通知》，规定上路行驶的小型客车驾驶人和前排乘车人必须使用安全带，并于1993年7月1日起生效。同年8月1日后，凡不按规定使用安全带的驾驶人或乘车人，一律处以警告或者罚款。

2）安全带的使用

不得改变安全带的工作结构；遇有严重的碰撞、翻滚事件后，安全带必须更换；如因化学作用、日光照晒使安全带破损、绽开或松软变形时，安全带必须更换；如安全带金属连接部件弯曲、变形或锈蚀，安全带必须更换；安全带的使用性能不佳时，安全带必须更换；如使用非国际汽联注册的安全带，其厚度不小于1.5 mm、宽度不小于50 mm。

3）安全带使用注意事项。

安全带虽然简单，但也有不少驾乘人员不能正确使用，以致酿成事故。为了保证乘员安全，在使用座椅安全带时应注意以下几点：

①经常检查座椅安全带的技术状态，如发现有损坏应及时更换。座椅旁边地板上所有固

定座椅安全带的螺栓都应按规定拧紧，螺栓周围应涂上密封胶。

②要正确佩戴。三点式腰部安全带应系得尽可能低些，系在髋部，不要系在腰部；肩部安全带不能放在胳膊下面，应斜挂胸前。安全带只能一个人使用，严禁双人共用。不要将安全带扭曲使用。

③不要让安全带压在坚硬的或易碎的物体上，比如，衣服里的眼镜、钢笔或钥匙等；也不要让安全带与锋利的刃器摩擦，以免损伤安全带；不要让座靠背过于倾斜，否则安全带将不能正确地伸长和收卷；座椅上无人时，要将安全带送回收卷器中，以免在紧急制动时扣舌撞击在其他物体上。

④安全带必须与座椅配套安装，不得随意拆卸；如果安全带在使用中曾承受过一次强拉伸负荷，即使未损坏，也应更换，不得继续使用；安全带脏污时可用软肥皂和水做清洁液，用布或海绵擦洗，不要使用染料和漂白剂，它会腐蚀安全带而降低其抗拉强度，也不要用硬刷去刷，以免造成对安全带的损伤。

⑤孕妇也要系安全带。研究数据表明，交通事故是导致胎儿死亡的第一杀手，有4%的孕妇经历过交通事故。在英国有52%的妇女在怀孕期间没有正确地使用安全带，许多孕妇不清楚如何正确使用安全带。此外，不少准妈妈会对使用安全带有抗拒感，因为安全带会让她们非常不舒服，而且很多母亲认为紧缚的安全带在发生交通意外时会伤害胎儿。我国的一项调查研究显示，不系安全带的准妈妈撞车时的受伤比率比系安全带的准妈妈高1.6倍，死亡率更高出2.8倍；如果大家都没有撞车，则使用与否都不会影响胎儿的健康。安全带给孕妇提供的额外安全保障，远比不系安全带为高。汽车伤害分两大类，一种是非致命伤，一种是致命伤，在非致命伤中最常见的一种是胎盘和子宫的脱离，这在孕妇交通事故中占70%的比例。在胎盘和子宫脱离之后，造成的后果可能会是早产、出现呼吸系统或者是神经系统的紊乱。所以，孕妇无论是开车还是坐车，一定要系好安全带。正确的使用方法是：安全带斜拉部分必须压在双乳之间，腰部安全带系在腹部以下和大腿之间，绝不能系在腹部中央，否则束缚力不但会影响胎儿正常发育，当紧急制动时，更会对胎儿造成致命伤害。

2. 安全气囊(SRS)

(1)概述。

安全气囊是现代轿车上引人注目的高技术装置。其实，早在50年前就发明了安全气囊，目前已经广泛使用。驾驶员处的安全气囊是存放在方向盘衬垫内，因此，当您看见方向盘上标有"SRS"或"Airbag"字样，就可知此车装有安全气囊。安全气囊是现代轿车上引人注目的新技术装置。为了减小汽车发生正面碰撞时由于巨大的惯性力所造成的对驾驶员和乘员的伤害，现代汽车在驾驶员前端方向盘中央普遍装有安全气囊系统，有些汽车在驾驶员副座前的工具箱上端、侧向、尾帘装有安全气囊，在汽车发生侧、后向碰撞时，也能使安全气囊充气，以减小侧、后向碰撞时的伤害。安装了安全气囊装置的轿车方向盘，平常与普通方向盘没有什么区别，但一旦车前端发生了强烈的碰撞，安全气囊就会瞬间从方向盘内"蹦"出来，垫在方向盘与驾驶员之间，防止驾驶员的头部和胸部撞击到方向盘或仪表板等硬物上。安全气囊面世以来，已经挽救了许多人的性命。研究表明，有气囊装置的轿车发生正面撞车，驾驶员的死亡率，大轿车降低了30%，中型轿车降低11%，小型轿车降低14%。

传统上气囊只能对车内乘员起保护作用，最新的汽车将更加注重人、车与环境的融合，因此对行人的安全保护也将成为汽车设计者考虑的因素之一。有专家指出，未来的气囊可能会在保险杠上方沿着发动机罩的外形展开,在碰撞中能够为中、高身材的成年行人提供腹部和臀部保护,同时为儿童和矮小身材的成年人提供头部和胸部保护。

目前安全气囊系统一般为转向盘单气囊系统,或者双气囊系统。安装有双气囊和安全带预紧器系统的车辆在发生冲撞时,不管速度高低,气囊和安全带预紧器同时动作,因此造成低速冲撞时气囊的浪费,使维修费用增加很多。两次动作的双安全气囊系统,在汽车发生冲撞时,能根据汽车的速度和加速度的大小,自动地选择只使用安全带预紧器工作,还是安全带预紧器和双气囊同时工作。这样,在低速发生冲撞时,系统只使用安全带即能足够保护驾乘人员安全,而不用浪费气囊。如果在速度大于 30 km/h 发生冲撞时,安全带和气囊同时动作,以便保护驾乘人员的安全。

(2)工作原理。

当汽车发生正面碰撞事故时,安全气囊控制系统检测到冲击力(减速度)超过设定值时,安全气囊电脑立即接通充气元件中的电爆管电路,点燃电爆管内的点火介质,火焰引燃点火药粉和气体发生剂,产生大量气体,在 0.03 s 的时间内即将气囊充气,使气囊急剧膨胀,冲破方向盘上装饰盖板鼓向驾驶员和乘员,使驾驶员和乘员的头部和胸部压在充满气体的气囊上,缓冲对驾驶员和乘员的冲击,随后又将气囊中的气体放出。安全气囊可将撞击力均匀地分布在头部和胸部,防止脆弱的乘客肉体与车身产生直接碰撞,大大减少受伤的可能性。安全气囊对于在遭受正面撞击时,的确能有效保护乘客,即使未系上安全带,防撞安全气囊仍足以有效减低伤害。据统计,配备安全气囊的车发生正面碰撞时,可降低乘客受伤的程度高达 64%,甚至在其中有 80% 的乘客未系上安全带!至于来自侧方及后座的碰撞,则仍有赖于安全带的功能。此外,气囊爆发时的音量大约只有 130 dB,在人体可忍受的范围;气囊中78% 的气体是氮气,十分安定且不含毒性,对人体无害;爆出时带出的粉末是维持气囊在折叠状态下不粘在一起的润滑粉末,对人体亦无害。万事都是一把双刃剑,安全气囊同样也有它不安全的一面。据计算,若汽车以 60 km 的时速行驶,突然的撞击会令车辆在 0.2 s 之内停下,而气囊则会以大约 300 km/h 的速度弹出,而由此所产生的撞击力约有 180 kg,这对于头部、颈部等人体较脆弱的部位就很难承受。因此,如果安全气囊弹出的角度、力度稍有差错,就有可能酿出一场"悲剧"。在汽车行驶中,3 个传感器不断将车速变化的信息输入到电子控制器,经电子控制器不断地计算、分析、比较和判断,并随时准备发出指令。当车速小于 30 km/h 冲撞时,前方传感器和其串联的安全传感器同时向电子控制器输入撞车信号,并发出引爆安全带预紧器电雷管的指令,而中央传感器发出的信号不能使电子控制器发出引爆气囊电雷管的指令。所以,在低速(减速度较小)冲撞时,只要预紧器向后拉紧安全带,就足以保护驾乘人员不撞向前方。在高速(减速度较大)冲撞时,前方传感器和中央传感器同时向电子控制器输入冲撞信号,电子控制器在迅速判断后发出指令,同时引爆左右预紧器和双气囊的电雷管。安全带向后拉紧的同时,2 个气囊同时张开,吸收驾乘人员因减速度大而产生的冲撞能量,有效地保护他们的安全。

当汽车和前面的固定物冲撞时,汽车行驶的速度越快,减速度就越大,传感器接受到的力就越大。若将前方传感器和中央传感器预设定的力分为上、下限,即前方传感器的预定冲撞速度在小于 30 km/h 的下限值,并且相应的安全传感器预设值也是下限值,则汽车发生低速冲撞时,电子控制器只使安全带预紧器引爆。中央传感器预设值为上限,则汽车高速冲撞时,前方传感器,中央传感器和安全传感器同时向电子控制器输出冲撞信号,电子控制器使所有的电雷管引爆，则安全带拉紧，气囊张开。从发生冲撞、传感器发出信号到控制器判断引爆电雷管，大约需要 10 ms 时间。引爆后，气体发生器产生大量氮气，迅速吹胀气囊。从发生冲撞到气囊形成，进而到安全带拉紧，全过程所需时间为 30～35 ms，所以气囊系统的保护效果是非常好的。当气囊引爆后，由于产生的气体大量涌进气囊，使气囊的压力增高，不利吸收冲撞能量，所以，在气囊的后面有 2 个排泄压力的气体排放孔，有利于保护驾乘人员的安全。

（3）组成。

安全气囊系统主要由碰撞传感器、安全气囊电脑、SRS 指示灯和气囊组件四部分组成。传感器和微处理器用以判断撞车程度，传递及发送信号；气体发生器根据信号指示产生点火动作，点燃固态燃料并产生气体向气囊充气，使气囊迅速膨胀，气囊容量约在 50～90 L，同时气囊设有安全阀，当充气过量或囊内压力超过一定值时会自动泄放部分气体，避免将乘客挤压受伤。安全气囊所用的气体多是氮气或一氧化碳。

1）碰撞传感器是安全气囊系统中主要的控制信号输入装置。其作用是在汽车发生碰撞时，由碰撞传感器检测汽车碰撞的强度信号，并将信号输入安全气囊电脑，安全气囊电脑根据碰撞传感器的信号来判定是否引爆充气元件使气囊充气。安全气囊系统一般装有 2～4 个碰撞传感器，前左、右挡泥板各装一个，有的前面保险杠中间还装有一个，有的车内还装有一个。碰撞传感器现大多数采用惯性式机械开关结构。

碰撞传感器由壳体、偏心转子、偏心重块、固定触点、旋转触点等部分组成。在传感器外还固定有一个电阻 R，电阻 R 的功用是对系统进行自检时，检测安全气囊电脑与前气囊碰撞传感器之间的连接导线是否断路或短路。

在正常情况下，偏心转子和偏心重块在螺旋弹簧弹力的作用下，顶靠在与外壳相连的止动块上，此时，旋转触点与固定触点不接触，开关"OFF"。当汽车发生碰撞时，偏心重

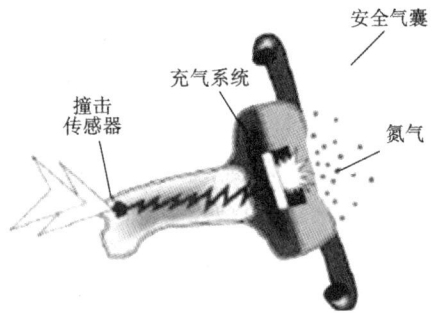

图 7-8　安全气囊系统

块由于惯性力将带动偏心转子克服弹簧弹力产生偏转。当碰撞强度达到设定值时，偏心转子偏转角度将使旋转触点与固定触点接触而闭合，此时碰撞传感器向安全气囊电脑输入一个"ON"信号。安全气囊电脑只有收到碰撞传感器输入的"ON"信号时，才会去引爆充气元件。在有些汽车中还装有侧向安全气囊，当汽车发生侧向碰撞时，安全气囊也会充气，因此装有侧向安全气囊的系统，在汽车的左右侧还装有碰撞传感器。

2）安全气囊电脑是安全气囊系统的控制中心，其功用是接收碰撞传感器及其他各传感器输入的信号，判断是否点火引爆气囊充气，并对系统故障进行自诊断。安全气囊电脑还要对控制组件中关键部件的电路（如传感器电路、备用电源电路、点火电路、SRS 指示灯及其驱动电路）不断进行诊断测试，并通过 SRS 指示灯和存储在存储器中的故障代码来显示测试结果。仪表盘上的 SRS 指示灯可直接向驾驶员提供安全气囊系统的状态信息。电脑存储器中的状态信息和故障代码可用专用仪器或通过特定方式从串行通信接口调出，以供装配检查。

①信号处理电路：信号处理电路主要由放大器和滤波器组成。其功用是对传感器检测的

信号进行整形、放大和滤波，以便 SRS 电脑能够接收、识别和处理。②备用电源电路：安全气囊系统有两个电源：一个是汽车电源（蓄电池和交流发电机）；另一个是备用电源（Backup Power）。备用电源又称为后备电源或紧急备用电源。备用电源电路由电源控制电路和若干个电容器组成。在单安全气囊系统的控制组件中，设有一个电脑备用电源和一个点火备用电源。在双安全气囊系统的控制模块中，设有一个电脑备用电源和两个点火备用电源，即两条点火电路各设一个备用电源。点火开关接通 10s 之后，如果汽车电源电压高于 SRS 电脑的最低工作电压，那么电脑备用电源和点火备用电源即可完成储能任务。备用电源的功用是：当汽车电源与 SRS 电脑之间的电路切断后，在一定时间（一般为 6s）内，维持安全气囊系统供电，保持安全气囊系统的正常功能。当汽车遭受碰撞而导致蓄电池和交流发电机与 SRS 电脑之间的电路切断时，电脑备用电源能在 6s 之内向电脑供给电能，保持电脑测出碰撞、发出点火指令等正常功能；点火备用电源能在 6s 之内向点火器供给足够的点火能量引爆点火剂，使充气剂受热分解给气囊充气。时间超过 6s 之后，备用电源供电能力降低，电脑备用电源不能保证电脑测出碰撞和发出点火指令；点火备用电源不能供给最小点火能量，SRS 气囊不能充气膨开。③保护电路和稳压电路：在汽车电器系统中，许多电器部件带有电感线圈，电器开关琳琅满目，电器负载变化频繁。当线圈电流接通或切断、开关接通或断开、负载电流突然变化时，都会产生瞬时脉冲电压即过电压，这些过电压如果加到安全气囊系统电路上，系统中的电子元件就可能因电压过高而导致损坏。为了防止安全气囊系统元件遭受损害，SRS 控制模块中必须设置保护电路。同时，为了保证汽车电源电压变化时，安全气囊系统能够正常工作，还必须设置稳压电路。

3）SRS 指示灯是安全气囊系统指示灯的简称。SRS 指示灯又称为 SRS 警告灯或 SRS 警示灯。SRS 指示灯安装在驾驶室仪表盘面膜的下面，并在面膜表面的相应位置制作有图形或 SRS、Airbag 等字样表示。SRS 指示灯的功用是指示安全气囊系统功能是否处于正常状态。当点火开关接通"ON"或"ACC"位置后，如果 SRS 指示灯发亮或闪亮约 6s（闪 6 下）后自动熄灭，表示安全气囊系统功能正常。如果 SRS 指示灯不亮、一直发亮或在汽车行驶途中突然发亮或闪亮，表示自诊断系统发现安全气囊系统有故障，应及时排除。自诊断系统在控制 SRS 指示灯发亮或闪亮的同时，还会将所发现的故障编成代码存储在存储器中。检查或排除安全气囊系统故障时，首先应用专用检测仪器或通过特定方式从诊断插座或通信接口调出故障代码（通常称为故障码），以便快速查寻与排除故障。实践证明，在汽车遭受碰撞，气囊已经膨开后，故障码一般难以调出。如此设计的目的是要求在 SRS 气囊引爆后，必须更换 SRS 电脑。

（4）智能安全气囊。

智能安全气囊就是在普通型的基础上增加传感器，以探测出座椅上的乘员是儿童还是成年人，他们系好的安全带以及所处的位置是怎样的高度，通过采集这些数据，由电子计算机软件分析和处理控制安全气囊的膨胀，使其发挥最佳作用，避免安全气囊出现无必要的膨胀，从而极大地提高其安全作用。智能安全气囊比普通型主要多了两个核心元件，即传感器及其与之配套的计算机软件。目前使用的传感器主要有：重量传感器，根据座椅上的重量感知是否有人，是大人还是小孩；电子区域传感器。能在驾驶室中产生一个低能量的电子区域，测量通过该区域的电流测定乘员的存在和位置；红外线传感器，根据热量探测人的存在，以区别于无生命的东西；光学传感器，如同一台照相机注视着座椅，并与存储的空座椅的图像进行比较，以判别人体的存在和位置；超声波传感器，通过发射超声波，然后分析遇到的物体后的反射波探明乘员的存在和位置。设计开发智能安全气囊的另一个重要工作就是编制计算机软件。一般地说，计算机软件要能根据乘员的身材、体重、是否系好安全带、人在座椅上所处位置、车辆碰撞时的车速以及撞击程度等，并在一刹那就作出反应，调整安全气囊的膨胀时机、速度和程度，使安全气囊对乘客提供最合理和最有效的保护，特别是减少对儿童等身体矮小者的伤害。

（5）使用。

安全气囊系统能够增加对车内乘客的安全保护，但前提是必须正确地认识和使用气囊系统。必须与安全带一起使用，如果不系好安全带，即使有气囊，在碰撞时也可能造成严重伤害甚至死亡。在撞车事故中，安全带可以减小乘员撞击车内物体或被抛出车外的危险。气囊是用来与安全带协同工作而不是用来取代安全带的。只有在中度至重度正面碰撞时，气囊才可能膨开。而在翻滚和后端碰撞时，或在低速正面碰撞时，或在大多数侧面碰撞时都不会膨开。车内的所有乘客都应当系好安全带，无论他的座位有没有设置安全气囊。乘车时与气囊保持合适的距离，气囊膨开时爆发力很大，而且比一眨眼的时间还短。如果离气囊太近，例如身体前倾，可能会受到严重伤害。在撞车前和撞车过程中，安全带可以保持住您的位置。因此，即使有气囊，也要系好安全带。而且驾驶员应当在保证能够操控车辆的前提下尽量靠后坐。气囊不是为儿童设计的，气囊加上三点式安全带能够为成年人提供最佳的保护，但是却不能保护儿童和婴儿的安全。汽车的安全带和气囊系统都不是为儿童和婴儿设计的，他们需要用儿童座椅进行保护。气囊指示灯，仪表板上有一个气囊形状的"气囊就绪灯"，该指示灯可显示气囊的电气系统是否有故障。在启动发动机时，它会短暂地亮一下，但应当很快熄灭。若在行车中这个灯一直亮着或不停地闪烁，则表示气囊系统有故障，应尽快到维修站检修。

注意：如果在乘员和气囊中间有什么物件，气囊就可能无法正常膨开，或者可能会将此物件打到乘员身上，导致严重伤害甚至死亡。因此，在气囊膨开的空间内不能有任何东西，千万不要在转向盘上或气囊罩盖附近放置任何东西。

驾驶员和副驾驶的正面气囊在中度至重度正面碰撞或接近正面碰撞时膨开，但是，根据设计，只有当碰撞力超过预先设定的限值时气囊才能膨开。该限值描述了气囊膨开时的碰撞严重程度，设定时考虑了多种设想的情况。气囊是否膨开并不取决于车速的高低，而主要决定于碰撞的物体、碰撞的方向和汽车的减速度。

如果您的汽车正面撞到静止的、坚硬的墙上，限值大约是 14～27 km/h（不同的车辆限值可能略有不同）。气囊可能在不同的碰撞速度下膨开，具体与以下因素有关：碰撞的物体是静止的还是运动的；碰撞的物体是否易于变形；碰撞物体的宽（如一堵墙）窄（如一根柱子）程度；碰撞的角度。

正面气囊在车辆翻滚时，在后面碰撞时，或在大多数侧面碰撞时都不会膨开，因为在这些情况下正面气囊的膨开起不到保护乘客的作用。

在任何碰撞中，都不能仅仅根据车辆的损坏程度或维修费用的高低来判断气囊是否应当膨开。对于正面碰撞或接近正面碰撞，气囊的膨开取决于碰撞的角度和汽车的减速度。

气囊系统在大多数行驶条件下都能够正常工作，包括越野行驶。但是，一定要时刻保持安全车速，尤其在不平路面上。另外，一定要系好安全带。安全气囊需与安全带配合使用，由于气囊是通过爆发起作用，而设计者往往是从大多数、正常的碰撞模拟试验中寻找最佳方案，但生活中，每一位驾乘人员都有自己驾乘习惯，这就造成了人与气囊会有不同的位置关系，也就决定了气囊工作的不稳定性。因此，要保证安全气囊真正起到安全的作用，驾乘人员一定要养成良好的驾乘习惯，保证胸部与方向盘保持一定距离。而最有效的措施就是系好安全带，安全气囊只是辅助安全系统，需与安全带配合使用才能发挥最大的安全保护效果。安全气囊为一次性产品，每个气囊只能使用一次，也就是说气囊只要引爆就不再有下一次保护的能力，也不能塞回去再使用，引爆后须回厂换一个新的气囊。注意不要在气囊的前方、上方或近处放置物品，因为在紧急时刻这些物品有可能妨碍气囊充气或被抛射出去，造成更大的危险。在车室内安装收音机、CD机等附件时，要遵照汽车厂的规定，不要随意修改属于安全气囊系统的零件及线路，否则会影响气囊工作。在乘坐者之中若有儿童应格外受到关注。由于气囊充气可能对前排儿童产生意外危险，所以最好把儿童安排在后中间位置，并固定好。在副驾驶位无人或必须坐儿童的情况下，应考虑关闭气囊开关。要注意观察位于仪表盘上的安全气囊警告灯。在正常情况下，点火开关转到"ACC"或"ON"位置时，警告灯会亮大约6 s，进行自检，然后熄灭，若警告灯一直亮，则表明安全气囊系统有故障，应立即进行修理。否则，有可能出现气囊不起作用或误弹出的情况。

作为车身被动安全性的辅助配置，气囊在一次碰撞后、二次碰撞前迅速打开一个充满气体的气垫，使乘员因惯性而移动时"扑在气垫上"，从而缓和乘员受到的冲击并吸收碰撞能量，减轻乘员的伤害程度。安全气囊在近几年得到了飞速的发展，已经得到普遍应用。

3. 儿童安全座椅

根据儿童情况而设计，可以有效地减少婴幼儿受到的伤害，这一点通过多年的实践已经得到证实。

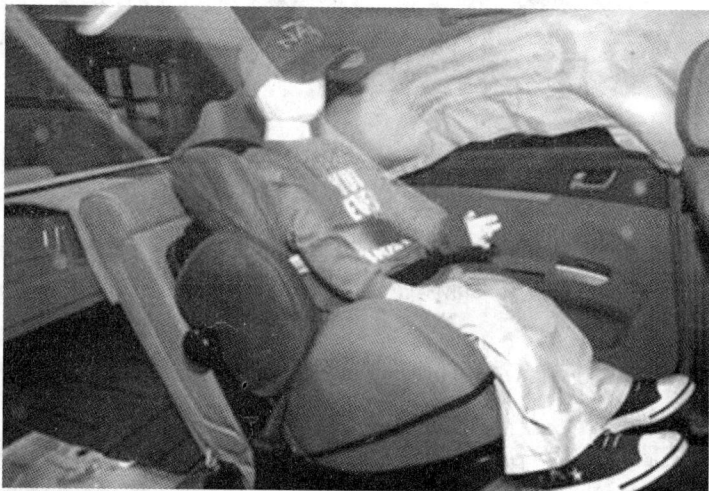

图7-9 儿童安全座椅

儿童安全座椅在欧美发达国家已经得到了普遍使用，这些国家基本上都制定了相当严格的法规对其生产和使用进行指导和规范。随着汽车保有量的迅猛增加，尽管人们采取了种种先进的技术和措施，但目前交通事故造成的儿童伤亡还是要远远高于其他任何原因对儿童造成的意外伤害。因此，正确地选购和使用儿童安全座椅被认为是最能有效防止交通事故造成儿童意外伤害的方法之一。因为车辆上面的安全带是按照成年人的尺寸设计的，在发生事故时，可最大限度地保护成年人的安全。而当儿童乘坐车辆时，因为安全带并不能将其牢固地固定在座位上，所以在发生事故时，安全带也不能起到保护作用，这时儿童安全座椅就显得非常必要了。

4.头枕

头枕是在汽车后部受撞击时限制人的头部向后运动的装置，这样可避免颈椎受伤，而严重的颈椎受伤可能使其内部神经(脊髓)受伤，导致颈部以下全身瘫痪(高位截瘫)。

乘员头颈保护系统(WHIPS)：WHIPS一般设置于前排座椅。当轿车受到后部的撞击时，头颈保护系统会迅速充气膨胀起来，其整个靠背都会随乘坐者一起后倾，乘坐者的整个背部和靠背安稳地贴近在一起，靠背则会后倾以最大限度地降低头部向前甩的力量，座椅的椅背和头枕会向后水平移动，使身体的上部和头部得到轻柔、均衡的支撑与保护，以减轻脊椎以及颈部所承受的冲击力，并防止头部向后甩所带来的伤害。

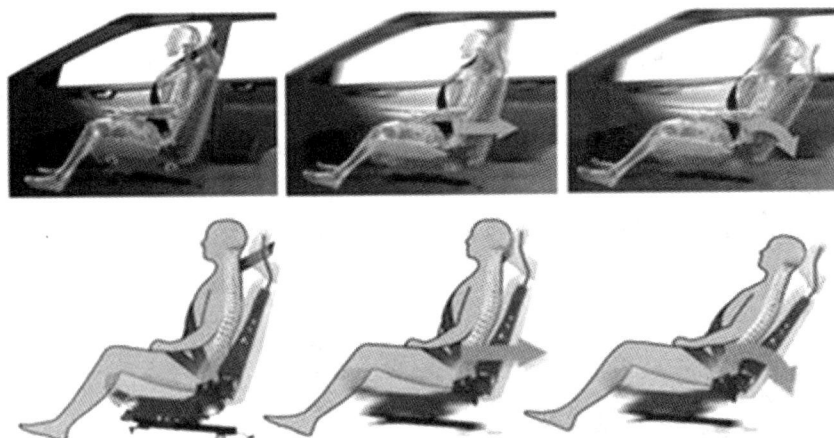

图7-10 乘员头颈保护系统

5.安全玻璃

汽车正面或侧面碰撞时，乘员头部往往撞击风窗玻璃或侧窗玻璃而受伤，并且玻璃碎片还会使脸部和眼睛受伤。

目前在汽车上广泛应用的安全玻璃有两种：钢化玻璃与夹层玻璃。钢化玻璃是在炽热状态下使其表层骤冷收缩从而产生预应力的强度较高的玻璃，其落球冲击强度是普通玻璃的6~9倍。普通夹层玻璃有三层，总厚度约4 mm，其中间层厚度为0.38 mm。汽车用的夹层玻璃的中间层则加厚一倍，达0.76 mm，故具有较高的冲击强度，称为高抗穿透性(HPR)夹层玻璃。国产的车用夹层玻璃的中间层材料通常要用性能较好的聚乙烯醇缩丁醛。

钢化玻璃受冲击而损坏时，整块玻璃出现网状裂纹，脱落后则分成许多无锐边的碎片。HPR夹层玻璃损坏时内、外两层玻璃的碎片仍然黏附在中间层上。中间层有较大的韧性，在承受撞击时拱起从而吸收一部分冲击能量，起缓冲作用。

大量的事故调查表明，钢化玻璃与HPR夹层玻璃相比，前者有较高的伤亡率，其碎片致使眼睛重伤的比率也较高。采用钢化玻璃的前风窗破裂成细小网状裂纹后,还会严重地影响驾驶员前方的视野。由此可见,现代汽车的风窗玻璃应尽可能采用 HPR 夹层玻璃。

6. 门锁与门铰链

在现代汽车上,门锁和门铰都应有足够的强度,在汽车碰撞时,能同时承受纵、横两个方向的载荷而不致使车门开启,从而避免了乘员被甩出车外,因而减少受重伤或死亡的危险。此外,在事故结束后,门锁应不致失效而应使车门仍能开启。

目前,不能承受纵向载荷的舌簧式、钩簧式、齿轮转子式等门锁已经过时,而能同时承受纵横向载荷的转子卡板式门锁则被广泛采用。

7. 室内其他构件

在现代汽车上,车身内部一切有可能与人体撞击的构件都应避免采用尖角、凸棱或小圆弧过渡的形状,而且车身室内广泛采用软材料包垫。室内软化不仅是为了满足舒适性要求,更重要的还是为安全防护性能的要求。

8. 能量吸收式的转向柱

(1)可溃缩转向柱。

可溃缩转向柱:如图 7-11 所示,当发生碰撞时,转向柱可按预先设计而溃缩变形。在汽车发生剧烈的撞击时,驾驶者往往会因为强烈的停止作用而向前倾,人体的胸部会和方向盘发生碰撞,为了使遭到转向柱冲击的驾驶者胸部所承受的冲击力减小,有些汽车把转向柱设计成在撞击时因遭到外界挤压而发生二到三段的溃缩折叠,可以分散一些因撞击由转向柱传递到人体的冲击力。一般只在强烈撞击发生时才会发生。

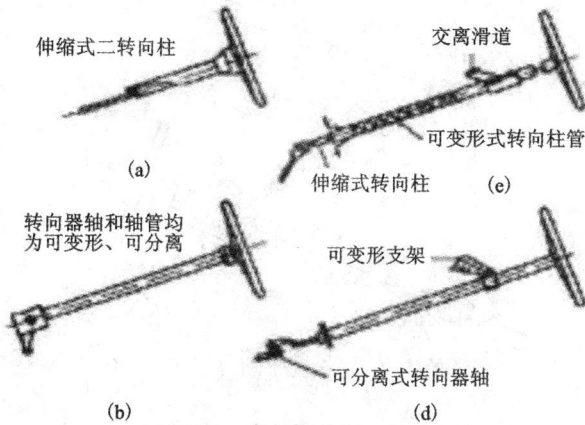

图 7-11 可溃缩转向柱

转向柱能量吸收装置:此机构用于防止在碰撞事故中由于惯性驾驶员的胸部撞击到转向盘而造成伤害。此机构在工作时当撞击力达到预设值,方向盘将向下溃缩,让出一定的空间,这样减轻了对驾驶员胸部的伤害。另外,如果有撞击力从下向上作用在转向轴上,转向轴将从中间断开,从而避免了转向柱上移而伤害到驾驶员。

(2)ESC——能量吸收式转向柱

ESC(Energy-absorbing Steering Column)能量吸收式转向柱,当车辆发生事故尤其是正面碰撞时，人的胸部及头部由于离方向盘较近，因此很容易就会撞到方向盘，甚至车身撞击溃缩之后方向盘向后挤压，亦是很容易伤及驾驶者，因此法规上对于转向系统都有安全上的规范，以美国联邦安全法规FMVSS 为例，对于方向盘及方向机柱所组成的转向系统，有以下两项规定，一为当以假人以 15 mph（约 25 km/h）的相对速度撞击方向盘时，于假人的胸部产生的冲击力，不得大于 2500 磅（约 1134 kg）的规定，且

图 7-12 转向柱能量吸收装置

当以 30 mph（约 48 km/h）实车正面撞击时，此时方向盘的后移量不得超过 5 英寸（约 12.7 cm），由此可见转向系统乃是一项非常重要的安全系统，为达到此项法规，转向柱必须设计成当承受撞击后可溃缩的方式，才能在车辆承受前面撞击时，驾驶人往前撞击到方向盘时能产生溃缩作用来吸收撞击的能量，将人的碰撞伤害降至最低的安全保护。

（3）可分离式安全转向操纵机构。

此类转向操纵机构的转向管柱分为上下两段，当发生撞车时，上下两段相互分离或相互滑动，从而有效地防止转向盘对驾驶员的伤害，但转向操纵机构本身不包含有吸能装置。

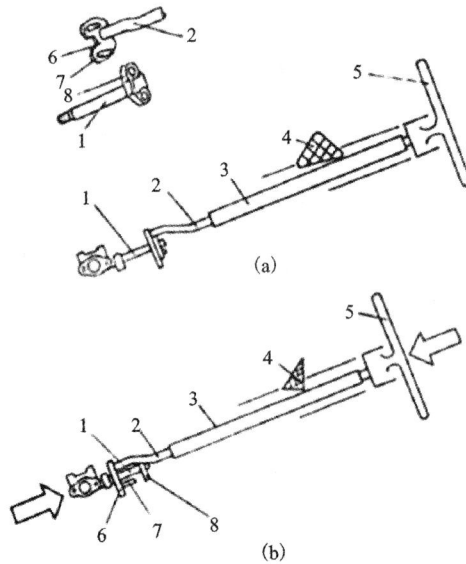

图 7-13 可分离式安全转向机构
1—下转向轴；2—上转向轴；3—转向管柱；4—可折叠安全元件；
5—转向盘；6—半月形凸缘盘；7—驱动销；8—凸缘

（4）缓冲吸能式转向操纵机构。

1）网状管柱变形式。网格状转向柱管的网格部分将被压缩而产生塑性变形，吸收冲击能量，以减轻对人体的伤害。

2）钢球滚压变形式。结构的转向管柱分为上、下两段，上转向管柱比下转向管柱稍细，可套在下转向管柱的内孔里，二者之间压入带有塑料隔圈的钢球。隔圈起钢球保持架的作

用，钢球与上、下转向管柱压紧并使之结合在一起。在撞车时，上下管柱在轴向相对移动，这时钢球边转动边在上、下转向管柱的壁上压出沟槽，从而消耗了冲击能量。

3）波纹管变形吸能式。转向操纵机构的转向轴和转向管柱都分成两段，上转向轴和下转向轴之间通过细花键结合并传递转向力矩，同时它们二者之间可以作轴向伸缩滑动。在下转向波轴的外边装有波纹管，它在受到压缩时能轴向收缩变形并消耗冲击能量。它的下转向管柱的上端套在上转向管柱里面，但二者不直接连接，而是通过管柱压圈和限位块分别对它们进行定位。

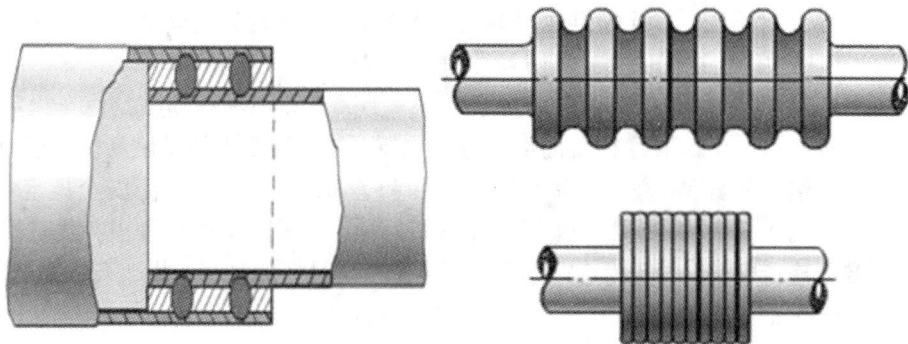

图7-14 钢球滚压变形式和波纹管变形吸能式转向机构

第四节 汽车防火和人员自救安全技术

近年来，汽车发生火灾、淹水、侧翻、碰撞等事故明显增多，那么在这些情况下人们如何做到及时发现，趁早排除，以及如何在事故中积极进行自救与逃生呢？与之相关的汽车被动安全如何保护乘员呢？本节将对此进行一定的探讨。

一、汽车防火

汽车火灾的原因多种多样，有的是汽车在高温情况下连续长时间行驶；有的因油液外溢，电源未及时切断，操作引起火花；有的是将浸有汽油的擦布随意丢于电源开关或排气管上；还有因油箱紧固不牢或在车箱内装载或乘客携带易燃易爆物品；车上人员乱丢烟头；汽车电气设施老化等情况造成的；更有交通事故，造成两车相撞或汽车侧翻而导致油箱破裂、汽油飞溅与金属摩擦相碰产生火花而起火。

1.汽车防火检查

为了防止汽车火灾的发生，要认真做好汽车的日常检查，严格按规程操作，严格管理危险物品，车上要配备灭火器具，万一起火，不要慌乱，尽快让乘车人员下车，尽快报警，及时切断电源，迅速扑救。消防工作做好了，就能避免危险或减少损失。

（1）防止高温天气汽车机器聚热自燃起火。高温天气里，汽车上的油、电易燃性增高，稍有不慎就可能发生火灾。在高温季节到来之前，三年以上的旧车，特别是价格在10万元以下的中低档轿车要仔细检修保养。及时检修油路、电路，仔细查看电路有无胶皮老化、接点是否松动、线路是否发热等现象。夏季高温天气里，要避免汽车在烈日下暴晒，要保持发动机通风散热，要注意防止发动机温度过高，不要用遮挡物遮挡和蒙盖发动机，不要长时间连续高速行驶，发现和预感发动机温度过高要停车降温和处置。

（2）防止电源设施引发火灾。汽车的电源设施要保持完好，对发动机和各种电源设施要经常检查，发现电源线破损和陈旧要及时更换，发现电气设施发生故障、电器线路过热和打火现象要及时维修和处置。不要随意改装电气设施，不要违章操作，以免发生电器火灾。

（3）防止燃油爆燃起火。对汽车燃油系统要经常检查和保养，认真检查燃油油管、制动液油管和动力转向油管的密封性，如果发现这些油管有渗漏现象要及时处理；做好汽车油路保养，要请专业人员对汽车进行定期维护，燃油设施和管线老化和损坏要及时维修和更换，油管接头松动要及时紧固，不要随意改动油路，防止漏油，发动机运转时，不要往化油器口倒汽油，因为这样做可能造成回火，烧伤人员和烧坏车辆。

（4）注意运载易燃易爆物品车辆的消防安全。车上载有易燃易爆物品是汽车火灾的一个重要诱因。车辆在行驶中颠簸摩擦可能形成静电火花，一旦将车内的易燃易爆品引爆，就会发生爆炸火灾。装有油类和化学危险品的车辆装卸和运输要严格遵守消防安全规定，要有专业人员经常进行消防安全检查，要防止器具和设施碰撞，注意防止产生静电，载有易燃易爆物品的车辆要低速行驶，车内和附近严禁烟火，装卸易燃易爆物品时，装卸人员要严守岗位，认真看管，严格遵守安全规定。

（5）防止车上吸烟和随意用火引发火灾。汽车上不要随意吸烟和用火。不要在车内乱扔未熄灭的烟头，其中营运出租车、公共电汽车禁止吸烟。不要把打火机放在仪表台上，以防暴晒后发生爆炸引起燃烧。禁止携带易燃易爆物品，禁烟车辆上应有明确的禁止烟火警语和标志。一些质量较差的汽车冬季遇冷打不着火时，不要用火烘烤，以防烤着车上的易燃可燃物引发火灾。

（6）防止违章行车引发火灾。驾驶车辆必须时刻注意安全，严守交通规则，行车注意观察瞭望，防止汽车油箱碰撞发生交通事故火灾，油箱一旦碰撞起火，要立即采取扑救措施和及时报警，在一时难以扑救的情况下，要远离车体，防止燃烧爆炸造成伤亡。

（7）停车时注意预防火灾。停车时要注意周围的消防安全环境，不要停在易燃可燃物的区域和附近，要远离燃放鞭炮、烧纸等火源区。停车时不要停在杂草、纸片、树叶等可燃物旁边，防止排气管高温引燃起火。车体下面要保持清洁，及时清理车体下面的油垢，防止燃放鞭炮等火源引燃车辆。停车后不要长时间打开点火开关，严禁在高压电线下停车和加注燃料。

二、汽车火灾自救、逃生的技巧

1.汽车起火的紧急处理

（1）当汽车发生火灾时，要立即停车救人灭火，一旦灭不了火，要迅速离开现场，以免爆炸造成伤亡。当汽车在加油过程中发生火灾时，要立即停止加油，将车开出加油站迅速灭火。当汽车被撞后发生火灾时，首先要设法救人。同时报警，车门没有损坏，应打开车门让乘车人员逃出，当停车场发生火灾时，应在扑救火灾的同时，组织人员疏散周围停放的车辆。当公共汽车发生火灾时，要迅速救人和报警，开启所有车门，让乘客下车，快速组织救火。如果车上线路被烧坏，车门开启不了，乘客可从就近的窗户下车。如果火焰封住了车门车窗，因人多不易下去，可用衣物蒙住头从车门处冲出去。开车时发现车身有异味，冒出烟雾等等，要马上找安全的地方停车检查。如果发生自燃，迅速用灭火器、水或者衣物覆盖进行灭火。

（2）当汽车发动机发生火灾时，驾驶员应迅速停车，让乘车人员打开车门自己下车，然后切断电源，取下随车灭火器，对准着火部位的火焰正面猛喷，扑灭火焰。

发现汽车车厢货物发生火灾时，驾驶员应将汽车驶离人员集中的场所停下，并迅速向消防队报警。同时，驾驶员应及时取下随车灭火器扑救火灾。当火一时扑灭不了时，应劝围观群众远离现场，以免油箱发生爆炸事故，造成无辜群众伤亡，使灾害扩大。

（3）当汽车在加油过程中发生火灾时，驾驶员不要惊慌，要立即停止加油，迅速将车开出加油站，用随车灭火器或加油站的灭火器等将油箱上的火焰扑灭。如果地面有流散的燃料时，应用库区灭火器或沙土将地面火扑灭。

（4）当汽车在修理中发生火灾时，修理人员应迅速上车或钻出地沟，迅速切断电源，用灭火器或其他灭火器材扑灭火焰。

（5）当汽车被撞倒后发生火灾时，由于撞倒车辆零部件损坏，乘车人员伤亡比较严重，首要任务是设法救人。如果车门没有损坏，应打开车门让乘车人员逃出，以上两种方法也可同时进行。同时驾驶员可利用扩张器、切割器、千斤顶、消防斧等工具配合消防队救人灭火。

（6）当停车场发生火灾时，一般应视着火车辆位置，采取扑救措施和疏散措施。如果着火汽车在停车场中间，应在扑救火灾的同时，组织人员疏散周围停放的车辆。如果着火汽车在停车场的一边时，应在扑救火灾的同时，组织疏散与火相连的车辆。

（7）当公共汽车发生火灾时，由于车上人多，要特别冷静果断，首先应考虑到救人和报警，视着火的具体部位而确定逃生和扑救方法。如着火的部位在公共汽车的发动机，驾驶员应开启所有车门，令乘客下车，再组织扑救火灾。如果着火部位在汽车中间，驾驶员开启车门后，乘客应从两头车门下车，驾驶员和乘车人员再扑救火灾、控制火势。如果车上线路被烧坏，车门开启不了，乘客可从就近的窗户下车。如果火焰封住了车门，车窗因人多不易下去，可用衣物蒙住头从车门处冲出去。当驾驶员和乘车人员衣服被火烧着时，如时间允许，可以迅速脱下衣服，用脚将火踩灭；如果来不及，乘客之间可以用衣物拍打或用衣物覆盖火势以窒息灭火，或就地打滚滚灭衣服上的火焰。当乘坐密闭较好的空调客车时，要注意观察逃生窗位置、安全锤位置，一旦发生火灾，车门无法逃生时，可迅速取安全锤敲击逃生窗玻璃边缘、边角，击碎玻璃逃生，女同志还可以用高跟鞋鞋跟等硬质物，击碎玻璃逃生。

2. 翻车等紧急情况的安全对策

（1）汽车翻车如何应急处理。

当汽车在平地高速急转弯或在山路行驶转向失控时，都会发生侧向或纵向翻车。当驾驶员已预感到即将翻车时要迅速采取应急措施：若驾驶室是封闭的，驾驶员应紧握方向盘，两脚钩在脚踏板背面，背部顶紧座椅靠背，使身体和汽车一起翻转。如果时间来得及，应侧卧在椅下，抱紧方向盘管，使身体相对车身固定，减少翻车时身体在驾驶室内受到的碰撞。若驾驶室为开式，采取的应急措施基本上与闭式驾驶室相同。

正行驶中的汽车在翻车前，一般都会有先兆，驾驶人应根据先兆及时采取措施。急转弯翻车时，驾驶人先有一种急剧转向，车身有向外侧飘起的感觉；掉沟翻车，车身会慢慢倾斜，然后才会翻车；纵向翻车，先有前倾或后倾，车头下沉或车尾翘起的感觉，然后才会完全翻转。此时，驾驶人感到车辆不可避免地要倾翻时，应紧紧抓住转向管柱，两脚钩住踏板，使身体固定，随着车体翻转。如果车辆向深沟滚翻，应迅速趴到座椅下，抓住方向盘管或踏板，身体夹在变速杆或坐垫中，稳住身体，避免身体在驾驶室里滚动而受伤。

如果发生翻车事故，这时最重要的是要将车辆熄火，以保证不会发生燃烧、爆炸等危险。熄火后再进行如下步骤以确保安全逃生：

1) 双手撑住车顶，抬起双脚用力蹬住仪表台，将身体牢牢撑在座椅中。

2) 单手将安全带解开，并向车门方向尽量收拢，以避免逃生时造成缠绕。

3) 翻车逃生走右门，双手撑好，双脚松开，身体向副驾驶座车顶倒下，形成蹲的姿态。而如果副驾驶位置有乘客，则副驾驶人员先出车外，因驾驶位置有方向盘，会影响逃生速度。

4) 如果车门无法开启，应打碎侧面车窗逃生。由于车窗韧性很好，应使用尖锐物品敲击，并注意击打玻璃上角。

5) 逃出车辆前一定要先观察道路状况，防止与其他车辆再次发生事故。

6) 安全带不应过于靠肩外侧，正确系安全带是发生翻车事故安全逃生的基础，系安全带时，背部与腰部尽量贴紧座椅，调整前后位置，双脚将离合器与制动踏板踩到底，这时要保证腿部有一定的弯曲，否则在正面碰撞事故时腿部很容易受伤；安全带下部应系在胯骨位置，系在腹部则可能导致撞击时内脏受伤；上部应置于肩、颈部中间，大约锁骨位置，如果过于靠肩膀外侧，在发生事故时安全带会很容易从肩外滑脱，这需要调节车辆 B 柱上的安全带口高低。

7) 翻车时从副驾驶位置逃出，如果发生翻车事故，这时最重要的是要将车辆熄火，以保证不会发生燃烧、爆炸等危险。

(2) 熄火后再进行如下步骤以确保安全逃生。

1) 双手撑住车顶，抬起双脚用力蹬住仪表台，将身体牢牢撑在座椅中；2) 单手将安全带解开，并向车门方向尽量收拢，以避免逃生时造成缠绕；3) 双手撑好，双脚松开，身体向副驾驶座车顶倒下，形成蹲的姿态。而如果副驾驶位置有乘客，则副驾驶人员先出车外，因驾驶位置有方向盘，会影响逃生速度；4) 如果车门无法开启，应打碎侧面车窗逃生。由于车窗韧性很好，应使用尖锐物品敲击，并注意击打玻璃上角；5) 逃出车辆前一定要先观察道路状况，防止与其他车辆再次发生事故。

(3) 系好安全带降低伤害，有效控制车速，避免驾驶员对车辆控制的失控情况，对于防止翻车发生最为重要。专家建议，驾驶员和车内乘客系上安全带就能在翻车事故中极大地减少死亡或受重伤的危险。因为翻车事故的受害者大多因部分或完全被抛出汽车而导致死亡，故而在翻车事故中使用安全带较之在其他事故中更能减少致死率。

同时，减少翻车事故几率中保持对车辆的控制是最重要的因素，因此，不正确的轮胎气压和过度磨损的轮胎都是危险的。过度磨损的轮胎可能导致车辆在湿滑路面上侧滑，从而导致汽车滑出道路而增加翻车的危险。不正确的轮胎气压会加速轮胎磨损，并可能导致灾难性的后果。驾驶员正确地保养轮胎并在必要时更换轮胎是十分重要的。

那么，翻车时如何自救呢？专家表示，当驾驶员感到车辆不可避免地要倾翻时，应尽力使自己保持镇静，紧紧抓住方向盘，使身体固定，随车体翻转。翻车时，如果跳车不可顺着翻车的方向跳出车外，防止跳车时被车体压伤，而应向车辆翻转的相反方向跳跃。落地时，应双手抱头顺势向惯性的方向滚动或跑开一段距离，避免遭受二次损伤。

车辆翻滚四脚朝天停下之后，驾驶员应该保持镇静，深呼吸，迅速将车辆熄火，防止因燃油泄漏而引起短路等；双腿弯曲，用力分别踩住方向盘两侧的面板；双手用力撑住车顶，感觉身体基本可以撑住时，尝试解开安全带，以背部着地，小心不要碰到头；顺势侧转身，打开副驾驶侧车门，爬出，要爬出车门时，先确认旁边没有车辆通过；在车门无法打开时，可敲碎副驾驶侧车窗玻璃逃生。由于普通的锤子不能将玻璃打碎，所以车内最好备一把专用锤子，敲击玻璃的任意一角，玻璃即可全部碎成小块。

1）车内着火：立即驶出车道停下，离开车。如果只是很小的火焰，也许可用毯子、土块或外衣扑灭。决不可使用水来灭火！如果是燃油系统内着火，应赶紧远离汽车，因为车辆很可能会爆炸。

2）车辆正面撞击：如果您没有系上安全带，请伏在前排座椅或地板上。这时应尽可能低伏下身体，低于挡风玻璃和车窗。

3）电缆：如果您在车中时，有电缆线掉落到您的车上，应呆在车中，等待援助到来。

4）蜜蜂进入车内：轻轻制动，停车在路肩上。不可猛力刹车；因为您后面的车可能会撞上您的车，造成比蜂蜇严重得多的事故。停车后，放下车窗，设法把蜜蜂引出去。

5）车窗突然凝雾：如果是车窗外侧凝雾，接通挡风玻璃刮水器。如果是内侧凝雾，用手擦净玻璃，轻轻制动，在路边停住。然后接通除雾器，直到车窗玻璃洁净，视野清晰，再继续驾车。

6）汽车打滑：不可猛力刹车。相反，应完全不踩制动器。减小油门，并向您想要汽车前部的方向打方向盘。

7）车轮掉到低于道路的路肩上：当车轮离开路面时，应轻轻制动，使车辆减速。不可猛打方向盘。在路肩上行驶一会儿，寻找适当的地方让车轮回到路面上。这样可防止汽车打滑。

8）发动机熄火：将汽车换入空挡，以惯性滑行到路肩处，轻轻制动停住。装备制动助力器和动力转向装置的汽车会需要比正常时更大的力量。

3.汽车淹水逃生术

汽车在水漫的道路上行驶，往往会出现发动机被淹没，制动失灵，转向失控等险情。当驾驶员驶过被洪水淹没的道路之前，必须知道水的深浅，否则不得盲目通过。因为当汽车通过深水坑时，特别是汽车车速很高时，水可能浸溅到发动机室中，由于污水弄脏了火花塞高压线，点火线圈或分电器，致使汽车熄火。如果遇到深水坑或公路上的深水处，应低速通过。如果汽车已不能开了，应设法使它靠在路边等发动机干燥。为了加速干燥，可用干布擦拭火花塞、高压线、点火线圈的分电器里面。如汽车陷入泥水坑中，并且附近的河水已经溢上路面，要预防山洪暴发，驾驶员应迅速离开停车处，转移到安全地带，等待水退下去。

车门是最佳逃生通道，手动式的车窗的确不受浸水影响，可摇下车窗逃生。电动车窗则受浸水深度的影响，可能出现失灵。而大部分车除了车门中控锁外，每个车门都有独立的保险扣，这是个机械装置也不受浸水影响，车上各个位置的乘员都可自主打开这个锁扣，因此选择车门逃生是最佳渠道。第一时间打开中控车门锁非常必要。

逃生锤不是万能的，网上热卖的逃生锤并非万能，除非万不得已最好不用。因为在狭小的车厢内击破车窗钢化玻璃的难度极大，还会耽误宝贵的逃生时间。

如果使用逃生锤，车内水位已经高过车窗，车内外水压差变小，此时用逃生锤击打车辆侧车窗的边角处，易于击碎玻璃。击碎玻璃后记得用逃生锤将碎玻璃周边都刮一圈，以免逃

图 7-15　进水后第一时间熄火

生时被玻璃尖角扎伤。切记，击打车前挡玻璃绝非最佳选择，因为前挡是中间夹胶的双层玻璃，击碎难度非常大。

（1）常见误区。

1）寻找浮生物，对于那些不会游泳的车主来说，当车体落水后，漂浮是水上求生必备的技能，车主应选取最省体力的"水母漂"式，也就是吸气后全身放松俯漂在水面，四肢自然下垂，似水母般静静漂浮在水面。假设是穿着长袖衣，可在水面吸气后低头将气由上衣衣襟吹入衣内，双手抓紧衣襟，防止空气外泄，可在衣服肩背部形成气囊。

2）从天窗逃生，如果天窗还可以打开，则说明车子还有电，与其从狭小的天窗逃出，不如直接打开车门或者落下车窗逃生。

3）等水进入到车内后再打开车门逃生，通常，我们都认为车子落水后，水会顺着车门间缝隙往里灌，同时车门也会因水的阻力而难以开启，其实实践当中，开启车门并不是件难事。

4）当车辆落水后，水会慢慢涌入，车内暂时是一个密封空间，只要门没打开，进水的过程会比较缓慢，直至水面超过车门钢板高度五成，压力才会逐渐增加，也就是说即使车辆入水，车主仍有足够时间逃生。

5）车枕可以撬碎玻璃逃生，可以取下头枕，将头枕插进侧窗玻璃缝隙中（选择窗角的部位），用拳头往下砸几下，让钢柱的大部分插进去，抱住头枕猛向怀里拉，撬动玻璃，瞬间就可以撬碎看似坚不可摧的车窗。关键是利用杠杆原理撬碎玻璃，而不是用打击力敲碎玻璃，因为水中由于水的阻力，打击很难奏效。

6）尖锐物品可砸碎玻璃逃生，在水中，由于水的阻力保护了玻璃，同时黏滞了胳膊的挥动速度，敲打玻璃时，会使车窗受力被分散，而高跟鞋等尖锐物品由于力臂较短，力量很难放大，所以类似高跟鞋等尖锐物品并不能敲碎玻璃。不过有人试验过，普通的羊角铁锤可以敲碎侧窗玻璃逃生。

另外，还有车主担心，敲打玻璃的过程中，玻璃碎片会不会四处飞溅而划伤自己，有实践证明，因为汽车玻璃多是钢化玻璃，破碎后四角圆滑，划伤概率较低。

154

7）用塑料袋自制氧气罩逃生。

面临即将沉入水底的车，如果车主还如此有耐心寻找塑料袋然后套在头上，倒不如直接推开车门逃生，因为人在慌张下，所消耗的氧气量会加大，小小的塑料"氧气罩"根本不足用。

小结：车子落入水中后，无须等待，因为在车体刚落水的时候车门是最容易打开的，所以此时为逃生的最佳时机。另外，无论是天窗逃生、敲碎玻璃逃生，都不如奋力推开车门来的直接。

（2）预防方法：

1）请在看到前车的排气筒被水淹时，第一时间打双闪灯靠边停车观察判断，掉头或者倒车驶离危险区域。

2）请在感觉你的车内脚下已经进水时，照第（1）条的操作。

3）请在看到侧面行驶中的车辆车轮中轴线被水淹，照第（1）条的操作。

4）请在通过立交桥时，借道旁边的较高的非机动车道通过。

5）户外活动中遇季节河，派一人下水探查水底情况后，在前车前人的引导下通过，水深高度判断同上。

（3）应急方法：

1）当水已经把车淹住了，请在第一时间摇下双侧前门玻璃，以作为自己弃车和别人援救的通道，因为大部分车，在被水淹掐断电路时，是摇不下玻璃窗的，同时车门也打不开的。

2）因为手脚的力量是打不碎玻璃的，所以车里备好逃生锤，或者大号扳子，棒球杆，擀面杖等户外活动用具。另外，汽车入水后一般车辆头部较后部重量大，所以应尽量由沉水较慢的后座逃生。

3）在你的手机里保存有关涉车紧急电话，给那个肯定能到位的或能给你建设性意见的开车朋友的电话设置快捷键。

4）请你在百忙中学会游泳。

（4）出险。

车辆强行涉水熄火在积水中，在打完出险电话后的您不妨先消消火，拿相机把事故现场拍下来，以便日后理赔作为证据。报险后，相信有些车友会庆幸自己买了涉水险，但请注意涉水险只是针对发动机索赔的一个附加险，也就是说如果车辆涉水后发动机没坏而只是电路出现故障的话，出险也只能利用车损险来赔付。需要说明的是保险公司车损险的赔付率一般在70%而涉水险都在80%～85%。车损险中规定，因雷击、雹灾、暴雨、洪水、暴雨等自然灾害导致车辆损失时才可用车损险出险。如果因被称作自然现象的降雨而造成车辆损害时，保险公司是不会赔付的。

汽车掉入深水中：如果车窗是电动控制的，应立即打开车窗，同时紧紧抓住方向盘、仪表板、座椅、车门把手或其他任何较稳固可抓住的东西。等到车中浸满水后即从车窗游出去。如果车窗是用摇把操作的，应等到车中几乎灌满水时，摇下车窗逃出去。在水面和车顶之间应有足够的空气可供您呼吸。车窗是逃出的最好途径，因为车门承受着很大的水压，难以打开。另外，汽车入水后一般车辆头部较后部重量大，所以应尽量由沉水较慢的后座逃生。正确系安全带是安全逃生的前提。

第八章
汽车安全检测

汽车安全检测是指在不解体汽车的情况下，对影响汽车安全性能方面的项目进行检查与测试的技术。这就相当于人的体检，是对汽车状况的一个比较全面的了解和检查，对于行驶安全是毋庸置疑的。

本章主要从以下几个方面来说明：汽车年度安全检测(年审)和平时的常规安全检测，汽车外观检测；汽车制动性能的检测；汽车侧滑量的检测；汽车车速表的检测；汽车前照灯的检测；汽车排放污染物的检测；汽车噪声检测等。

第一节　汽车安全检测概述

汽车年度安全检测(年审)和平时的常规安全检测：

1.汽车年审的必要性

汽车的主要安全部件是否完备，结构是否可靠，汽车使用性能是否良好，将直接影响行车安全。汽车因前照灯光束调整不当，照射角度不正确，行驶时会使迎面驶来的对方车辆驾驶员目眩而无法辨认道路，行人或他方车辆位置，导致造成交通事故。前照灯的照度不足，也会造成交通事故。雨，雪天气时，刮水器对驾驶室前挡风玻璃刮扫不彻底，会影响驾驶员的视线；转向灯，制动灯，示宽灯失灵，会影响后方车辆行驶；停车指示灯和事故灯失灵，则无法示警。诸如此类，汽车附件对行驶安全有重要影响。汽车发动机性能是否符合要求，工作是否平顺，可靠，对安全也有影响。发动机突然熄火相当于正常行车途中突然施加制动；功率不足的发动机无法为汽车提供紧急驶离危险位置的动力，也会影响行车安全。汽车的制动性能，转向操纵性能，对汽车行驶安全有直接影响，应该对其主要性能进行检测。制动系，转向装置，行驶系，传动系，车身等的技术状态对汽车安全也有重要影响。汽车结构的缺陷，如门窗，座椅或其他结构不牢，水，电，油，气管路连接不可靠，产生泄露现象也会酿成大祸，不能掉以轻心。此外，汽车喇叭和发动机，汽车振动噪声以及汽车发动机排出的废气微粒和黑烟对环境造成污染，危害人们的健康，也是交通管理一个必须注意的问题。

我国规定各种在用机动车辆每年均必须进行年度安全检查，只有年审合格的车辆，才允许在道路上行驶。我国目前多数道路仍是混合交通，道路上机动车，非机动车以及行人混行严重。加强对汽车的安全检测，对提高运行车辆的使用性能，充分发挥车辆的效率，完善车辆的安全结构和技术性能，以减少交通事故，有十分重要的意义。

2.汽车年度安全检测的内容

汽车年度安全检测的内容包括核对或核发机动车执照，检测汽车的安全技术状态。

(1)汽车的行车执照。

汽车行车执照主要说明该汽车的归属单位和汽车主要特征。为了便于使用管理，各国机动车均采用核发行驶牌证的方法，确定汽车的主要使用特征，区分车主所属地区和部门。通过核发行驶牌照，对车辆的使用进行管理。

汽车行驶执照的核发由车主所在地区的车辆管理所负责。车主购买的汽车应该是符合国家政策，由合法制造商生产，经审核允许销售，并且符合机动车运行安全技术条件的车辆。新注册登记(上牌)的汽车车主必须持车主单位证明或车主身份证，购车发票，汽车合格证，车辆购置批准和税费交纳证明，到车辆管理所注册登记。行驶证内容包括写明车辆的类型，车身颜色，使用燃料，生产厂家，发动机及车架号码(或车辆标识码 VIN)，驾驶室准乘人数，车辆总质量，空车质量，核定载货或乘客数量；车辆的长，宽，高，驱动形式，轴数及轮数，轴距，轮距和轮胎规格。由车辆管理所检核合格后，确定车主和车主地址，发给行驶执照和相应的车牌。每次进行汽车年审时，首先就必须检查行驶执照所列诸项目是否与被检车辆一致，否则不予年审检测。

(2)汽车运行安全技术情况的检查。

汽车进行年度检查项目，根据各地区具体情况可以作相应规定，但首先必须执行《机动车运行安全技术条件》(GB7258—1997)的有关规定。目前对汽车的技术状况的检查项目包括两大部分：一部分是目测定性检查或采用简单仪器检查为主的车身，附件装置完备性，可靠性和外观检查；另一部分是经过专用试验检测所得的技术数据，主要有轴重，制动，侧滑，噪声，车速，废气或烟度，前照灯的发光强度等。

3.汽车年度安全检测的有关法规

汽车年度安全检测的主要法规是《机动车运行安全技术条件》(GB7258—1997)，国务院发布的《中华人民共和国道路交通管理条例》，对道路上行驶的汽车也有明确的规定，第十七条：车辆必须经过车辆管理机关检验合格，领取号牌，行驶证，方准行驶。号牌须按指定位置安装，并保持清晰。号牌和行驶证不准转借，涂改或伪造。第十八条：机动车辆没有领取正式号牌，行驶证以前，需要移动或试车时，必须申领移动证，临时号牌或试车号牌，按规定行驶。第十九条：机动车必须保持车况良好，车容整洁。制动器，转向器，喇叭，刮水器，后视镜和灯光装置，必须保持齐全有效。自行车和三轮车及残疾人专用车的车闸，车铃，反射器以及畜力车的制动装置，必须保持有效。自行车，三轮车不准安装机械动力装置。第二十条：机动车必须按车辆管理机关规定的期限接受检验，未按规定检验或检验不合格的，不准继续行驶。第二十一条：汽车，拖拉机拖带挂车时，只准拖带一辆。挂车的载重量不准超过汽车的载重量。连接装置必须牢固，防护网和挂车的制动器，标杆，标杆灯，转向灯，尾灯，必须齐全有效。第二十二条：机动车转向器，灯光装置失效时，不准被牵引；发生其他故障需要被牵引时，必须遵守下列规定：须由正式驾驶员操作，并不准载人或拖带挂车；宽度不准大于牵引车；用软连接牵引装置时，与牵引车须保持必要的安全距离；制动器失效的，须用硬连接牵引装置。第二十三条：起重车，轮式专用机械车，不准拖带挂车或牵引车辆；二轮摩托车，轻便摩托车不准牵引车辆或被其他车辆牵引。第二十四条：机动车的噪声和排放的有害气体，必须符合国家规定的标准。

第二节　汽车外观检测

一、汽车外观检查的必要性

汽车在使用过程中，随着运行时间和行驶里程的增加，其有关零部件将分别产生磨损，腐蚀，疲劳，老化，变形或因意外事故而造成不同程度的损坏，其结果是使汽车的技术状况逐渐变坏，具体表现是：(1)汽车动力性能降低。发动机功率下降，最高车速降低，爬坡能力降低，加速时间和加速距离增加等。(2)制动性能降低。制动距离增加，制动时汽车方向稳定性变坏。(3)操纵稳定性变坏。增加了驾驶员的劳动强度，发生行车事故的可能性增大。(4)平顺性降低。容易使驾驶员及乘客感到疲劳甚至影响健康，或者使所运载的货物的完好性受到伤害。(5)燃油经济性能下降。燃料油和润滑油的消耗量明显增加。(6)汽车有关零部件的使用寿命降低。(7)车辆状况变坏。汽车在行驶中出现故障的次数增多，平均故障间隔里程减少，停车修理的时间增多。(8)环境污染严重。对汽油车来说，尾气中的 CO，HC 等含量明显增加；对柴油车来说，自由加速烟度排放值增高。车辆运行时，出现噪声和加速噪声。汽车经过长期使用后，除了车辆的技术状况逐渐变坏外，车辆本身可能会相继出现种种外观症状。有些外观症状，如车体不周正，车身和驾驶室覆盖件开裂，油漆剥落和锈蚀，水箱漏水，油箱，变速箱漏油等将影响车容，市容。有些外观症状，如前桥，后桥，传动轴，车架和悬挂等装置有明显的弯，扭，裂，断等损伤，传动轴连接螺栓松动，转向横直拉杆球销的磨损松旷等等，都很容易造成交通事故。因此，车辆外观检查是机动车安全检测中不可缺少的重要内容之一。

二、外观检测项目

汽车外观检测应按 GB7258—1997《机动车运行安全技术条件》进行，在用车在机动车安全检测站进行安全检测时的外观检测的主要内容如下：

(1)检查送检车辆的车辆型号，厂牌，出厂编号及车身(底盘)和发动机的型号及出厂编号，号牌号码，送检车辆的标牌应标明厂牌，车辆型号，发动机标定功率或排量(挂车除外)，总质量，载质量或载客人数(工程作业车除外)，出厂编号，出厂年、月及生产厂名，检查其与行车证上的记载是否吻合。

(2)检查汽车的车身外观。车辆外观应整洁、各零部件应完好，连接紧固、没有缺损；车体周正，车体外缘左右对称部位高度差不得大于 40 cm；车身和驾驶室应坚固耐用，覆盖件无开裂和锈蚀，车身和驾驶室在车架上安装牢固，不能因车辆振动而引起松动；车身的外部和内部不应有任何可能使人致伤的尖锐突起；驾驶室和乘客舱所用的内饰材料应具有阻燃性；车门和车窗应开启轻便，不得有自行开启的现象，门锁应牢固可靠，各车窗密封性好，没有漏水现象；机动车驾驶室必须保证驾驶员的前方视野和侧方视野，驾驶员座位两侧的窗玻璃不允许张贴遮阳膜，其他车窗不允许张贴妨碍驾驶员视野的附加物及镜面反光遮阳膜；轿车应有护轮板，挂车后轮应有挡泥板，其他车辆的所有轮都应有挡泥板。

(3)漏水、漏油的检查。发动机停转及停车时，水箱、水泵、缸体、缸盖、暖风装置及所有连接部位均不得有明显的渗漏水现象，使机动车行驶不小于 10 km，停车 5 min 后观察，不得有明显的漏油现象。

（4）发动机检查。发动机应动力性能良好，运转平稳，怠速稳定、无异响，机油压力正常；发动机应有良好的启动性能。汽车发动机应能由驾驶员在座位上起动；发动机不得有"回火"，"放炮"现象。柴油机停机装置必须灵活有效。发动机点火，燃料供给，润滑，冷却和排气等系统的机件应齐全，性能良好。

（5）转向系检查。转向盘应转动灵活，操纵方便，无阻滞现象。车轮转向过程中，不得与其他部件有干涉现象。转向节及臂，转向横直拉杆及球销应无裂纹和损伤，并且球销不得松旷。对车辆进行改装或修理时横、直拉杆不得拼焊等。

（6）制动系检查。制动系应经久耐用，不能因振动或冲击损坏。行车制动系制动踏板的自由行程和踏板力应符合该车有关技术条件。汽车应设置行车制动与驻车制动两套独立的制动系统。制动系应经久耐用，不能因振动或冲击而损坏。行车制动系制动踏板的自由行程应符合该车有关技术条件。行车制动在产生最大制动作用时的踏板力，对于座位数小于或等于9 的载客汽车应不大于 400N；对于其他车辆应不大于 700N。液压行车制动系不得因制动液对制动管中的腐蚀或由于发动机及其他热源的影响形成气阻而损坏行车制动系的功能。制动管中和制动软管的安装必须保证其具有良好的连续功能，足够的长度和柔性，以适应与之相连接的零件所需要的正常运动，而不致造成损坏；它们必须有适当的安全防护，以避免擦伤，缠绕或其他机械损伤，同时就避免安装在可能与车辆排气或任何高温源接触的地方。

（7）照明、信号装置和其他电气设备的检查。灯具应安装牢靠、完好有效；所有灯光的开关应安装牢固、开关自如。机动车的前、后向信号类、危险报警闪光灯及制动灯白天距 100 m 可见，侧转向信号灯白天距 30 m 可见；后牌照灯夜间好天气距 20 m 能看清牌照号码。机动车必须安装后反射器。车长大于 10 m 的机动车应安装侧反射器。反射器应能保证夜间在其下面前方 150 m 处用汽车前照灯照射时，在照射位置就能确认其反射光。装有前照灯的机动车应有远、近光变换装置，并且当远光变为近光时，所有远光应能同时熄灭。同一辆机动车上的前照灯不允许左右的远、近光灯交叉开亮。空载高为 3.0 m 以上的车辆均应安装示廓灯。汽车及挂车均应安装侧转向灯，若汽车前转向灯在侧面可见时则视为满足要求。制动灯的亮度应明显大于后位灯。所有电器导线均应捆扎成束，布置整齐，固定卡紧，接头牢固并有绝缘套，在导线穿越孔洞时需装设绝套管。

（8）行驶系检查。轮胎要求：①轮胎的磨损：轿车和挂车轮胎胎冠上花纹深度不得小于1.6 mm；其他机动车转向轮的胎冠花纹深度不得小于 3.2 mm；其余轮胎胎冠花纹深度不得小于 1.6 mm。②轮胎胎面不得因局部磨损而暴露出轮胎帘布层。③轮胎的胎面和胎壁上不得有长度超过 25 mm 或深度足以暴露出轮胎帘布层的破裂或割伤。④同一轴上的轮胎型号和花纹应相同，轮胎型号应符合机动车出厂时的规定。⑤机动车转向轮不得装用翻新的轮胎。⑥机动车所装用的轮胎应与其最大设计车速相适应。轮胎的负荷不应超过该轮胎的额定负荷，轮胎的充气压力应符合该轮胎承受负荷时规定的压力。车轮总成的横向摆动量和径向跳动量：总质量小于或等于 4.5 t 的汽车不得大于 5 mm；其他车辆不得大于 8 mm。轮胎螺母和半轴螺母应完事齐全，并按规定力矩紧固。钢板弹簧不得有裂纹和断片现象，其弹簧形式和规格应符合产品使用说明书中的规定。中心螺栓和 U 形螺栓应紧固。减振器应齐全有效。车架不得有变形，锈蚀和裂纹，螺栓和铆钉不得缺少或松动。前、后桥不得有变形和裂纹。车桥与悬架之间的各种拉杆和导杆不得变形，各接头和衬套不得松旷和移位。

（9）传动系检查。离合器：①机动车的离合器应接合平稳，分离彻底，工作时不得有异响，抖动和不正常打滑等现象。②踏板自由行程应符合整车技术条件的有关规定。③踏板力应不大于300N。变速器和分动器：①换挡时齿轮啮合灵便，互锁和自锁装置有效，不得有乱挡和自行跳挡现象；运行中无异响；换挡时变速杆不得与其他部件干涉。②在变速杆上必须有驾驶员在驾驶座位上容易识别变速器挡位位置的标志。传动轴在运转时不得发生振抖和异响，中间轴承和万向节不得有裂纹和松旷现象。驱动桥工作应正常且无异响。

（10）安全防护装置检查。汽车的安全带应可靠有效，安装位置应合理，固定点应有足够的强度。汽车安全带：①座位数小于或等于20（含驾驶员座椅，下同）或者车长小于或等于6 m的载客汽车和最大设计车速大于100 km/h的载货汽车和牵引车的前排座椅必须装置汽车安全带。长途客车和旅游客车的驾驶员座椅及前面没有座椅或护栏的座椅应安装汽车安全带。②卧铺客车的每个铺位均应安装两点式汽车安全带。③汽车的安全带应可靠有效，安装位置应合理，固定点应有足够的强度。车外后视镜和前下视镜：①机动车（挂车除外）必须在左右各设置一面后视镜，车长大于6 m的平头客车，无轨电车和平头载货汽车车前应设置一面下视镜。②机动车车外后视镜的安装位置和角度应保证看清车身左右外侧，车后50 m以内的交通情况。前下视镜应能看清风窗玻璃下方长1.5 m，宽3 m范围内的情况。③车外后视镜和前下视镜应易于调节，并能有效保持其位置。汽车和无轨电车驾驶室内应设置防止阳光直射而使驾驶员产生眩目的装置，且该装置在车辆碰撞时，不应对驾驶员造成伤害。风窗玻璃和刮水器：①机动车的前风窗玻璃应装备刮水器，其刮刷面积应确保具有良好的前方视野。②刮水器应能正常工作。刮水器关闭时，刮片应能自动返回至初始位置。③轿车风窗玻璃应装有除雾，除霜装置。燃油系统的安全保护：①燃油箱及燃油管路应坚固并固定牢靠，不致因振动和冲击而发生损坏和漏油现象。②燃油箱的加油口及通气口应保证在车辆晃动时不漏油。③燃油箱的加油口和通气口不允许对着排气管的开口方向，且应距排气管的出气口端300 mm以上，否则应设置有效的隔热装置。④车长大于6 m的客车燃油箱距客车前端面应不小于600 mm，距客车后端面应不小于300 mm。不允许用户加装油箱。⑤燃油箱的通气口和加油口不得在有站席和坐席的车厢内开口。⑥机动车发动机的排气管口不得指向车身右侧。⑦座位数大于9的客车及运送易燃和易爆物品的汽车应装备灭火器，灭火器在车上应安装牢靠并便于取用。

三、汽车外观检测方法

1. 直观检视法

直观检视法是汽车检验人员凭实践和一定的理论知识，借助简单工具，用眼看，耳听，手摸和鼻子嗅等手段，对汽车技术状况进行定性分析、判断的一种方法。例如车辆外部损伤，漏水，渗油，漏气，螺栓或铆钉松动，脱落，零部件的磨损，裂纹，变形等等故障，用任何仪器和设备进行检测都是不尽完善的，而需要靠检测人员的技能和经验，用调查、观察、感觉、体验以及简单的工具进行定性的、直观的检视。

2. 仪器设备检测法

直观检视方法简单方便，不需要专用仪器或设备，但它不能进行定量分析。因此，对一些有明确的量的规定的检查项目，则须采用一些仪器和设备进行客观物理量的检测。采用仪器设备检测法，可测试汽车性能和故障的参数、曲线或波形，甚至能自动分析、判断汽车的技术状况，作出定量的分析。

四、外观检视主要设备

1.送检车辆的准备

送检车辆在进行外观检视之前，必须先进行外部清洗和吹干。因为车身及底盘积有油泥、污垢，将影响外观检视的质量，也不便于安装检测仪具，同时还会弄脏检测设备和场地。

2.汽车外观的仪具设备检测

汽车外观检视中，有些检视项目必须在汽车底盘下面进行。此外，汽车外观检查工位须设有检视地沟及千斤顶或汽车举升器。此外，一般安全检测站还备有空气压缩机，轮胎自动充气机，车轮平衡检验器，声发射探伤仪等设备和检测手锤等。自动化程度高的检测线，在地沟内还配备有能升降平台，摄像机和对讲话筒等。升降平台能使检测人员非常方便地接近所要检查的部位，对讲话筒可使驾驶员在检测人员的指令下进行操作，而摄像机可使主控室清楚地看到地沟内的检查情况。

车辆外观的检测项目基本上可分为二类：一类外观检测项目可用直观检视法；另一类外观检测项目则由《机动车运行安全技术条件》作了具体的规定，须采用仪器设备和客观检测方法作定量分析。下面主要介绍第二类外观检测项目的检测方法，所用检测仪器设备。

车体周正的检测：将送检车辆停放在外观检测工位。首先目测检查，如发现有严重的横向或纵向歪斜现象，再用高度尺（或钢卷尺），水平尺检测是否超过《机动车运行安全技术条件》的规定值。

五、轮胎的检测

汽车通过轮胎直接与地面接触。轮胎的作用是：支承汽车自重和负荷；传递汽车与路面间的各种力和力矩；和汽车悬架系统共同作用，吸收汽车在行驶时所受到的因路面不平而产生的振动；保证车轮和路面间有良好的附着性能。轮胎的磨损，破裂和割伤的检测，一般凭简单的深度尺、钢直尺，采用直观检测法进行。

1.检查胎面花纹深度

轮胎磨损过甚，花纹过浅，会成为重要的不安全因素。资料说明，轮胎全部问题的90%是发生在它的寿命最后的10%时间之内。过度磨损的轮胎，除容易爆破外，还会使汽车操纵稳定性变坏。汽车在雨中高速行驶时，由于不能全部把水从胎下排出，轮胎将在胎面与路面之间形成的水膜上滑动，致使汽车失控。花纹越浅，水滑的倾向越严重。所以日常维护和各级维护

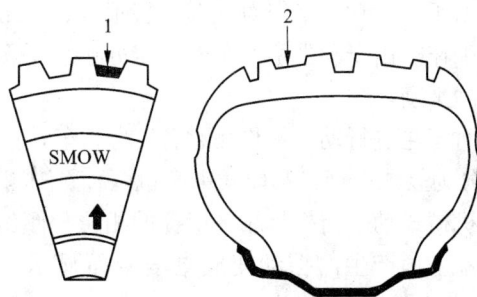

图8-1　轮胎磨损标志

1—横向磨损标志；2—横断面上磨损标志

时，应检查花纹深度。根据相关规定，轿车轮胎胎冠上花纹磨损至磨耗标志，如图8-1所示，载重汽车轮胎胎冠上的花纹磨剩2~3 mm时，应停止使用，进行翻新。测量时应使用深度尺。

测量花纹深度，还可以知道轮胎成色和磨损速度是否正常。若车上装用的新胎花纹深度

是 17 mm，花纹磨损残留极限尺寸若为 3 mm，即花纹允许磨损约 14 mm。现在花纹已磨掉 7 mm，说明该胎的成色是 1/2。若在该车使用条件下，轮胎行驶里程定额（新胎到翻新）是 70000 km，可以算出，每千公里花纹磨损应为 0.2 mm。如果现在每千公里实际磨损量达到 0.4 mm。说明只能实现轮胎行驶里程定额的一半，这种现象常被称为"吃胎"。经常测量花纹深度，可以及时发现"吃胎"现象，以便及时查明原因，予以消除。

2. 车轮平衡的检测

车轮与轮胎是高速旋转组件，如果不平衡，汽车在超过某一速度行驶时，就会产生共振。特别是高速公路上行驶的车辆，可能造成轮胎爆破，引发交通事故。不平衡也会引起底盘总成零部件损伤，如转向球节上的磨损增加，减振器和其他悬架元件的变形等。就车轮本身而言，由于装有气门嘴，同时还与轮胎和传动轴等传动系的旋转部件组装在一起，因此必须进行平衡检测。

（1）车轮的动不平衡。

汽车车轮是高速旋转元件，若质心与旋转中心不重合，则会产生静不平衡。静不平衡时，不平衡质量会在车轮旋转时产生离心力，离心力大小与不平衡质量、不平衡点与车轮旋转中心之间的距离和车轮转速有关。由于车轮具有一定的宽度，因此当车轮质量分布相对于车轮纵向中心面不对称时，会造成车轮动不平衡。静平衡的车轮动不平衡时，虽然不平衡质量产生的离心力可以互相抵消，但力矩却不为零。

（2）车轮动不平衡的危害。

车轮动不平衡时，造成车轮的跳动和偏摆，使汽车的有关零件受到损坏，缩短汽车的使用寿命，对于高速行驶的汽车来说，还容易造成行驶不安全。

（3）车轮动不平衡的原因。

①质量分布不均匀，如轮胎产品质量欠佳、翻新胎、补胎、胎面磨损不均匀及在外胎与内胎之间垫带等；②轮辆、制动鼓变形；③轮毂与轮辋加工质量不佳，如中心不准、轮胎螺栓孔分布不均、螺栓质量不佳等；④安装位置不正确，如内胎充气嘴位置不符合安装要求。

（4）车轮动平衡的检验。

由于车轮动不平衡对汽车危害很大，因此，必须对车轮的动不平衡进行检测，并进行调平衡工作。由于动平衡的车轮一定处于静平衡状态，因此，只要检测了动平衡，就没有必要检测静平衡。

对车轮进行动平衡检测时，分为离车式检测与就车式检测两种方法。按平衡机转轴的形式，分为软式平衡机和硬式平衡机两种；按测量装置，车轮动平衡机分成机械式和电测式两种。机械式动平衡机是靠平衡锤的相位与倾斜角来测出不平衡器质量和相位的。电测式则把车轮不平衡产生的振动变成电信号而显示出来的。目前，电测式车轮动平衡机应用比较广泛。

（5）离车式车轮动平衡机及使用方法。

利用离车式车轮动平衡机对车轮进行动平衡检测时，需将车轮从车上拆下。图 8 - 2 所示为一台电脑化车轮动平衡机。该动平衡机主要由驱动装置、转轴与支承装置、显示与控制装置、制动装置及防护罩组成。检测时，输入轮辋直径、轮辋宽度和轮辋边缘到平衡机机箱之间的距离，显示装置即可显示出应该加于轮辋边缘的不平衡量和相位。

车轮动平衡的检查方法如下：

1）对被测车轮进行清洗，去掉泥土、砂石，拆掉旧平衡块；

2）将轮胎充气至规定气压值；

3）将车轮安装于平衡机上；

4）打开电源开关，检查指示装置是否指示正确；

5）键入轮辋直径、宽度，测出轮辋边缘到机箱之间的距离并键入；

6）放下防护罩，按下起动键，开始测量；

7）当车轮自动停转后，从指示装置读出车轮内、外动不平衡量和位置；

8）用手慢慢旋转车轮，当动平衡机指示装置发出信号时，停止转动车轮；

9）将动平衡机显示的动不平衡量按内、外位置，置于车轮最高点位置的轮辋边缘并装卡牢固；

图 8 - 2　动平衡机

10）重新启动动平衡机，进行动平衡试验，直至动不平衡量 <5 g，机器显示合格时为止；

11）取下车轮，关闭电源，测试结束。

（6）就车式车轮动平衡机检测方法。

使用就车式车轮动平衡机时，不必从车上拆下车轮，可以就车测量车轮平衡状况。

1）设备简介。

就车式车轮动平衡机一般由驱动装置、测量装置、指示与控制装置、制动装置和小车等组成，其示意图如图 8 - 3 所示。

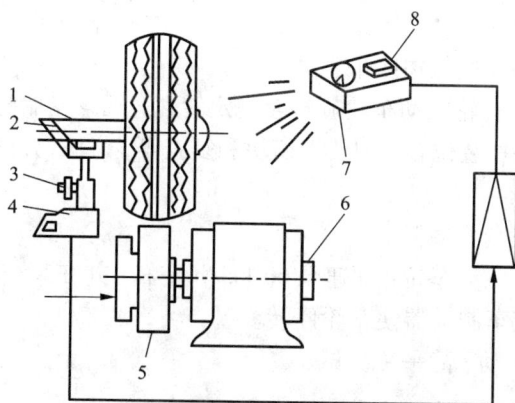

图 8 - 3　就车式车轮动平衡机示意图

1—转向节；2—传感磁头；3—可调支杆；4—底座；5—转轮；6—电动机；7—频闪灯；8—不平衡度表

驱动装置由电动机、转轮等组成，用以带动支离地面的车轮转动。测量装置由传感磁头、可调支杆、底座和传感器等组成，它将车轮不平衡量产生的振动变成电信号，送到指示

163

和控制装置。指示和控制装置由频闪灯、不平衡度表或数字显示屏等组成。频闪灯用来指示车轮不平衡点位置,不平衡度表或数字显示屏用来指示车轮的不平衡量。一般有两个挡位,第一挡往往用于初查时的指示,第二挡往往用于装上平衡块后复查时指示。制动装置用于使车轮停转。除测量装置外,车轮动平衡机的其余装置都装在小车上,可方便地移动。

2)使用方法。

①准备工作。

a. 检查轮胎气压,视必要充至规定值。

b. 用千斤顶支起车轴,两边车轮离地间隙要相等。

c. 检查轮毂轴承是否松旷,视必要调整至规定的松紧度。

d. 清除被测车轮上的泥土、石子和旧平衡块。

e. 在轮胎外侧面任意位置上用白粉笔或白胶布做上记号。

②前从动轮静平衡检测。

a. 用三角木固定后轴车轮和对面车轮,将传感磁头吸附在被测车轮悬架下或转向节下,调节可调支杆高度并锁紧。

b. 将车轮动平衡机推至车轮侧面或前面(视车轮平衡机形式不同而异),使车轮动平衡机转轮与轮胎接触,起动电机带动车轮旋转,车轮旋转方向应与汽车前进方向一致。

c. 当车轮转速达到规定时,观察并记下频闪灯照射下的轮胎标记位置,并从指示装置(第一挡)上读取不平衡量数值。

d. 操纵制动装置,使车轮停止转动。

e. 用手转动车轮,使车轮上的标记仍处在上述观察位置上,此时轮辋的最上部(时钟12点位置)即为加装平衡块的位置。

f. 按指示装置显示的不平衡量选择平衡块,牢固地装卡到轮辋边缘上。

g. 重新驱动车轮进行复查测试,指示装置用二挡显示。若车轮平衡度不符合要求,应调整平衡块质量和位置,直至符合平衡要求为止。

③前从动轮动平衡检测。

a. 将传感磁头吸在制动底板边缘平整处。

b. 操纵车轮动平衡机转轮驱动车轮旋转至规定转速,观察轮胎标记位置,读取不平衡量数值,停转车轮找平衡块加装位置,加装平衡块和复查等,方法与静平衡相同。

④驱动轮平衡检测。

a. 对面车轮不必用三角木塞紧。

b. 用发动机、传动系驱动车轮,加速至 60 km/h 左右,并在某一转速下稳定运转。

c. 测试结束后,用汽车制动器使车轮停转。

d. 其他方法同从动轮动、静平衡测试。

六、方向盘转动阻力和自由转动量的检测

操纵稳定性能良好的汽车,必须有适度的转向轻便性。如果转向沉重,不仅增加驾驶员的劳动强度,而且因不能及时正确转向而影响行车安全。如果转向太轻,又可导致驾驶员路感不足或方向发飘等现象,两样都不利于行车安全。

1.方向盘转动阻力的检测

方向盘转动阻力的大小是评价方向盘转动是否灵活,轻便的一个指标。如方向盘转动阻力大,则表明操纵方向盘时,转向沉重,不轻便。方向盘转动阻力一般用弹簧秤拉动方向盘的轮缘进行检测,或用转向测力和方向盘自由转动量测量仪检测。

用转向测力和方向盘自由转动量测量仪测量方向盘转动阻力的检测方法如下:顶起被检测车辆的前桥,使前桥左右车轮悬空,手握测量仪手柄,缓慢地将方向盘由一端尽头转到另一端尽头,从标尺上读出力的大小,再按下式算出方向盘轮缘上的转动力(N):

$$转动力(N) = \frac{d_1}{d_2} \times (测量仪标尺上读数)$$

式中:d_2——测量点离方向盘圆心的距离;

d_1——为方向盘的半径。

检测时,注意车轮能否转到极限位置,并注意有无与其他部件发生干涉现象。如车轮转到极限位置时,转向轮的最大转向角度小于规定值,则可通过转动车轮转角限位螺钉进行调整。同时,车轮不应与翼子板,钢板弹簧,直拉杆等部件碰擦,且应有 8 ~ 10 mm 的间隙。

2.方向盘自由转动量的检测

为了使转向操纵灵敏,最好是方向盘一开始转动,转向垂臂便摆动,随之转向车轮便立即开始偏转。但是,在实际上往往不可能做到这一点。这一方面是由于转向器和转向传动机构中各个传力零件之间存在着装配间隙,且随着零件的逐渐磨损,这些间隙将逐渐增大。另一方面,转向系各零件受力而产生弹性变形,也将使转向轮开始运动较方向盘滞后。

由于转向器和转向传动机构中存在装配间隙,方向盘必须先空转一个角度,使所有传力零件工作表面之间的间隙消除,转向轮方才转动。方向盘的这一空转角度称为方向盘的自由转动量。方向盘自由转动量是评价转向是否灵敏,操纵是否稳定的指标。适当的方向盘自由转动量对于缓和道路反冲,使操纵柔和以及避免驾驶员过度紧张是有利的。但方向盘自由转动量不宜过大。若方向盘从中间位置向左右的自由转动量超过15°,在汽车行驶中,驾驶员要用较大幅度转动方向盘,才能控制车辆的行驶方向,且在直线行驶时会感到行驶不稳定。这些均会严重影响行车安全。所以,在机动车外观检测项目中,必须检测其方向盘的最大自由转动量。

方向盘自由转动量用转向测力和方向盘自由转动量测量仪进行检测,检测方法如下:顶起被检测车辆的前桥,将方向盘由一端尽头转到另一端尽头,记住转动圈数,再反方向回转其总圈数的一半(即中间位置),然后用支撑杆将转向轮固定。手握测量仪手柄,施以9.8N(1千克力)的力,分别向左向右转动方向盘,指针所指角度标尺上的角度值即为方向盘自由转动量。

七、车轮的横向和径向摆动量的检测

1.车轮横向和径向摆动量的检测方法

顶起前桥,用百分表触点触到轮胎前端胎冠外侧,检测人员面对车轮平面,用手前后摇动轮胎,测量其横向摆动量。将百分表移至轮胎上方,使百分表触点触到轮胎胎冠中部,然后用撬杆往上撬动轮胎,测量其径向摆动量。

如汽车车轮横向和径向摆动量超出《机动车运行安全技术条件》的规定,汽车行驶时将会出现方向盘发抖、摆振,行驶不稳定现象。

八、制动踏板自由行程与踏板力的检测

1.制动踏板自由行程的检测

检测方法：制动踏板自由行程的检测可用直尺进行。先测出制动踏板在完全放松时的高度，再用手轻轻按下踏板，当感觉有阻力时（对于气压制动系，高速螺钉端面与挺杆端面刚刚接触；对于液压式制动系，总泵活塞推杆端面与活塞刚刚接触），测出踏板高度。前后两次测出的高度差即为制动踏板自由行程的数值。

2.制动踏板力的检测

检测方法：制动踏板力的大小，目前多凭检测人员实际踩踏板的反力感觉检测。如踩制动踏板时的反力感觉小（俗称"轻"），则表明制动踏板力小；反之，如踩制动踏板时的反力感觉大（俗称"重"），则说明制动踏板力大。

九、离合器踏板自由行程及踏板力的检测

离合器踏板自由行程的检测可用直尺进行。具体方法是先测出踏板在完全放松时的高度，再测出当按下踏板感觉有阻力时的高度，前后两次测出的高度差就是离合器踏板自由行程的数值。离合器踏板力的检测方法与制动踏板力的检测方法一样，一般凭有经验的检测人员踩离合器踏板的反力感觉来判断踏板力的大小。

第三节　汽车制动性能的检测

一、制动性能检测的有关规定

检验方法的选择，机动车安全技术检验时机动车制动性能的检验宜采用滚筒反力式制动检验台或平板制动检验台检验制动性能，其中前轴驱动的乘用车更适合采用平板制动检验台检验制动性能。不宜采用制动检验台检验制动性能的机动车及对台试制动性能检验结果有质疑的机动车应路试检验制动性能。

对满载/空载两种状态时后轴轴荷之比大于 2.0 的货车和半挂牵引车，宜加载（或满载）检验制动性能，此时所加载荷应计入轴荷和整车重量。加载至满载时，整车制动力百分比应按满载检验考核；若未加载至满载，则整车制动力百分比应根据轴荷按满载检验和空载检验的加权值考核。

制动性能路试检验的主要检测项目：（1）制动距离；（2）充分发出的平均减速度；（3）制动稳定性；（4）制动协调时间；（5）驻车制动坡度。

二、路试制动性能检验方法

（1）路试检验制动性能应在平坦（坡度不应大于1%）、干燥和清洁的硬路面（轮胎与路面之间的附着系数不应小于0.7）上进行。

（2）在试验路面上画出表8-1规定宽度的试验通道的边线，被测机动车沿着试验车道的中线行驶至高于规定的初速度后，置变速器于空挡（自动变速的机动车可置变速器于D挡），当滑行到规定的初速度时，急踩制动，使机动车停止。

（3）用制动距离检验行车制动性能时，采用速度计、第五轮仪或用其他测试方法测量机动车的制动距离，对除气压制动外的机动车还应同时测取踏板力（或手操纵力）。

（4）用充分发出的平均减速度检验行车制动性能时，采用能够测取充分发出的平均减速度（MFDD）和制动协调时间的仪器测量机动车充分发出的平均减速度（MFDD）和制动协调时间，对除气压制动外的机动车还应同时测取踏板力（或手操纵力）。

用速度计，第五轮仪或用其他测试方法测量车辆制动距离。

用速度计，制动减速度仪或用其他测试方法测量车辆重复发出的平均减速度（MFDD）与制动协调时间。充分发出的平均减速度应在测得公式（MFDD）中相关参数后计算确定。

制动性能路试检测项目的技术要求如表8-1～表8-7所示。

表8-1 制动距离和制动稳定性要求

车辆类型	制动初速度（km·h⁻¹）	满载检验制动距离要求（m）	空载检验制动距离要求（m）	制动稳定性要求，车辆任何部位不得超出试车道宽度（m）
座位数≤9 的载客汽车	50	≤20	≤19	2.5
其他总质量≤4.5t 的汽车	50	≤22	≤21	2.5＊
其他汽车、汽车列车及无轨电车	30	≤10	≤9	3.0

注：对质量大于3.5 t并小于对于4.5t 的汽车，试车道宽度为3.0 m。摘自GB/7258-2003。

表8-2 制动减速度和制动稳定性要求

车辆类型	制动初速度（km·h⁻¹）	满载检验充分发出的平均减速度（m·s⁻²）	空载检验充分发出的平均减速度（m·s⁻²）	制动稳定性要求，车辆任何部位不得超出试车道宽度（m）
座位数≤9 的载客汽车	50	≥5.9	≥6.2	2.5
其他总质量≤4.5t 的汽车	50	≥5.4	≥5.8	2.5＊
其他汽车、汽车列车及无轨电车	30	≥5.0	≥5.4	3.0

注：对质量大于3.5 t并小于等于4.5t 的汽车，试车道宽度为3.0 m。摘自GB/7258—2003。

表8-3 制动性能检验时制动踏板力或制动气压要求

项目		空载	满载
气压制动系气压表指示气压 kPa		≤600	≤额定工作气压
液压制动系踏板力 N	座位数≤9 的载客汽车	≤400	≤500
	其他汽车	≤450	≤700

167

表8-4　空载状态驻车制动性能要求

车辆类型	轮胎与路面间的附着系数	停驻坡道坡度(车辆正方向)(%)	保持时间(min)
总质量/整备质量 < 1.2	≥0.7	15	≥5
其他车辆	≥0.7	20	≥5

表8-5　驻车制动性能检验时操纵力

车辆类型	手操纵时操纵力(N)	脚操纵时操纵力(N)
座位数≤9 的载客汽车	≤400	≤500
其他车辆	≤600	≤700

表8-6　应急制动性能要求

车辆类型	制动初速度(m)	制动距离(m)	充分发出的平均减速度($m \cdot s^{-2}$)	手操纵力(N)	脚操纵力(N)
座位数≤9 的载客汽车	50	≤38	≥2.9	≤400	≤500
其他载客汽车	30	≤18	≥2.5	600	≤700
其他车辆	30	≤20	≥2.2	≤600	700

表8-7　制动协调时间(s)

单车	0.6
汽车列车	0.8

三、台试检验制动性能

1.制动性能台试检验的主要检测项目

(1)制动力;(2)制动力平衡要求;(3)车轮阻滞力;(4)制动协调时间。

2.制动性能检测方法

(1)用反力式滚筒试验台检验。

制动试验台滚筒表面应干燥,没有松散物质或油污,滚筒表面当量附着系数不应小于0.75。驾驶员将车辆驶上滚筒,位置摆正,变速器置于空挡,启动滚筒,在2 s后测取车轮阻滞力;使用制动,测取制动力增长全过程中的左右轮制动力差和各轮制动力的最大值,并记录左右车轮是否抱死。在测量制动时,为了获得足够的附着力,允许在机动车上增加足够的附加质量或施加相当于附加质量的作用力(附加质量或作用力不计入轴荷)。

在测量制动时,为了获得足够的附着力以避免车轮抱死,允许在车辆上增加足够的附加质量和施加相当于附加质量的作用力(附加质量和作用力不计入轴荷;也可采取防止车轮移动的措施(例如加三角垫块或采取牵引等方法)。当采取上述方法之后,仍出现车轮抱死并在

168

滚筒上打滑或整车随滚筒向后移出的现象，而制动力仍未达到合格要求时，应改用本标准中规定的其他方法进行检验。

（2）用平板制动试验台检验。

制动试验台平板表面应干燥，没有松散物质或油污，平板表面附着系数不应小于0.75。驾驶员以5~10 km/h（或制动检验台制造厂家推荐的速度）的速度将车辆对正平板台并驶上平板，置变速器于空挡，急踩制动，使车辆停住，测得的各轮制动力、每轴左右轮在制动力增长全过程的制动力差、制动协调时间、车轮阻滞力和驻车制动力等参数值。

3. 制动性能台试检验的技术要求

（1）制动性能台试检验车轴制动力的要求如表8-8所示。

表8-8 车轴制动力要求

车辆类型	制动力总和整车质量的百分比%		前轴制动力于轴荷的百分比%
	空载	满载	
汽车、汽车列车	≥60	≥50	≥60*

注：空、满载状况下测试应满足此要求。

（2）制动力平衡要求。

在制动力增长全过程中，左、右轮制动力差与该左、右轮中制动力大者比较，对于前轴不得大于20%，对于后轴不得大于24%。

（3）车轮阻滞力。

汽车和无轨电车车轮阻滞力均不得大于该轴轴荷5%。

（4）驻车制动性能检验。

当采用制动试验台检验车辆驻车制动的制动力时，车辆空载，乘坐一名驾驶员，使用驻车制动装置，驻车制动了的总和应不小于该车在测试状态下整车重量的20%。对总质量为整备质量1.2倍以下的车辆此值为15%。

（5）机动车制动完全释放时间限制。

机动车制动完全释放时间（从松开制动踏板到制动消除所需要的时间）对单车不得大于0.8s。

根据GB7528—2003《机动车运行安全技术条件》中6.15.3的规定，当汽车经台架检验后对制动性能 有质疑时，可用道路试验检验，并以满载的检验结果为准。

四、汽车车轮制动力的检测

汽车动力性能越好，对其制动性能要求也越高。检测汽车制动距离和制动减速度需要较高的道路条件，检测效率较低，很难适应大量汽车的检测。制动减速度是由地面制动力产生的，故可以利用车轮的地面制动力来计算出汽车的减速度，即可以用制动力的检测来代替汽车制动减速度的测量。

汽车的地面总制动力为

$$Fx_b = Fx_{b1} + Fx_{b2}$$

（8-1）

169

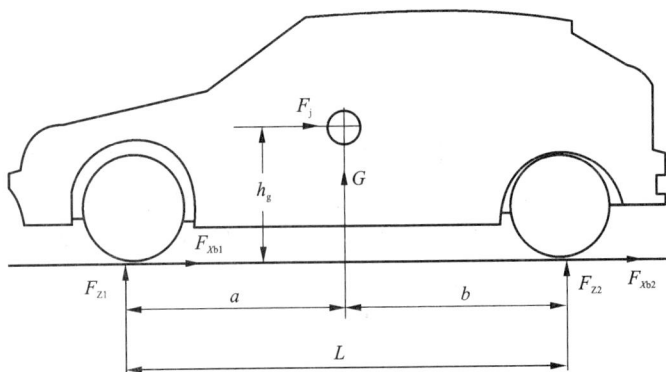

图 8-4　汽车制动受力图

G 汽车总重；L 汽车轴距；a 汽车重心到前轴的距离；b 汽车重心到后轴的距离；h_g 汽车重心高度；F_{z1} 地面对前轮的法向反作用力；F_{z2} 地面对后轮的法向反作用力；F_j 汽车惯性力；Fx_{b1} 前轮制动力；Fx_{b2} 后轮制动力

又因为 $Fx_b = F_j$　　　　　　　　　　　　　　　　　　　　　　　　　（8-2）

所以由式（8-1）和式（8-2）得出汽车制动减速度为：

$$j = g \, Fx_b / G \qquad\qquad (8-3)$$

轴载质量的检测：用地面制动力 Fx_b 求汽车制动减速度 j，必须先确定汽车的轴载质量。汽车安全检测线的轴载质量检测（俗称轴重计），是利用重力来测定的，故给出的读数以牛顿（N）为单位。通常取重力加速度 $g = 9.8$ 米/秒²（m/s²），故测得轴重读数除以 9.8，就是对应的轴载质量的公斤数（kg）。通过轴载质量的检查，也可以了解汽车经使用，修理后的整备质量的变化，从一个角度说明汽车保养水平。测量汽车的轴重时，要求车轴放置在试验台中央，放松刹车。车辆驶入、驶出试验台时尽量减少冲击，以保证测量的读数准确。

1. 用反力式滚筒制动试验台检测制动力

常用的反力式滚筒制动试验台是一种低速静态测力式试验台，主要检测制动力。

（1）反力式滚筒制动试验台结构。

结构组成：1）驱动装置：由电动机、减速机和链传动组成。2）滚筒装置：由左、右独立设置的两对滚筒构成。被测车轮置于两滚筒之间，滚筒相当于活动路面，用来支承被检车轮并在制动时承受和传递制动力。3）测量装置：由测力杠杆和传感器组成，测力杠杆一端与减速器浮动壳体连接，另一端与传感器相连。4）举升装置：便于汽车平稳出入制动试验台。5）指示与控制装置：对检测信号进行采集处理并输出。

为同时测试左、右车轮的制动力，滚筒装置、驱动装置和测量装置左右对称，独立设置。

第三滚筒的作用：测量车轮转速；当被检测车轮制动时，转速下降至接近抱死时，向控制装置发出信号使驱动电机停止转动，以防止滚筒剥伤轮胎、保护驱动电机。

由于对汽车制动性能进行评判时与轴重有关，有些制动试验台配有轴重仪。

（2）反力式滚筒制动试验台的检测原理。

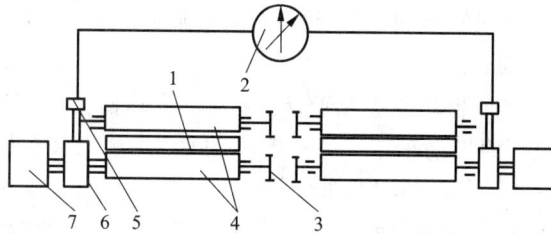

图 8 – 5 单轴反力式滚筒制动试验台

1—举升装置；2—指示装置；3—链传动；4—滚筒装置；5—测量装置；6—减速器；7—电动机

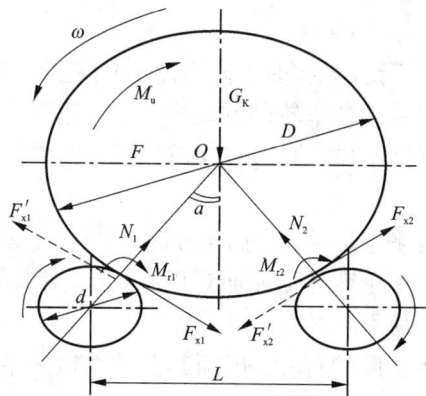

图 8 – 6 单轴反力制动受力图

G_k—车轮所受的载荷；F—车轴对车轮的水平推力；N_1、N_2—滚筒对车轮的支反力；F_{X1}、F_{X2}—滚筒对车轮的作用力；F'_{X1}、F'_{X2}—车轮对滚筒的切向反作用力；M_μ—制动器摩擦力矩；M_{f1}、M_{f2}—滚动阻力矩；α—安置角；L—滚筒的中心距

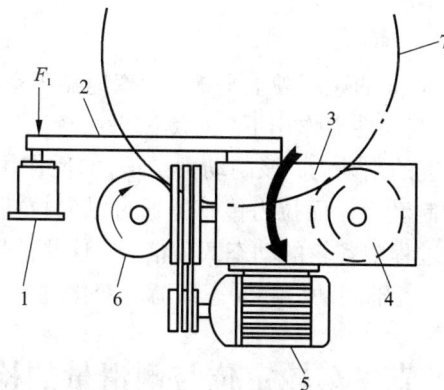

图 8 – 7 制动试验示意图

1—传感器；2—测力杠杆；3—减速器；4—主动滚筒；5—电动机；6—从动滚筒；7—车轮

在制动过程中，当左、右轮制动力之和大于某一数值时，开始采集数据，经历规定的采

集时间后，控制装置发出指令使电动机停转，以防止车轮剥伤。

同时可完成制动协调时间的检测，由套装在制动踏板上的开关发出计时开始信号，当制动力达到标准规定的75%时，计时结束。

车轮阻滞力在行车和驻车制动装置处于释放状态，变速器置于空挡位置时进行。由电动机通过减速器、链传动及滚筒带动车轮维持稳定转动时，由测力装置读出。

（3）反力式滚筒制动试验台检测注意事项。

1）为了防止制动时车轮容易抱死而难以测出制动器能够产生的制动力，允许在汽车上增加足够的附加质量或施加相当于附加质量的作用力，但附加质量或作用力不计入轴荷。

2）检测制动力时，可以在非测试车轮上加三角垫块或采取牵引方法阻止车辆移动。

3）检测制动力时，通过采取措施后，仍出现车轮抱死并在滚筒上打滑或整车随滚筒向后移出现象，而制动力仍未达到合格要求时，应改用平板试验台检测或路试检测。

（4）反力式滚筒制动试验台检测特点。

1）检测迅速、经济、安全，不受外界条件的限制，测试车速低，测试条件稳定，重复性较好。

2）检测参数全面，能定量测得各车轮的制动力、左右轮制动力差值、制动协调时间、车轮阻滞力。因而可全面评价汽车的制动性，并给制动系的故障诊断、维修和调整提供可靠依据。

3）检测时，由于汽车没有平移运动，因而实际制动时因惯性作用而引起的轴负荷前移效应完全没有，这往往使得前轴车轮容易抱死而难以测到前轴制动器能够提供的最大制动力，从而导致整车的制动力不够，易引起误判。

4）检测时，由于汽车没有实际的行驶，因而其制动性检测结果不能反映其他系统（如转向、行驶系）的结构、性能对制动性的影响。

5）对于装备有防抱死制动系汽车，由于检测时车轮防抱死不起作用，因而无法测得实际制动时的最大制动力，不能准确反映防抱死制动系统汽车的制动性能。

2. 用平板式制动试验台检测制动性能

（1）平板式制动试验台结构。

（2）平板式制动试验台检测原理。

检测时，汽车以 5～10 km/h 的速度驶上平板，置变速器于空挡（自动变速汽车可置于 D 挡）并急踩制动，车轮则在汽车惯性力作用下，对测试平板产生作用力 F_{xb}，与此同时测试平板对车轮产生了阻碍汽车前进的制动力，该制动力是 F_{xb} 的反作用力，其大小与 F_{xb} 相等，因此，F_{xb} 相当于就是要检测的制动力。而拉力传感器通过纵向拉杆能感受各轮 F_{xb} 的信号，同时压力传感器能感受到制动过程中各轮的动态载荷信号，这些信号经控制装置转换放大处理后，其显示仪表能记录或显示各轴制动力和动态载荷的变化过程，显示检测结果。

第四节　车轮定位与侧滑量的检测

一、车轮定位参数

为使转向车轮操纵轻便、行驶稳定可靠和减少轮胎的偏磨损，汽车的转向车轮、转向节和前轴三者之间的安装具有一定的相对位置，这种具有一定相对位置的安装叫做转向车轮定

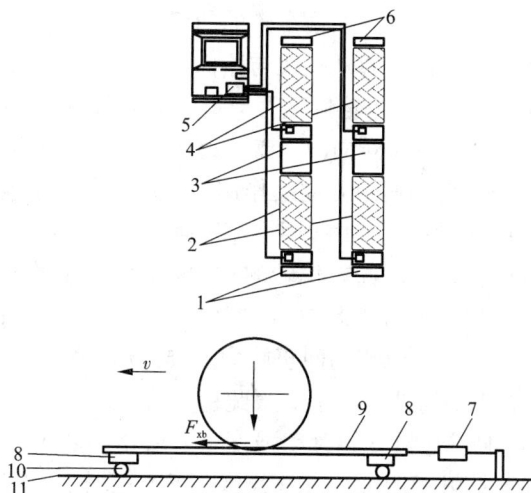

图 8 - 8　平板式制动试验台示意图

1—前引板；2—前测试平板；3—过渡板；4—后测试平板；5—控制和显示装置；
6—后引板；7—拉力传感器；8—压力传感器；9—面板；10—钢球；11—底板

位，也称前轮定位。这是对两个转向前轮而言，对两个后轮来说也同样存在与后轴之间安装的相对位置，称后轮定位。后轮定位包括车轮外倾（角）和逐个后轮前束。这样前轮定位和后轮定位总起来说叫四轮定位。

　　前轮定位主要有主销后倾角 γ、主销内倾角 β、车轮外倾角 α 和前轮前束等参数。后轮外倾角和后轮前束称为后轮定位参数。其作用是使前后轮胎的行驶轨迹重合，以减少高速行车时前后车轮轮胎的横向侧滑量和轮胎的偏磨损。前轮定位和后轮定位合称为四轮定位。一般的汽车都以前轮为转向轮，为了满足汽车的正常行驶要求，对汽车的前轮定位提出一定的要求。汽车在直线行驶时，转向轮若偶然受来自路面的外力（如碰到一块突起的石块）作用，或方向盘稍作转动而偏离直线行驶方向时，转向轮有自动恢复直线行驶的能力。

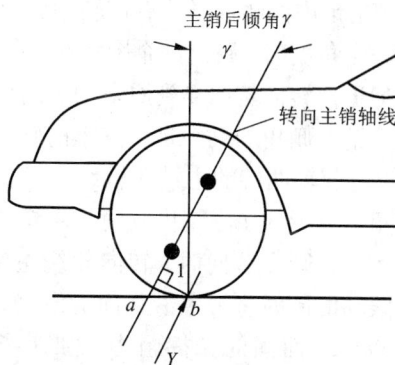

图 8 - 9　主销后倾角

转向轮的这种自动回正作用一般称为转向轮的稳定效应。转向轮的这种稳定效应是由前轮的正确定位来保证的。

1. 主销后倾角（caster angle）

　　在汽车的纵向垂直平面内，转向轮主销中心线上端偏离地面的垂直线而向后倾斜一定的角度，该角度称为主销后倾角，如图 8 - 9 所示。

　　设置主销后倾角后，主销中心线的接地点与车轮中心的地面投影点之间产生距离（称作主销纵倾移距，与自行车的前轮叉梁向后倾斜的原理相同），使车轮的接地点位于转向主销延长线的后端，车轮就靠行驶中的滚动阻力被向后拉，使车轮的方向自然朝向行驶方向。设

173

定很大的主销后倾角可提高直线行驶性能，同时主销纵倾移距也增大。主销纵倾移距过大，会使转向盘沉重，而且由于路面干扰而加剧车轮的前后颠簸。

由于主销具有后倾角，主销轴线的延长线与路面的交点 a 必然在转向轮与路面的接触点 b 的前方。当汽车直线行驶时，若转向轮偶然受到外力作用而稍偏转，将使汽车行驶方向向右偏离，即汽车向右转向行驶。汽车转向时，离心力的一部分经前轴传给转向车轮，从而引起路面对转向轮的侧向反作用力。假定侧向反作用力作用在车轮接地印痕的中央，即侧向反作用力作用在车轮与地面的接触点处。由于主销存在后倾角，侧向反作用力与主销轴线间生存距离便形成力矩，其方向正好与转向轮偏转的方向相反。在此力矩的作用下，将使车轮回复到原来直线行驶的中间位置。通常将此力矩称为稳定力矩。主销后倾角愈大，或车速愈高（离心力愈大），则稳定力矩愈大，前轮的回正能力愈强。但此稳定力矩也不宜过大。稳定力矩太大了，则在使汽车转向时，驾驶员为了克服此稳定力矩，须在方向盘上施加较大的力（即所谓方向盘沉重），因而增加了驾驶员的劳动强度。一般角不超过 $2° \sim 3°$。目前，乘用车广泛采用低压胎，轮胎与地面接触面增大，从而引起回正力矩增加，因此主销后倾角可减小到接近于零，甚至为负值，但不超过 $-1°$（如红旗 CA-770A 型小轿车的转向轮主销后倾角为负值）。

2. 主销内倾角（SAI，steering axis inclination）

在汽车的横向垂直平面内，转向轮主销中心线上端偏离地面的垂线而向内倾斜的角度，称为主销内倾角。主销的内倾，使主销轴线延长线与路面交点到车轮中心平面的距离减小，从而可减少转向时驾驶员加在方向盘上的力，使转向操纵轻便，减少驾驶员的劳动强度；当汽车在坏路上行驶或转向轮偶然遇到障碍物时，也难以减少从转向轮传到方向盘的冲击力。此外，主销内倾角同样具有使转向轮自动回正的作用，即当汽车转向轮在外力作用下绕主销偏转一定角度时，路面则企图将转向轮连同整个汽车前部向上抬起一定高度，而汽车本身的重量却迫使转向轮回复到原来的中间位置，从而使汽车具有维持直线行驶的能力。

主销内倾角的大小是在汽车前轴的设计中保证的，将前轴两端的主销孔轴线上端向内倾斜一定的角度就形成了主销内倾角。主销内倾角也不宜过大，否则在转向时，转向轮绕主销偏转，在车轮滚动的同时将产生沿路面的滑动，因而增加了轮胎与路面间的摩擦阻力，加速了轮胎的磨损。使转向变得沉重，故主销内倾角一般不大于 $8°$。

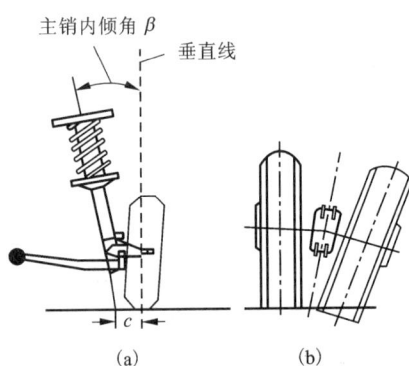

图 8-10　主销内倾角

3. 车轮外倾角（camber angle）

汽车前轮安装不是垂直于地面，而是向外倾斜一个角度，这个角度称为前轮外倾角。转向轮有外倾角后，进一步缩短了转向主销轴线与路面交点和转向轮与路面的接触点之间的距离。因此，它和主销内倾角一样，具有提高转向操纵轻便性的作用。另外，前轮具有外倾角也是为了补偿主销副以及转向传动机构等零部件因磨损而出现的间隙，并避免了前轮向内倾斜，使之与路面拱形相适应。再者，前传输线的外倾还能防止汽车满载时转向桥因负荷较大而产生变形，避免了可能出现的转向轮下部向外张开的现象（即转向轮内倾）。转向轮如出现内倾，不但会加重轮毂轴承和紧固螺母的负荷，影响它们的使用寿命，严重时甚至会损坏紧固螺母，出现转向轮胎"飞脱"的危险事故，而且还会加速转向轮胎的磨损。

前轮的外倾角是在转向节设计中确定的，设计时使转向节轴颈与水平面成一角度，此即为前轮外倾角。车轮外倾角一般为30′～1°。现在汽车一般将外倾角设定得很小，接近垂直。汽车装用扁平子午线轮胎不断普及，由于子午线轮胎的特性（轮胎花纹刚性大，外胎面宽），若设定大外倾角会使轮胎磨偏，降低轮胎摩擦力。还由于助力转向机构的不断使用，也使外倾角不断缩小。尽管如此，设定少许的外倾角可对车轴上的车轮轴承施加适当的横推力。

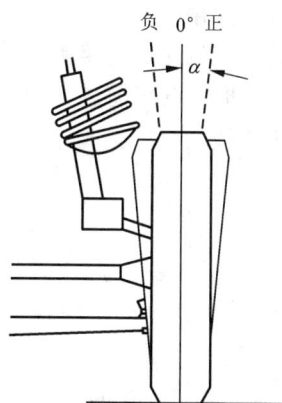

图 8 – 11　车轮外倾角

4. 前轮前束

前桥左、右车轮的旋转平面不平行，车轮前端胎面中心线间的距离 B 小于车轮后端胎面中心线间的距离 A，称为前轮前束 $A – B$（wheel toe），如图 8 – 12 所示。

对于每个车轮来说，前端偏向汽车中心纵轴线为正前束，前端偏离汽车中心纵轴线为负前束（又称前张）。总前束（total toe）是左轮前束和右轮前束之和。脚尖向内，所谓"内八字脚"的意思，指的是左右前轮分别向内。采用这种结构目的是修正上述前轮外倾角引起的车轮向外侧转动。如前所述，由于有外倾，方向盘操作变得容易。另一方面，由于车轮倾斜，左右前轮分别向外侧转动，为了修正这个问题，如果左右两轮带有向内的角度，则正负为零，左右两轮可保持直线行进，减少轮胎磨损。前轮有了外倾角后，在滚

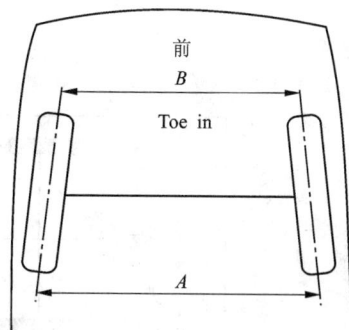

图 8 – 12　前束

动图 8 – 12 时，就类似圆锥滚动那样而使车轮向外滚开。但由于前桥和转向横拉杆的约束而使车轮不能向外滚开，车轮将在地面上出现边滚边滑的现象，从而增加了轮胎的磨损。为了消除前轮外倾带来的不良后果。

前轮前束，可使车轮在每一瞬时，其滚动方向接近于向着正前方，从而在很大程度上减小和消除了由于车轮外倾而产生的不良后果。由于前束完全是因为前轮有外倾而必须采取的相应措施，故随着外倾角的逐渐减小，前束也必须相应地减小。前轮外倾角和前轮前束间存在一定的合理关系，在此关系下，滚动阻力最小，一般汽车前轮的前束值均小于 8～12 mm。

前轮前束可通过改变横拉杆的长度来调整。

5. 包容角

包容角（included angle）是主销内倾角与车前轮外倾角之和。因为包容角是由刚性零件（转向铰节组件或麦逊式减震柱）确定的，所以它一般是不可调的。当这些零件变形时主销内倾角将发生变化。因此，包容角是一个用来诊断车轴磨损及减震器变形的有力工具。

各种车型的转向轮定位值，各汽车制造厂均有规定。

6. 推力角

后轮定位是通过推力线体现的。推力线是经过后桥中心且和后桥中心线垂直相交的一条假想线,指向汽车前进方向。汽车的纵向几何中心线也是一条假想线,它是通过汽车前桥和后桥中心线的直线。

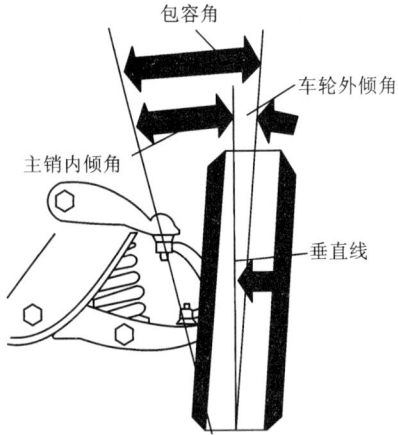

图 8-13 包容角

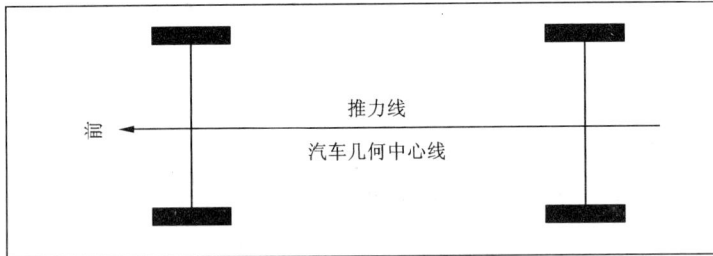

图 8-14 推力角(a)

1)后桥安装正确(推力线和汽车几何中心线重合)。

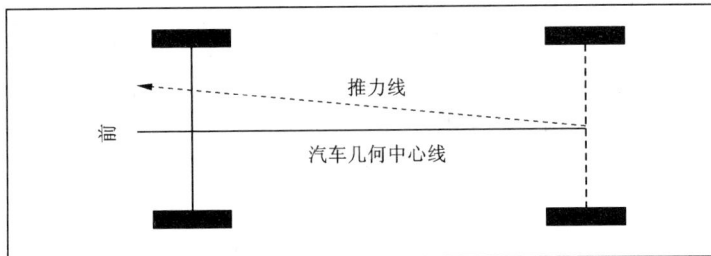

图 8-15 推力角(b)

2)后桥安装偏斜(推力线和汽车几何中心线不重合)。

176

推力角(thrust angle,也叫推进角或驱动偏向角)是指推力线和汽车的纵向几何中心线不重合时,推力线与纵向几何中心线形成的夹角。推力线朝左,推力角为正,推力线朝右,推力角为负。后轮推力角是两后轮前束角差值的一半。

推力角并非设计参数,而是一种故障状态参数,如左后轮和右后轮的前束不等、后轴安装偏斜、车轴偏角等,会产生推力角。

推力角的存在会使汽车的行驶轨迹偏斜,当推力线向汽车几何中心线的左侧偏斜时,后轮将使汽车顺时针转向。如果驾驶员松脱转向盘,汽车向右转。若使汽车保持直线行驶,需使汽车前轮不断向左偏转进行补偿,这将造成轮胎的羽片状磨损。

主销后倾角,主销内倾角,前轮外倾角及前轮前束,总称为转向轮定位。各种车型的转向轮定位值,各汽车制造厂家均有规定。上述的四种定位值都是前轮定位的指标。后轮定位值与前轮定位值相似,但大多数轿车的后轮定位不可调。

二、汽车转向轮的侧滑

侧滑量是指汽车直线行驶位移量为 1 km 时,前轮(转向轮)的横向位移量,单位 m/km (或 mm/m)。汽车转向轮的侧滑,是指汽车行驶过程中转向轮偏离原来直线行驶方向而产生的横向滑动,是由于转向轮的外倾角与转向轮的前束配合不协调所引起的。

转向轮有了外倾角后,汽车直线行驶时,左右转向轮都有企图向外侧张开而边滚动边滑的趋势。而转向轮前束的作用刚好与转向轮外倾角的作用相反,转向轮的前束则企图使转向轮向内侧收拢,形成左右车轮向内侧边滚动边滑动的趋势。如果转向轮的外倾角和转向轮的前束值能合理匹配的话,它们综合作用的结果将能保持转向轮直线行驶的方向不变,即不会发生转向轮侧滑。但是,如果转向轮的外倾角和前束值的匹配不合理,或者由于转向轮外倾角和前束值在使用过程中发生了变化,而使两参数不匹配时,转向轮就不可能保持稳定的直线行驶方向而不可避免地会出现转向轮向外侧滑或向内侧滑。

三、侧滑量的检测

1. 前轮定位参数检测的必要性与国际的有关规定

汽车前轮定位参数是影响汽车操纵性和直线行驶稳定性的重要因素。汽车如果没有正确的前轮定位,将引起转向沉重,操纵困难,增加驾驶员的劳动强度。同时,由于转向轮的侧滑,将影响汽车直线行驶的稳定性。驾驶稳定性不良的汽车是相当困难的,因为前轮的侧滑有加强汽车跑偏的倾向。为了保护汽车的直线行驶,在行驶过程中驾驶员将不得不不断地调整方向盘,因而造成驾驶员精神的过度紧张,有导致事故的危险性。另外,前轮定位参数不正确,还会加剧转向机构和转向轮胎的正常磨损,增加滚动阻力,最终导致汽车燃油消耗量的增加以及动力性能的下降。因此,汽车转向轮定位值是汽车安全检测中的重点检测项目之一。

在中华人民共和国国家标准 GB7258—1997《机动车运行安全技术条件》中,对汽车有关转向轮定位参数的检测作了如下一些规定:(1)机动车的转向盘应转动灵活,操纵方便,无阻滞现象。机动车应设置转向限位装置。车轮转向过程中,不得与其他部件有干涉现象。(2)机动车转向轮转向后应能自动回正,以使机动车具有稳定的直线行驶能力。(3)机动车转向盘的最大自由转动量从中间位置向左或向右转角均不得大于:①最大设计车速大于或等于 100 km/h 的机动车为 10°；②最大设计车速小于 100 km/h 的机动车(三轮农用运输车除外)15°；③三轮农用运输车 22.5°。(4)机动车在平坦、硬实、干燥和清洁的道路行驶不得跑偏，其转向盘不得有振摆，路感不灵或其他异常现象。(5)机动车在平坦、硬实、干燥和清洁的水泥或沥青道路上行驶，以 10 km/h 的速度在 5s 之内沿螺旋线从直线行驶过渡到直径 24m 的圆周行驶，施加于转向盘外缘的最大切向力不得大于 245N。(6)机动车前轮定位值应条例该车有关技术条件。(7)机动车转向轮的横向侧滑量，用侧滑仪(包括双板和单板侧滑仪)检测时，侧滑量应不大于 5m/km。

2. 汽车前轮定位参数的检测，有静态检测法和动态检测法两种

静态检测法是在汽车静止的状态下，用车轮定位仪对前轮定位值进行检测。测定时，底盘各机件的技术状况应完好，汽车处于水平场地，按规定的载荷，轮胎气压正常并呈直驶位置。检测项目有车轮前束，车轮外倾，主销内倾角和主销后倾角。把测定值与车辆制造厂给出的技术数据进行对照，不合格时进行调整，使在用车恢复原车的操纵稳定性。动态检测法是使汽车以一定的行驶速度通过侧滑试验台，从而测量转向轮的横向侧滑量。

汽车侧滑试验台是在汽车安全检测线上用以检测汽车前轮侧滑量的一种专门设备。而汽车前轮的侧滑量主要受转向轮外倾角及转向轮前束值的影响。所以，侧滑试验台就是为检测汽车转向轮外倾角与前束值这两个参数配合是否恰当而设计制造的一种专门的室内检测设备。

四、四轮定位设备

四轮定位仪有前束尺和光学水准定位仪、拉线定位仪、CCD 定位仪、激光定位仪和 3D 影像定位仪等几种。

四轮定位仪主要由定位仪主机及必要的附件组成。定位仪主机包括：①机箱(大机箱带后视镜)；②电脑主机(含显示器、打印机)；③四个机头(定位传感器)；④通信系统；⑤充电系统；⑥总供电系统。必要的附件包括：①方向盘固定器；②刹车固定器；③转角盘；④夹具。

1. 四轮定位的作用

四轮定位是汽车维修保养必需的工作内容之一。除非在做四轮定位之前存在与它相关的明显问题，例如直行稳定性差等，在四轮定位后您能马上感觉得到，否则凭感觉您很难判断做得好不好。由于目前汽修行业的良莠不齐，维修质量相差很大，所以建议您尽量到较好的维修企业维修以保证四轮定位的质量，确保行车安全。它的好处有：增强驾驶舒适感；减少汽油消耗；增加轮胎使用寿命；保证车辆的直行稳定性；降低底盘悬挂配件的磨损；增强行驶安全。

四轮定位仪用于测试汽车的车轮定位参数，并与原厂的设计参数进行对比，指导使用者对车轮定位参数进行相应的调整，使其符合原设计要求，以达到理想的汽车行驶性能，即操纵轻便，

图 8-16 四轮定位仪

行驶稳定可靠，并减少轮胎的偏磨损。可对汽车的主要四轮定位参数，包括外倾角（camber），后倾角（caster），前束（toe－in），内倾角（SAI）等进行测量和调整。

增加行驶安全；减少轮胎磨损；保持直行时转向盘正直，维持直线行车；转向后转向盘自动归正；增加驾驶控制感；减少燃烧消耗；减低悬挂部件耗损。

当车辆使用很长时间后，用户发现方向转向沉重、发抖、跑偏、不正、不归位或者轮胎单边磨损，波状磨损，块状磨损，偏磨等不正常磨损，以及用户驾驶时，车感漂浮、颠簸、摇摆等现象出现时，就应该考虑检查一下车轮定位值，看看是否偏差太多，及时进行修理。

2.四轮定位的要求

如果你的车辆说明书里建议的数据与四轮定位仪电脑里的数据是相同的就是通用的。一般来说，在下列情况需要做四轮定位。

（1）更换新胎或发生碰撞事故维修后；

（2）前后轮胎单侧偏磨；

（3）驾驶时方向盘过重或飘浮发抖；

（4）直行时汽车向左或向右跑偏；

（5）虽无以上状况，但出于维护目的，建议新车在驾驶3个月后，以后半年或一万公里一次。

五、汽车车轮侧滑检测方法

1.车轮侧滑的产生原因

当转向轮外倾角和前束在使用过程中发生变化，两参数的平衡被破坏，使轮胎处于边滚边滑的状态时，将产生侧向滑移现象，称为车轮侧滑。

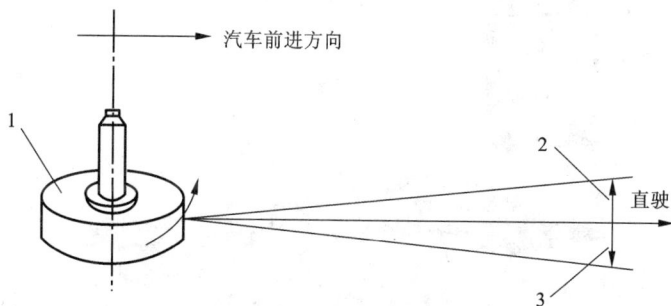

图 8－17　车轮外倾角和前束综合作用结果

1—转向车轮；2—车轮前束；3—车轮外倾

2.汽车车轮侧滑试验台的检测原理

检测前轮侧滑量的主要目的是为了判断汽车前轮前束和外倾这两个参数配合是否恰当，而非测量这两个参数的具体数值。

可用汽车车轮侧滑试验台（side slip tester）检测侧向滑移量的大小与方向，其实质是让汽车驶过可横向自由滑动的滑动板，由于前轮前束和外倾角匹配不当而产生侧向作用力，滑动板将产生侧向滑动，测量滑动板移动的大小和方向以表示汽车前轮侧滑量。

（1）滑板式侧滑试验台。

滑板式侧滑试验台是通过测量滑板的滑动量来检测车轮侧滑量的。按滑动板数不同，分为单板式滑板式侧滑试验台（如图 8 - 18 所示）和双板式滑板式侧滑试验台（如图 8 - 19 所示）两种。

图 8 - 18　单板式滑板式侧滑试验台

图 8 - 19　双板式滑板式侧滑试验台

（2）滚筒式侧滑试验台。

滚筒式侧滑试验台（如图 8 - 20 所示）是通过测量车轮的侧向力来检测车轮侧滑量的。

图 8 - 20　滚筒式侧滑试验台

（3）双滑板式侧滑试验台的工作原理。

（4）单滑板式侧滑试验台的工作原理。

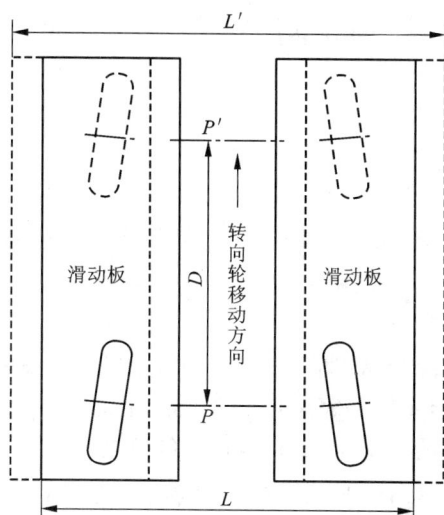

图 8－21 仅车轮前束（滑动板向外测滑动）

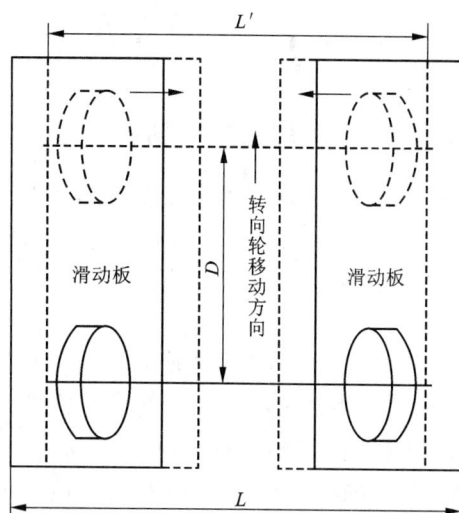

图 8－22 仅车轮外倾角（滑动板向内测滑动）

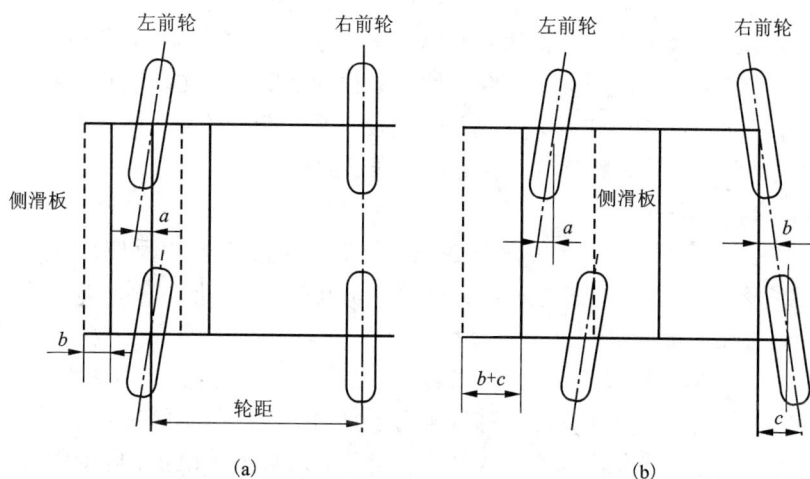

(a)

(b)

图 8－23 单滑板侧滑台的测量原理分析图

3. 侧滑的检测标准

侧滑试验台就是用上述原理来测量车轮侧滑量的，其实际显示的侧滑值是左、右车轮侧滑量的平均值。侧滑量的单位用 m/km 表示，即汽车每行驶 1 km 产生侧滑的米数。

《机动车运行安全技术条件》（GB7258—2004）规定：用双滑板式和单滑板式侧滑试验台检测汽车转向轮的横向滑移量时，侧滑量应在 ±5 m/km 之间。

第五节　汽车排放污染物检测

一、汽车排放物及检测

1.汽车排放的有害物检测的必要性及其标准

在汽车排放的废气中，对人体危害较大的主要有 CO（一氧化碳），HC（碳氢化合物），NO_x（氮氧化物）及微粒等。

（1）一氧化碳（CO）气体。

成因：是燃料不完全燃烧的产物（即混合气太浓或燃烧质量不佳）。碳氢燃料的高温氧化生成。CO 是发动机中因空气供给不足或其他原因造成的不完全燃烧时所产生的一种无色、无味但有剧烈毒性的气体。CO 被吸入人体后，非常容易和血液中的血红蛋白结合，从而妨碍血红蛋白的输氧能力。在 CO 浓度达到一定值的环境中，可以引起人体缺氧，头痛，头晕，呕吐等中毒症状；当 CO 浓度超过一定值后，人就会死亡。浓度 >0.001% 引起慢性中毒；浓度 >0.012%，1 小时后死亡（与血液中的血红蛋白结合 ）。

（2）碳氢化合物（HC）。

成因：发动机未燃尽的燃料分解或供油系中燃料蒸发所产生。壁面激冷效应、缝隙效应、缸壁润滑油膜的吸收和蒸发。危害：形成光化学烟雾。HC 是汽车发动机排气中的未燃部分。它是一种混合物，其成分多达 100 多种。单独的 HC 只有在浓度相当高的情况下才会对人体产生影响。但是当 HC 和 NO_2（二氧化氮）混合在一起，经强烈阳光照射后产生的高浓度臭氧，会对人的眼睛、呼吸器官及皮肤等产生强烈的刺激。

（3）氮氧化合物（NO_x）。

成因：在高温（1800℃）和高浓度氧气的条件下氮和氧才能发生反应，生成 NO_x（主要是 NO 和 NO_2）。危害：产生与 CO 相似的严重后果。引起肺水肿，同时刺激眼、鼻黏膜。

NO_x 是发动机在大负荷工作时产生的一种褐色的有臭味的排气污染物。发动机排气刚一排出时，其中存在的 NO 毒性较小，但 NO 很快氧化成 NO_2。NO_2 有剧烈的毒性，会刺激人的眼睛和呼吸道，引起喘息，支气管炎及肺气肿等。此外，NO_x 与 HC 受阳光照射后产生化学反应，形成光化学烟雾。光化学烟雾不仅对人体有害，还会损害植物，降低大气能见度等。

（4）碳烟（微粒）。

成因：不完全燃烧的产物。危害：影响呼吸系统，引起恶心头晕。微粒的排放对汽油车来说主要是铅化物（使用含铅汽油时），硫酸盐和低分子物质。铅化物被人吸入并积累到一定程度时，会影响造血功能，造成贫血及使心、肺等器官发生病变。对于柴油车，微粒的排放主要是碳烟及其所吸附的高分子有机物。碳烟是柴油机燃料不完全燃烧的产物。碳烟除了它本身对人的呼吸系统有害之外，还因为其表面上吸附着很多复杂的有机物而具有很大的潜在毒性。同时，汽车排出黑烟严重时，还会妨碍车辆驾驶员和行人的视线，成为引发交通事故的因素。

因汽油机和柴油机所用燃料和工作方式不同，其有害成分形成量差异很大。汽油车排气的有害成分主要是 CO，HC 和 NO_x，柴油车排气的有害成分主要是碳烟和 NO_x，CO 和 HC 的含量相对较低。

（5）硫化物（SO_2）。

成因：燃料中的硫和空气中的氧气反应生成。危害：形成酸雨。

（6）二氧化碳。

成因：燃烧产生。危害：温室效应，在欧洲温室气体排放总量中，交通污染约占 21%，是欧洲空气质量恶化和导致癌症、呼吸与心血管系统疾病死亡率上升的主要元凶。

随着我国汽车数量的迅速增加，汽车排气的有害物质对大气环境的污染日益严重。特别是在大城市，人口集中，车辆密度大，交通拥塞，汽车行驶速度低，且起动和制动频繁，因而排放的有害物更多，成为主要的大气污染源，严重地威胁人们的身体健康。为此，我国对汽车排气污染物排放的检测，控制也越来越重视，越来越严格。我国于 1981 年起开始制定汽车排放标准。1983 年颁布了六个关于汽车排放物限制和测定方法的国家标准，并于 1984 年开始实施。为了加强保护环境，实施可持续发展战略，我国又相继制定了更为严格的汽车排放标准，并且将汽车排气污染物排放的检测作为汽车安全技术检测站的一个检测工位。汽车要顺利通过安全检测，就必须使其污染物排放符合国家标准的有关规定。

2. 排放标准规定

汽车排放污染物的表示方法：

浓度排放量：CO、CO_2 和 O_2 用 % 表示；HC 和 NO_x 用 ppm（百万分之一）表示；

质量排放量：g/h；

比排放量：g/km。

排放检测限值

（1）装配点燃式发动机的车辆双怠速试验排气污染物限值（依据 GB18285—2005）。

表 8 - 9　新生产汽车排气污染物排放限值

车　　型	类　　别			
	怠　速		双怠速	
	CO（%）	HC（×10^{-6}）	CO（%）	HC（×10^{-6}）
2005 年 7 月 1 日起新生产的第一类轻型汽车	0.5	100	0.3	100
2005 年 7 月 1 日起新生产的第二类轻型汽车	0.8	150	0.5	150
2005 年 7 月 1 日起新生产的重型汽车	1.0	200	0.7	200

表 8 - 10　在用汽车排气污染物排放限值

车　　型	类　　别			
	怠　速		双怠速	
	CO（%）	HC（×10^{-6}）	CO（%）	HC（×10^{-6}）
1995 年 7 月 1 日前生产的轻型汽车	4.5	1200	3.0	900
1995 年 7 月 1 日起生产的轻型汽车	4.5	900	3.0	900
2000 年 7 月 1 日起生产的第一类轻型汽车[1]	0.8	150	0.3	100

车 型	类 别			
	怠 速		双怠速	
	CO(%)	HC(×10⁻⁶)	CO(%)	HC(×10⁻⁶)
2001 年 10 月 1 日起生产的第二类轻型汽车	1.0	200	0.5	150
1995 年 7 月 1 日前生产的重型汽车	5.0	2000	3.5	1200
1995 年 7 月 1 日起生产的重型汽车	4.5	1200	3.0	900
2004 年 9 月 1 日起生产的重型汽车	1.5	250	0.7	200

注：对于 2001 年 5 月 31 日以前生产的 5 座以下（含 5 座）的微型面包车，执行 1995 年 7 月 1 日起生产的轻型汽车的排放限值。

M1 类车：至少有 4 个车轮或有三个车轮且厂定最大总质量超过 1000 kg，除驾驶员座位外，乘客座位不超过 8 个的载客车辆。

M2 类车：至少有四个车轮或有三个车轮且厂定最大总质量超过 1000 kg，除驾驶员座位外，乘客座位超过 8 个，且厂定最大总质量不超过 5000 kg 的载客车辆。

N1 类车：至少有四个车轮，或有三个车轮且厂定最大总质量超过 1000 kg，常定最大总质量不超过 3500 kg 的载货车量。

轻型汽车：指最大总质量不超过 3500 kg 的 M1 类、M2 类、N1 类车辆。

第一类轻型汽车：设计乘员数不超过 6 人（包括司机），最大总质量 ≤2500 kg 的 M1 类车。

第二类轻型汽车：除第一类轻型汽车外的其他所有轻型汽车。

重型汽车：最大总质量超过 3500 kg 的车辆。

二、在用汽车的排气烟度排放控制要求

1. 排气烟度排放控制要求

（1）对于 GB3847—2005 标准实施后生产的在用汽车：

自本标准实施之日起，按本标准规定经型式核准批准车型生产的在用汽车，应按要求进行自由加速试验，所测得的排气光吸收系数不应大于车型核准批准的自由加速排气烟度排放限值，再加 0.5 m⁻¹。

（2）对于 2001 年 10 月 1 日起生产的在用汽车自 2001 年 10 月 1 日起至本标准实施之日生产的汽车，应按要求进行自由加速试验，所测得的排气光吸收系数不应大于以下数值：

——自然吸气式：2.5 m⁻¹；

——涡轮增压式：3.0 m⁻¹。

（3）对于 2001 年 10 月 1 日前生产的在用汽车：

①自 1995 年 7 月 1 日起至 2001 年 9 月 30 日期间生产的在用汽车，应按要求进行自由加速试验，所测得的烟度值应不大于 4.5Rb。

②自 1995 年 6 月 30 日以前生产的在用汽车，应按要求进行自由加速试验，所测得的烟度值应不大于 5.0Rb。

（4）在用低速汽车（农用运输车）的排气烟度排放控制要求（依据 GB18322—2002）。

表 8 – 11　在用农用运输车排气烟度排放限值

实施阶段	实施日期	烟度值 Rb	
		装用单缸柴油机	装用多缸柴油机
1	2002.07.01 前生产	6.0	4.5
2	2002.07.01—2004.06.30 生产	5.5	4.5
3	2004.07.01 起生产	5.0	4.0
进入城镇建成区的在用农用运输车	2002.07.01—2004.06.30	4.5	
	2004.07.01 起生产	4.0	

注：1）连续 3 次测量结果的算术平均值不超过上述标准对应的排放限值，则为合格。

2）进入城镇建成区的在用农用运输车：实现限值的城镇范围由省人民政府决定。

（5）在用摩托车的怠速法测量排放控制要求（依据 GB14621—2002）。

表 8 – 12　在用摩托车怠速法测量排放限值

试验类别	CO, 10^{-2}	HC(10^{-6})	
		四冲程	二冲程
2003 年 1 月 1 日起型式核准试验	3.8	800	3500
2003 年 7 月 1 日起生产一致性检查试验	4.0	1000	4000
2003 年 7 月 1 日起生产的在用车检查试验	4.5	1200	4500
2003 年 7 月 1 日以前生产的在用车检查试验	4.5	2200	8000

注：HC 浓度按正己烷当量。

表 8 – 13　柴油车排放标准

车辆类型	光吸收系数（m^{-1}）
2001 年 1 月 1 日以后上牌照的在用车	2.5
2001 年 1 月 1 日以后上牌照的装配废气涡轮增压在用车	3.0

烟度值, Rb	
1995 年 7 月 1 日以前生产的在用车	4.7
1995 年 7 月 1 日起生产的在用车	4

三、汽油车排气污染物排放的检测方法

1.汽油车排气检测时的工况

按照国家标准 GB/T3845—1993《汽油车排气污染物的测量 怠速法》的规定，检测汽油车排气污染物是测量汽油车在怠速工况下排气中 CO，HC 的容积浓度。

汽油车的怠速工况指当发动机运转，离合器处于接合位置，油门踏板与手油门处于松开位置，变速器处于空挡位置，采用化油器的供油系统，其阻风门处于全开位置时的工况。

汽油车排气中的 CO 和 HC 浓度会随混合气的变浓而增加。怠速时，由于节气门开度最小，发动机转速低，进入汽缸的新鲜空气量少，而残余废气相对很大，为克服废气对混合气的稀释作用，必须用较浓的混合气才能保证燃烧的稳定性。因此，汽油车怠速时排气中的 CO 和 HC 浓度很高。由于目前我国的城市道路条件，使汽车行驶经常受阻，怠速工况是汽车经常使用的工况，限制怠速工况的排污，其他工况的情况也就更可以改善了。怠速检测法考虑了我国目前的实际情况，在现有发动机不作改造的条件下，只要发动机各部件无故障，通过合适的怠速调整，一般都能使汽车排放达到标准规定的限值以内。

2.CO/HC 排气分析仪的构造及其检测原理

CO 和 HC 的浓度有多种检测方法，如不分光红外线分析法，接触燃烧式分析法等。GB/T3845—1993《汽油车排气污染物的测量 怠速法》规定，测量汽油车在怠速工况下各排气给分均应采用不分光红外线吸收型监测仪。

（1）不分光红外线分析法的测量原理

汽油车排出的废气中包含中 CO，HC，CO_2，NO_2 等气体，它们分别具有能吸收一定波长范围的红外线的性质，且红外线被吸收的程度与废气浓度之间有大致成正比的关系。即红外线被吸收而产生的能量变化与废气的浓度有大致成正比的关系。不分光红外线分析法就是利用这一原理，从红外线通过汽车排出的废气而发生红外线能量变化来检测混合气体中的 CO，HC 浓度。测量时不必事先将 CO，HC 从混合气体中分离出来。NDIR 根据不同气体对红外线的选择性吸收原理来实现。如 CO 能够吸收 4.7 μm 波长的红外光线。主要测量 CO 和 CO_2；对 NO 和 HC 测量精度较低。

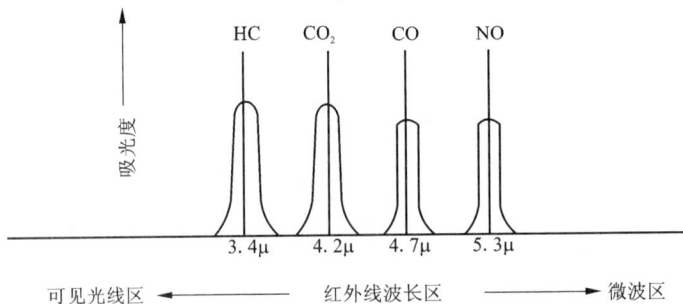

图 8 - 24　不同气体吸收红外线的情况

（2）CO/HC 综合分析法（尾气分析仪）。

利用不分光红外线分析法制成的排气分析仪，既有制成单独检测 CO 或单独检测 HC 浓

度的单项分析仪，也有制成能同时检测这两种气体浓度的综合式分析仪。目前大多数汽车检测站使用的，由广东佛山分析仪器厂生产的不分光红外线 CO 和 HC 汽车排气分析仪（简称 CO/HC 分析仪）就是一种综合式分析仪。它是一种能够从汽车排气管中采集气样，对其中所含的 CO 和 HC 浓度进行连续测量的仪器。不论哪种形式的分析仪，在检测 HC 浓度时，由于排气中 HC 的成分有很多种类，因此测得的是被测气体中 HC 的正已烷当量浓度。CO 浓度则是直接测定的。

图 8 - 25　尾气分析仪

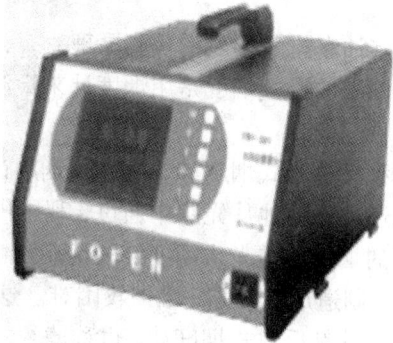

图 8 - 26　烟度计

（3）氢火焰离子法（FID）。

利用某些气体在高温火焰中的电离现象，通过检测电极间的离子电流来测定气体浓度。HC 的标准测量方法，灵敏度高，可用于稳态工况或瞬态工况。

（4）化学发光法（CLD）。

CLD 是测量 NO_x 浓度的标准方法。被测气体中的 NO 与 O_3 反应产生化学发光现象，这种化学发光的强度与 NO 浓度成正比。NO_2 转换为 NO 后（转化器），再进入化学发光室，转化效率应大于 90%。

3. 汽油车排气污染物的检测方法

按 GB/T3845—93 的规定，检测汽油车的排气污染物应采用不分光红外线分析仪测量汽油车在怠速工况下排气中 CO，HC 的容积浓度。

（1）检测前的准备。

1）仪器的准备。

取样软管长度等于 5.0 m，取样探头长度不小于 600 mm，并应有插深定位装置。检查指针的机械零位，仪器是否堵塞或漏气，各个过滤元件是否装好，然后再按以下步骤进行：

①接通电源开关，预热 30 min。②校准（每天测量前进行简易校准，一周或半个月进行一次标准气样校准）。③将取样探头和取样软管，水分离器装到仪器上。④将分析仪的量程切换开关置于最高量程挡位或置于电脑检测所确定的挡位。

2）受检车辆的准备：①进气系统应装有空气滤清器，排气系统应装有排气消声器，并不得有泄漏。②启动，预热发动机，发动机冷却水和润滑油温度应达到汽车使用说明书所规定的热状态。③1995 年 7 月 1 日起新生产的汽油发动机应具有怠速螺钉限制装置。点火提前角在其可高速范围内都应达到排放标准要求。

（2）检测步骤。

①发动机由怠速工况加速至 0.7 额定转速，维持 60s 后降至怠速状态。②发动机降至怠速状态后，将取样探头插入排气管中，深度等于 400 mm，并固定于排气管上。③发动机在怠速状态，维持 15 s 后开始读数，读取 30 s 内的最高值和最低值，其平均值即为测量结果。④若为多排气管时，取各排气管测量结果的算术平均值。

四、柴油车排气烟度的检测

1.柴油车排气烟度的检测原理

柴油车的排气烟度是用烟度计来检测的。烟度计的类型很多，按测量原量分，目前流行的有两种。

一种是透光式烟度计。透光式烟度计在光学系统中装上光源和光接收器，使待测的柴油车排气连续不断地从光路中通过，利用排气中的炭微粒对光的吸收使透光率发生变化而测定排气中的烟度。透光式烟度计的优点是可以测定变化工况中烟度排放的瞬时值，缺点是结构较复杂，制造成本较高，维护较困难。这种烟度计主要用于发动机的研究。

另一种是反射式烟度计，也称滤约式烟度计。它利用滤纸将排气过滤，排气中的碳烟便存留在滤纸上，然后根据光的反射原理用测定滤纸被炭烟污染的程度来表示排气烟度。滤纸式烟度计结构简单，高速和作用都较方便，特别适用于稳定工况下的烟度测定，缺点是不能对变化工况下的过渡过程作连续的测量。

根据国家标准的规定，目前汽车检测站和测量柴油车自由加速烟度的仪器为滤纸式烟度计。

滤纸式烟度计检测柴油车排气烟度的基本原理是：用抽气泵在一定时间内从柴油车排气管中抽取一定量的废气，使它通过一张一定面积的纯白滤纸，废气中的炭烟微粒便留在滤纸上，使滤纸染黑。然后用光电检测装置测出滤纸的染黑度，用波许（Rb）表示。该染黑度即代表柴油车的排气烟度。抽气时间、抽气量对检测的准确性都有直接的影响。为保证检测精度，国家标准对抽气泵的抽气时间、抽气量都有规定。柴油车自由加速时，由于是在怠速情况下突然加油，转速迅速增加，排烟浓度也突然增加，当转速稳定后，排烟浓度明显降低。为准确反映加油时的排烟情况，就要求加油时立即取样，即加油与取样同步。如果取样提前，浓度还未排出就结束取样，就会使测量结果偏低；同样，如果取样推迟了，浓烟已经过去了才取样，结果也会偏低。另外，取样时间过长或过短，得到的排气平均烟度都会不同。国家标准规定，抽气泵每次抽气的动作时间为 1.4 ± 0.2 s，抽气泵每次的抽气量为 330 ± 15 mL。如果每次抽取的废气不等量，则通过相同面积的滤纸时，滤纸的染黑度就不同，所测得的烟度值也就不同，因此对抽气泵每次的抽气量也必须规定。

2.柴油车排气烟度的检测方法

目前汽车检测站检测柴油车排气烟度的方法仍按国家标准 GB3846—83《柴油车自由加速烟度测量方法》执行，即用滤纸式烟度计测量柴油车在自由加速工况下的排气烟度。自由加速工况是指：发动机处于怠速工况（离合器处于结合位置，油门踏板位于松开位置，当装用机械式或半自动变速器时，变速杆位于空挡位置；当装用自动变速器时，选择器在停车或空挡位置），将油门踏板迅速踏到底，维持数秒钟后松开。

188

（1）滤纸式烟度计。

使排气通过白色滤纸，炭烟沉积。灯光照射滤纸表面，用反射率表示。范围 0 ~ 10，0 表示洁净滤纸，10 表示完全染黑。简单便宜，适于人工检测。不适于测量白烟和蓝烟。

（2）不透光法。

利用炭烟对光的吸收作用，测定透过炭烟后光的衰减程度来测定排气烟度。表示方法用 0% ~ 100%，0% 表示被测废气不吸光，100% 表示光线完全被废气吸收。可以连续测量（稳态和非稳态），低烟度时有较高的分辨率。

1）检测前的准备。

仪器的准备：①按仪器生产厂使用说明书的规定进行气路和电路的连接，预热等项准备；②测量前要用标准烟度卡对仪器进行校准，使烟度计指示值与标准烟度卡的给定值相符；③要保证滤纸符合规格（符合 GB1915—1980），洁白无污，保证滤纸传送装置工作状态良好；④保证压缩空气清洗系统工作正常无泄漏，保证清洗用压缩空气压力为 0.3 ~ 0.4 MPa（即 3 ~ 4 kgf/cm²）；⑤保证烟度检测系统工作状态良好。

受检车辆的准备：①排气系统不得有泄漏；②排气管应能保证取样探头插入深度不小于 300 mm，否则排气管应加接管，并保证接口不漏气；③发动机达到使用说明书规定的热状态。

2）检测步骤。

①取样探头逆气流固定于排气管内，并使其中心线与排气管轴线平行；②将踏板开关固定于油门踏板上端，并使检测仪表上的转换开关位于与踏板结合的位置；③由怠速工况将油门踏板迅速踏到底，约 4 s 松开，如此重复三次，以清除排气管中残存的炭烟；④在完成滤纸走位，清洗取样管之后，将油门踏板与踏板开关一并迅速踏到底，至 4 s 时松开油门踏板和踏板开关，并由指示表头读数。下一次踏油门前一次间隔 15s。如此重复三次，取三次读数的算术平均值作为该测量烟度。

第六节　汽车噪声检测

所谓噪声，是泛指那些不受欢迎的，不需要的和令人烦躁，讨厌的干扰声。在示波器上，它们往往是一些不规则的或随机的声信号。随着我国汽车数量的猛增，汽车所产生的噪声已成为一些大城市的主要噪声源。噪声会影响、干扰人的学习、生活和工作，甚至对人体健康造成危害。由于汽车噪声是流动性的，影响范围大，干扰时间长，因而受影响的人员多。汽车的高噪声不仅会影响周围环境，而且还会使驾驶员工作效率下降，反应时间加长，导致公路交通事故，因此，为了给人们创造良好的学习、工作和生活环境，尽量减少噪声的干扰和对人体健康的危害，必须对汽车的噪声进行检测和控制。随着汽车向快速和大功率方面的发展，汽车噪声已成为一些大城市的主要噪声源。汽车噪声主要包括：发动机的机械噪声、燃烧噪声、进排气噪声和风扇噪声；底盘的机械噪声、制动噪声和轮胎噪声，车厢振动噪声，货物撞击噪声，喇叭噪声和转向、倒车时的蜂鸣声等噪声。由于车辆噪声具有游走性，影响范围大，干扰时间长，因而危害比较大。

一、汽车噪声的标准及检测

1. 汽车噪声检验标准

GB7258—1997《机动车运行安全技术条件》对客车车内噪声级、汽车驾驶员耳旁噪声级和机动车喇叭声级作了规定，GB1495—79《机动车辆允许噪声》和GB1496—79《机动车噪声测量方法》对车外最大噪声级及其测量方法作了规定：

（1）车外最大允许噪声级汽车加速行驶时，车外最大允许噪声级应符合表8－14的规定。表中所列各类机动车辆的变型车或改装车（消防车除外）的加速行驶车外最大允许噪声级，应符合其基本型车辆的噪声规定。

（2）车内最大允许噪声级客车车内最大允许噪声级不大于82dB。

（3）汽车驾驶员耳旁噪声级耳旁噪声级应不大于90 dB。

（4）机动车喇叭声级在距车前2 m、离地高1.2 m处测量时，其值应为90～115 dB。

2. 声级计的结构与工作原理

在汽车噪声的测量方法中，国家标准规定使用的仪器是声级计。声级计是一种能把噪声以近似于人耳听觉特性测定其噪声级的仪器。可以用来检测机动车的行驶噪声、排气噪声和喇叭声音响度级。根据测量精度不同声级计可分为精密声级计和普通声级计两类，按显示方式分，有指针式和数显式。汽车检测站中一般使用直流数显式的普通声级计。根据所用电源不同可分为交流式声级计和直流式声级计两类。后者也可以称为便携式声级计，具有体积小、重量轻和现场使用方便等特点。

表8－13　车外最大允许噪声级

车辆类型		车外最大允许噪声级［dB（A）］	
		1985年1月1日以前生产的汽车	1985年1月1日起生产的汽车
载货汽车	8 t≤载质量＜15 t，3.5 t≤载质量＜8 t，载质量＜3.5 t	92 90 89	89 86 84
	轻型越野车	89	84
公共汽车	4 t≤载质量＜11 t，载质量≤4 t	89 88	86 83
	轿车	84	82

声级计一般由传声器、放大器、衰减器、计权网络、检波器、指示表头和电源等组成。其工作原理是：被测的声波通过传声器被转换为电压信号，根据信号大小选择衰减器或放大，放大后的信号送入计权网络作处理，最后经过检波器并在以 dB 标度的表头上指示出噪声数值。图8－27为我国生产的ND2型精密声级计。

（1）传声器。传声器是将声波的压力转换成电压信号的装置，也称话筒，是声级计的传感器。常见的传声器有动圈式和电容式等多种形式。动圈式传声器由振动膜片、可动线圈、永久磁铁和变压器等组成。振动膜片受到声波压力作用产生振动，它带动着和它装在一起的可动线圈在磁场内振动而产生感应电流。该电流根据振动膜片受到声波压力的大小而变化。声压越大，产生的电流就越大。电容式传声器由金属膜片和金属电极构成平板电容的两个极板，当膜片受到声压作用发生变形，使两个极板之间的距离发生变化，电容量也发生变化，从而实现了将声压转换为电信号的作用。电容式传声器具有动态范围大、频率响应平直、灵敏度高和稳定性好等优点，因而应用广泛。

（2）放大器和衰减器。在放大线路中都采用两级放大器，即输入放大器和输出放大器，其作用是将微弱的电信号放大。输入衰减器和输出衰减器是用来改变输入信号的衰减量和输出信号衰减量的，以便使表头指针指在适当的位置上。衰减器每一挡的衰减量为 10dB。

图 8 - 27　ND2 型精密声级计

（3）计权网络。计权网络一般有 A、B、C 三种。A 计权声级模拟人耳对 55dB 以下低强度噪声的频率特性，B 计权声级模拟 55～85dB 的中等强度噪声的频率特性，C 计权声级模拟高强度噪声的频率特性。三者的主要差别是对噪声低频成分的衰减程度不同，A 衰减最多，B 次之，C 衰减量最少。A 计权声级由于其特性曲线接近于人耳的听感特性，因此目前应用最广泛，B，C 计权声级已逐渐不被采用。

（4）检波器和指示表头。为了使经过放大的信号通过表头显示出来，声级计还需要有检波器，以便把迅速变化的电压信号转变成变化较慢的直流电压信号。这个直流电压的大小要正比于输入信号的大小。根据测量的需要，检波器有峰值检波器、平均值检波器和均方根值检波器之分。峰值检波器能给出一定时间间隔中的最大值，平均值检波器能在一定时间间隔中测量其绝对平均值。

多数的噪声测量中均采用均方根值检波器。均方根值检波器能对交流信号进行平方、平均和开方，得出电压的均方根值，最后将均方根电压信号输送到指示表头。指示表头是一只电表，只要对其刻度进行标定，就可从表头上直接读出噪声级的 dB 值。

声级计表头阻尼一般都有"快"和"慢"两个挡。"快"挡的平均时间为 0.27 s，很接近于人耳听觉器官的生理平均时间。"慢"挡的平均时间为 1.05 s。当对稳态噪声进行测量或需要记录声级变化过程时，使用"快"挡比较合适；在被测噪声的波动比较大时，使用"慢"挡比较合适。

声级计面板上一般还备有一些插孔，这些插孔如果与便携式倍频带滤波器相连，可组成小型现场使用的简易频谱分析系统；如果与录音机组合，则可把现场噪声录制在磁带上储存下来，待以后再进行更详细的研究；如果与示波器组合，则可观察到声压变化的波形，并可

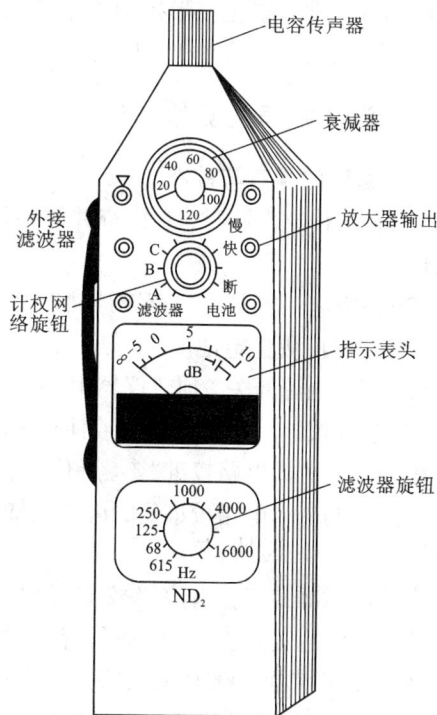

存储波形或用照相机把波形摄制下来；还可以把分析仪、记录仪等仪器与声级计组合、配套使用，这要根据测试条件和测试要求而定。

二、汽车噪声的测量方法

1. 声级计的检查与校准

（1）在未接通电源时，先检查并调整仪表指针的机械零点。可用零点调整螺钉使指针与零点重合。

（2）检查电池容量。把声级计功能开关对准"电池"，此时电表指针应达到额定红线，否则读数不准，应更换电池。

（3）打开电源开关，预热仪器10 min。

（4）校准仪器。每次测量前或使用一段时间后，应对仪器的电路和传声器进行校准。根据声级计上配有的电路校准"参考"位置，校验放大器的工作是否正常。如不正常，应用微调电位计进行调节。电路校准后，再用已知灵敏度的标准传声器对声级计上的传声器进行对比校准。

常用的标准传声器有声级校准器和活塞式发声器，它们的内部都有一个可发出恒定频率、恒定声级的机械装置，因而很容易对比出被检传声器的灵敏度。声级校准器产生的声压级为94dB，频率为1000Hz；活塞式发声器产生的声压级为124dB，频率为250Hz。

（5）将声级计的功能开关对准"线性"、"快"挡。由于室内的环境噪声一般为40～60dB，声级计上应有相应的示值。当变换衰减器刻度盘的挡位时，表头示值应相应变化10dB左右。

（6）检查计权网络。按上述步骤，将"线性"位置依次转换为"C"、"B"、"A"。由于室内环境噪声多为低频成分，故经三挡计权网络后的噪声级示值将低于线性值，而且应依次递减。

（7）检查"快"、"慢"挡。将衰减器刻度盘调到高分贝值处（例如90 dB），通过操作人员发声，来观察"快"挡时的指针能否跟上发音速度，"慢"挡时的指针摆动是否明显迟缓。

（8）在投入使用时，若不知道被测噪声级多大，必须把衰减器刻度盘预先放在最大衰减位置（即120 dB），然后在实测中再逐步旋至被测声级所需要的衰减挡。

2. 车外噪声测量方法

（1）测量条件。

①测量场地应平坦而空旷，在测试中心以25m为半径的范围内，不应有大的反射物，如建筑物、围墙等。②测试场地跑道应有20m以上平直、干燥的沥青路面或混凝土路面。路面坡度不超过0.5%。③本底噪声（包括风噪声）应比所测车辆噪声至少低10dB。并保证测量不被偶然的其他声源所干扰。本底噪声是指测量对象噪声不存在时，周围环境的噪声。④为避免风噪声干扰，可采用防风罩，但应注意防风罩对声级计灵敏度的影响。⑤声级计附近除测量者外，不应有其他人员，如不可缺少时，则必须在测量者背后。⑥被测车辆不载重，测量时发动机应处于正常使用温度，车辆带有其他辅助设备亦是噪声源，测量时是否开动，应按正常使用情况而定。

（2）测量场地及测点位置。

如图8-28所示为汽车噪声的测量场地及测量位置，测试传声器位于20 m跑道中心点O两侧，各距中线7.5 m，距地面高度1.2 m，用三角架固定，传声器平行于路面，其轴线垂直于车辆行驶方向。

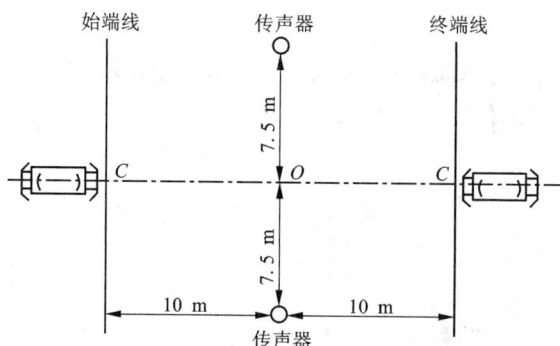

图 8 - 28　车外噪声测量场地及测量位置

（3）加速行驶车外噪声测量方法。

①车辆须按规定条件稳定地到达始端线，前进挡位为 4 挡以上的车辆用第 3 挡，前进挡位为 4 挡或 4 挡以下的用第 2 挡，发动机转速为其标定转速的 3/4。如果此时车速超过了 50 km/h，那么车辆应以 50 km/h 的车速稳定地到达始端线。对于自动变速器的车辆，使用在试验区间加速最快的挡位。辅助变速装置不应使用。在无转速表时，可以控制车速进入测量区，即以所定挡位相当于 3/4 标定转速的车速稳定的到达始端线。

②从车辆前端到达始端线开始，立即将加速踏板踏到底或节气门全开，直线加速行驶，当车辆后端到达终端线时，立即停止加速。车辆后端不包括拖车以及和拖车连接的部分。

本测量要求被测车在后半区域发动机达到标定转速，如果车速达不到这个要求，可延长 OC 距离为 15 m，如仍达不到这个要求，车辆使用挡位要降低一挡。如果车辆在后半区域超过标定转速，可适当降低到达始端线的转速。

③声级计用"A"计权网络、"快"挡进行测量，读取车辆驶过时的声级计表头最大读数。

④同样的测量往返进行 1 次。车辆同侧两次测量结果之差，应不大于 2dB，并把测量结果记入规定的表格中。取每侧 2 次声级平均值中最大值作为检测车的最大噪声级。若只用 1 只声级计测量，同样的测量应进行 4 次，即每侧测量 2 次。

（4）匀速行驶车外噪声测量方法。

①车辆用常用挡位，加速踏板保持稳定，以 50 km/h 的车速匀速通过测量区域。

②声级计用"A"计权网络、"快"挡进行测量，读取车辆驶过时声级计表头的最大读数。

③同样的测量往返进行 1 次，车辆同侧两次测量结果之差不应大于 2dB，并把测量结果记入规定的表格中。若只用 1 个声级计测量，同样的测量应进行 4 次，即每侧测量 2 次。

3. 车内噪声测量方法

（1）测量条件。

①测量跑道应有足够试验需要的长度，应是平直、干燥的沥青路面或混凝土路面。

②测量时风速（指相对于地面）应不大于 3 m/s。

③测量时车辆门窗应关闭。车内带有其他辅助设备是噪声源，测量时是否开动，应按正常使用情况而定。

④车内本底噪声比所测车内噪声至少低10dB，并保证测量不被偶然的其他声源所干扰。

⑤车内除驾驶员和测量人员外，不应有其他人员。

（2）测点位置。

①车内噪声测量通常在人耳附近布置测点，传声器朝车辆前进方向。

②驾驶室内噪声测点的位置如图8-29所示。

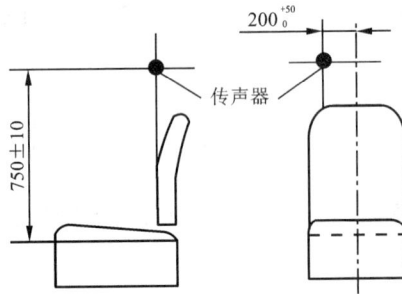

图 8-29　驾驶室内噪声测点的位置

③载客车室内噪声测点可选在车厢中部及最后一排座的中间位置，传声器高度参考图8-29。

（3）测量方法。

①车辆以常用挡位、50 km/h 以上的不同车速匀速行驶，分别进行测量。

②用声级计"慢"挡测量"A"、"C"计权声级，分别读取表头指针最大读数的平均值，测量结果记入规定的表格中。

③做车内噪声频谱分析时，应包括中心频率为 31.5Hz，63Hz，125Hz，250Hz，500Hz，1000Hz，2000Hz，4000Hz，8000Hz 的倍频带。

4. 驾驶员耳旁噪声的测量方法

（1）车辆应处于静止状态且变速器置于空挡，发动机应处于额定转速状态。

（2）测点位置如图8-29所示。

（3）声级计应置于"A"计权、"快"挡。

5. 汽车喇叭声的测量

汽车喇叭声的测点位置如图8-30所示，测量时应注意不被偶然的其他声源峰值所干扰。测量次数宜在2次以上，并注意监听喇叭声是否悦耳。

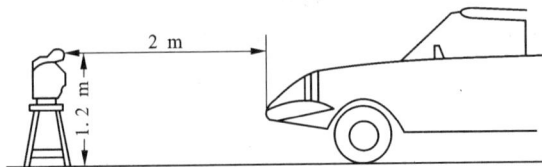

图 8-30　汽车喇叭噪声的测点位置

应根据不同声源的噪声变化采取不同的措施，降低噪声的产生，使汽车噪声符合国家标准的要求。如排气噪声大，应检查排气管紧固螺栓是否松动，排气管衬垫是否完好及消声器的消声效果。若螺栓松动则应紧固，必要时更换衬垫或消声器。发动机机械噪声变大，有异常响声，应判断异响产生的部位并加以排除。如运动件因磨损或润滑不良使其配合间隙过大而引起连杆轴承、主轴承响，应更换瓦片，重新修配其配合间隙并发送润滑条件。运动件因紧固不良而引起撞击声，应予紧固并高速好间隙。个别机件损坏引起异响，应更换新件。某些机件如气门间隙高速不当，点火时间过早引起异响，应予以调整等。

目前汽车检测站由于受检测条件的限制只是检测汽车喇叭性能。从减小噪声影响的角度出发，汽车喇叭声级应该小一点好。现在许多大中城市市区都已实行禁鸣喇叭的规定。但是，从唯交通安全的角度出发，汽车喇叭必须有一定的响度。因此，国家标准对汽车喇叭规定了允许噪声级的范围。

第七节　汽车车速表的检测

一、车速表检测的必要性与有关法规

1. 车速表检测的必要性

有关统计资料显示，在重大交通事故中，约有40%是由于驾驶员违章超速行驶造成的。理论研究和实验表明，汽车的制动距离与汽车制动时的初速度的平方成正比。即制动时汽车的行驶速度愈高，汽车的制动距离愈大，这就是为什么车速愈高，愈容易发生交通事故的原因。因此，汽车在行驶中，驾驶员根据道路，天气，环境，交通等情况正确掌握车速，是行车安全的关键。汽车行驶时，驾驶员一方面可以通过主观估计来掌握正确的行驶速度，另一方面也可以通过观察里程表的显示来掌握正确车速。但是由于人对车速的主观估计，往往会因外界环境的不同及驾驶员本身的错觉而造成误差，因而对车速不可能准确地估计。所以，为了行车的安全，一般驾驶员要通过车速表来正确掌握行驶速度。如果车速表的指示误差较大，驾驶员就很难准确地掌握车速，因而可能导致交通事故的发生。车速表经长期使用，由于驱动其工作的传动齿轮、软轴及车速表本身技术状况的变化以及因轮胎磨损使驱动车轮滚动半径的变化，车速表指示误差会愈来愈大。如果车速表的指示误差过大，驾驶员就难以正确控制车速，且极易因判断失误而造成交通事故。为确保车速表的指示精度，必须适时对车速表进行检测、校正。因此，为了保障行车安全，车速表的指示误差被列为汽车安全检测中的必检项目之一。

2. 国家标准对车速表的有关规定

在《机动车运行安全技术条件》（GB7258—1997）中，对汽车车速表的检查作了如下的规定：

车速表允许误差范围为 +20% ~ −5%。即：当实际车速为 40 km/h 时，车速表指示值应为 38 ~48 km/h。

二、车速表试验台的结构与测量原理

1. 车速表误差的测量原理

车速表误差的测量需采用滚筒式车速表试验台进行，将被测汽车车轮置于滚筒上旋转，模拟汽车在道路上的行驶状态。

测量时，由被测车轮驱动滚筒旋转或由滚筒驱动车轮旋转，滚筒端部装有速度传感器（测速发电机），测速发电机的转速随滚筒转速的增高而增加，而滚筒的转速与车速成正比，因此测速发电机发出的电压也与车速成正比。

滚筒的线速度、圆周长与转速之间的关系，可用下式表达：

$$V = nL \times 60 \times 10^{-6} \qquad\qquad 式(8-4)$$

式中　　V——滚筒的线速度，km/h；

　　　　L——滚筒的圆周长，mm；

　　　　n——滚筒的转速，r/min。

因车轮的线速度与滚筒的线速度相等，故上述的计算值即为汽车的实际车速值，由车速表试验台上的速度指示仪表显示，称为试验台指示值。

车轮在滚筒上转动的同时，汽车驾驶室内的车速表也在显示车速值，称为车速表指示值。将试验台指示值与车速表指示值相比较，即可得出车速表的指示误差。

$$车速表指示误差 = \frac{车速表指示值 - 试验台指示值}{试验台指示值} \times 100\% \qquad 式(8-5)$$

2. 车速表试验台的结构

车速表试验台有三种类型：无驱动装置的标准型，它依靠被测车轮带动滚筒旋转；有驱动装置的驱动型，它由电动机驱动滚筒旋转；把车速表试验台与制动试验台或底盘测功试验台组合在一起的综合型。

（1）标准型车速表试验台。

该试验台由速度测量装置、速度指示装置和速度报警装置等组成，如图8-31所示。

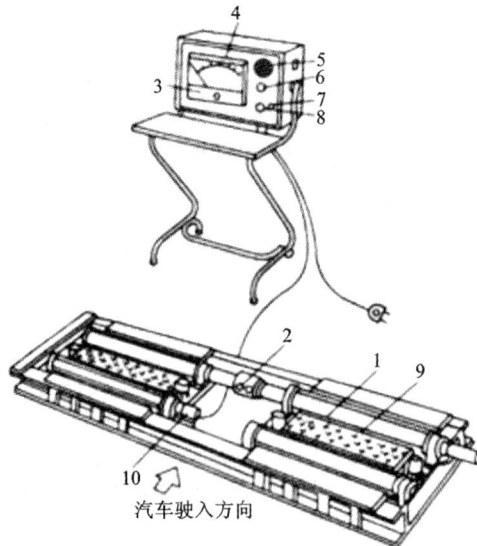

图8-31　标准型车速表试验台

1—滚筒；2—联轴器；3—零点校正螺钉；4—速度指示仪表；5—蜂鸣器；
6—报警灯；7—电源灯；8—电源开关；9—举升器；10—速度传感器

196

速度测量装置主要由框架、滚筒装置、速度传感器和举升器等组成。滚筒一般为 4 个，通过滚筒轴承安装在框架上。在前、后滚筒之间设有举升器，以便汽车进出试验台，举升器与滚筒制动装置联动，举升器升起时，滚筒不会转动。速度传感器一般采用测速发电机式、差动变压器式、磁电式和光电式等多种，安装在滚筒的一端，将对应于滚筒转速发出的电信号送至速度指示装置。

速度指示装置是根据速度传感器发出的电信号大小来工作的。能把以滚筒圆周长与滚筒转速算出的线速度，以 km/h 为单位在速度指示仪表上显示车速。

速度报警装置是为在测量时，便于判明车速表误差是否在合格范围之内而设置的。

（2）驱动型车速表试验台。

汽车车速表的转速信号多数取自变速器或分动器的输出端，但对于后置发动机的汽车，如车速表软轴过长，会出现传动精度和寿命方面的问题，因此转速信号取自前轮。驱动型车速表试验台就是为适应后置发动机汽车的试验而制造的，其结构如图 8 − 32 所示。

这种试验台在滚筒的一端装有电动机，由它来驱动滚筒旋转。此外，这种试验台在滚筒与电动机之间装有离合器，若试验时将离合器分离，又可作为标准型试验台使用。

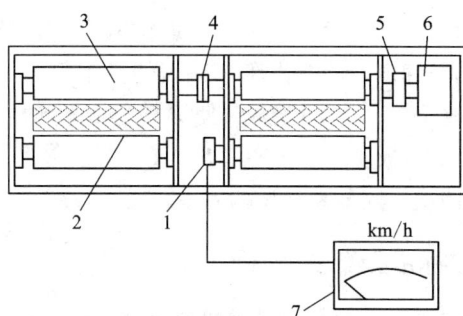

图 8 − 32　驱动型车速表试验台
1—测速发电机；2—举升器；3—滚筒；4—联轴器；5—离合器；6—电动机；7—速度指示仪表

三、车速表检测方法

车速表的检测方法因试验台的牌号、形式而异，应根据使用说明书进行操作。车速表试验台通用的检测方法如下：

1. 车速表试验台的准备

（1）在滚筒处于静止状态检查指示仪表是否在零点上，否则应调零。

（2）检查滚筒上是否沾有油、水、泥、砂等杂物，应清除干净。

（3）检查举升器的升降动作是否自如。若动作阻滞或有漏气部位，应予修理。

（4）检查导线的连接接触情况，若有接触不良或断路，应予修理或更换。

2. 被测车辆的准备

（1）轮胎气压在标准值。

（2）清除轮胎上的水、油、泥和嵌夹石子。

3. 检测方法

（1）接通试验台电源。

（2）升起滚筒间的举升器。

（3）将被检车辆开上试验台，使输出车速信号的车轮尽可能与滚筒成垂直状态地停放在试验台上。

（4）降下滚筒间的举升器，至轮胎与举升器托板完全脱离为止。

（5）用挡块抵住位于试验台滚筒之外的一对车轮，防止汽车在测试时滑出试验台。

（6）使用标准型试验台时应作如下操作：

①待汽车的驱动轮在滚筒上稳定后，挂入最高挡，松开驻车制动器，踩下加速踏板使驱动轮带动滚筒平稳地加速运转。

②当汽车车速表的指示值达到规定检测车速（40 km/h）时，读出试验台速度指示仪表的指示值；或当试验台速度指示仪表的指示值达到检测车速时，读取车速表的指示值。

（7）使用驱动型试验台时应作如下操作：

①接合试验台离合器，使滚筒与电动机联在一起。

②将汽车的变速器挂入空挡，松开驻车制动器，起动电动机，使电动机驱动滚筒旋转。

③当汽车车速表的指示值达到检测车速时，读取试验台速度指示仪表的指示值；或当试验台速度指示仪表达到检测车速时，读取汽车车速表的指示值。

（8）测试结束后，轻轻踩下汽车制动踏板，使滚筒停止转动。对于驱动型试验台，必须先关断电动机电源，再踩制动踏板。

（9）升起举升器，去掉挡块，汽车驶离试验台。

四、车速表诊断参数标准及结果分析

（1）根据车速表检测标准要求，车速表的检验应在车速表试验台上进行。将被测车辆的车轮驶上车速表试验台的滚筒上使之旋转，当车速表试验台的速度指示值（v）为 40 km/h 时，读取该车辆车速表的指示值（v'），当 v' 的读数在 38～48 km/h 范围内时为合格。当该车辆车速表的指示值（v'）为 40 km/h 时，车速表试验台速度指示仪表指示值（v）为 33.3～42.1 km/h范围内为合格。

（2）检测结果分析。

车速表经检测出现误差，其主要原因是由于长期使用过程中车速表本身出现了故障、损坏和轮胎磨损。

车速表内有转动的活动盘、转轴、轴承、齿轮、游丝等零件和磁性元件，这些构件在工作过程中产生的磨损和性能变化会造成车速表的指示误差。对于产生磨损的应予更换。磁力式车速表的磁铁磁力退化，也会引起指针指示值失准，应更换磁铁进行修复。

汽车轮胎在使用过程中由于磨损，其半径逐渐减小。在变速器输出轴转速不变的条件下，汽车行驶速度因轮胎半径的变化而变化，而车速表的软轴是与变速器输出轴相联的，因此车速表指示值与实际车速形成误差。

为消除车速表机件磨损和轮胎磨损形成的指示误差，应借助于车速表试验台适时地对车速表进行检验。

第八节　汽车前照灯的检测

一、前照灯的检测的必要性与有关法规

（一）前照灯的检测的必要性

为了保证汽车夜间的行车安全，前照灯的亮度（发光强度）和照射方向（前照灯光轴方向）必须符合国家标准的有关规定。前照灯在长期的使用过程中，外部环境的污染，灯泡会逐渐老化，发光效率降低，反射镜面也会渐渐变黑，聚光性能变差，使发光强度达不到规定要求。行车过程中，前照灯随汽车在路面上颠簸振动，有可能导致前照灯的安装位置发生变动，前照灯的光轴就会发生变化，改变了正确的照射方向。前照灯的发光强度不足或照射方向不合适，将影响驾驶员的安全驾驶，或者对迎面驶来的汽车驾驶员造成眩目，妨碍视野等等，上述因素影响了夜间行驶对视力的正常生理要求，影响了驾驶员的正确判断，有可能导致交通事故。因此，汽车前照灯的发光强度和照射方向必须符合国标的要求，在汽车检测中被列为必检项目之一。

（二）前照灯检测的要求

在中华人民共和国国家标准 GB7258—1997《机动车运行安全技术条件》中，对前照灯的发光强度及光束照射位置作了如下一些规定：

1. 前照灯光束照射位置要求

（1）机动车（运输用拖拉机除外）在检验前照灯的近光光束照射位置时，前照灯在距离屏幕 10 m 处，光束明暗截止线转角或中点的高度应为 0.6～0.8H（H 为前照灯基准中心高度，下同），其水平方向位置向左向右均不得超过 100 mm。

（2）四灯制前照灯其远光单光束灯的调整，要求在屏幕上光束中心离地高度为 0.85H～0.90H，水平位置要求左灯向左偏不得大于 100 mm，向右偏不得大于 170 mm；右灯向左或右偏均不得大于 170 mm。

（3）机动车装用远光和近光双光车灯时以调整近光光束为主。对于只能调整远光单光束的灯，调整远光单光束。

（4）机动车每只前照灯的远光光束发光强度应达到要求。测试时，其电源系统应处于充电状态。

2. 前照灯发光强度要求

（1）对于两灯制，大于 70km/h 的车辆新车每只灯的发光强度应为 18000cd（坎德拉）以上，在用车每只灯的发光强度应为 15000cd 以上；小于 70km/h 的车辆新车每只灯的发光强度应为 10000cd（坎德拉）以上，在用车每只灯的发光强度应为 8000cd 以上。

（2）对于四灯制，大于 70km/h 的车辆新车每只灯的发光强度应为 15000cd（坎德拉）以上，在用车每只灯的发光强度应为 12000cd 以上；小于 70km/h 的车辆新车每只灯的发光强度应为 8000cd（坎德拉）以上，在用车每只灯的发光强度应为 6000cd 以上。

（3）对于四灯制的车辆，其中两只对称的灯达到两灯制的要求也视为合格。

注：cd—坎德拉，为光源发光强度的物理量的计量单位。

二、检测方法

1. 前照灯检测原理

前照灯检验仪是采用光电池把光能转变成电流，通过前照灯光束照射各个光电池，并使其产生相应的电流，来测量前照灯的发光强度和光束照射方位偏移量的。

（1）发光强度的检测。

把光电池 3 与光度计 1 连接起来，按规定的距离使前照灯照射光电池后，根据前照灯发光强度的大小，光电池产生相应的电流，光电池电流再驱动光度计指针摆动，进而指示出前照灯的发光强度，如图 8-33 所示。

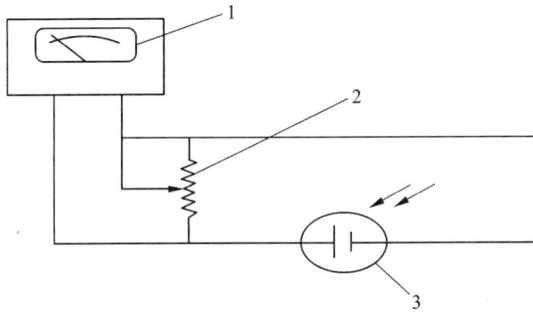

图 8-33　发光强度测量方法

1—光度计；2—可变电阻；3—光电池

（2）光轴偏斜量的检测。

仪器由上下左右放置的四块光电池和分别指示光束上下和左右偏移量的指示计组成。当前照灯的光束以一定距离照射光电池时，因光束照射方位的误差，使各电池受光强度不同，在上下或左右光电池间产生电位差，使相应的光束偏移量指示计的指针摆动，指示出前照灯光束上下或左右偏移量。

如图 8-34 所示，把光电池分为 $S_上$、$S_下$、$S_左$、$S_右$ 四份，在 $S_上$ 和 $S_下$ 上接有上下偏斜指示计 3，在 $S_左$ 和 $S_右$ 上接有左右偏斜指示计 1，当光电池受到前照灯照射后，各分光电池分别产生电流，当 $S_上$ 和 $S_下$ 或 $S_左$ 和 $S_右$ 的受光量不等时产生的电流也不相等。根据其差值便可使上下偏斜指示计 3 或左右偏斜指示计 1 动作，从而可测出前照灯光轴的偏斜量。光电池生产出来，无论使用与否，时间长久以后，其灵度均会下降。

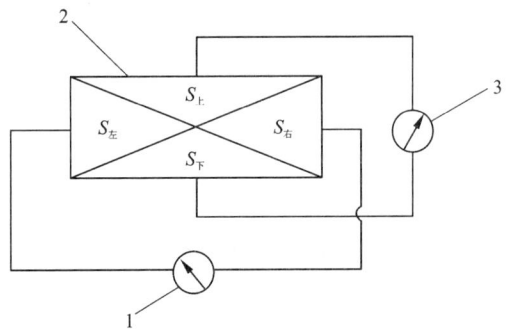

图 8-34　光轴偏斜量的检测方法

1—左右偏斜指示计；2—光电池；3—上下偏斜指示计

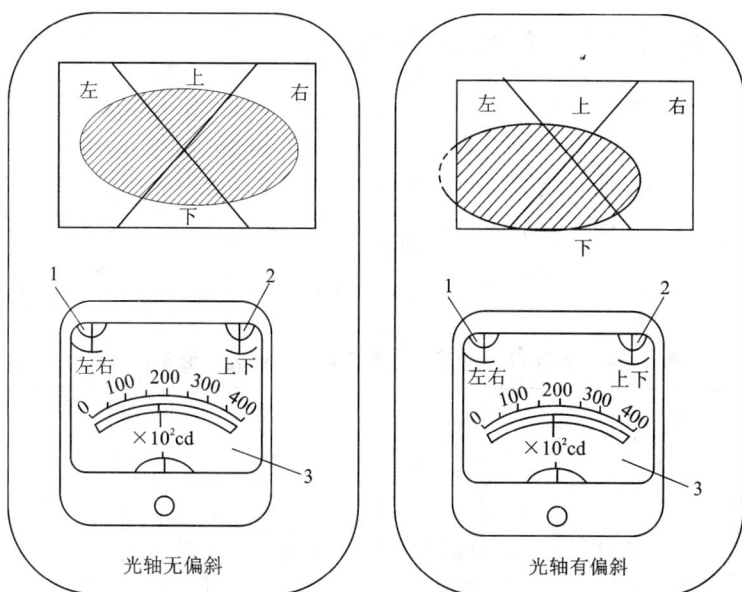

图 8 – 35 光轴上下左右偏斜量对比

2. 前照灯检测仪的类型

前照灯检测仪有聚光式、屏幕式、自动追踪光轴式、投影式四种。

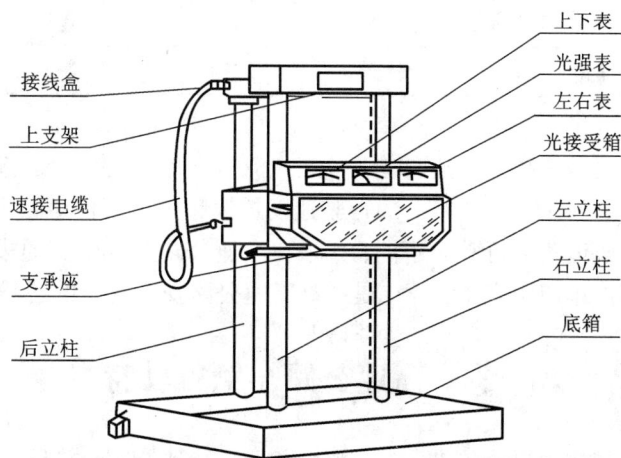

图 8 – 36 全自动前照灯检测仪

第九章
高速公路汽车使用安全

截至 2011 年年底，我国高速公路通车总里程数已经超过了 8.2 万 km，继续保持世界第二的位置，仅次于美国。

表 9-1　至 2011 年年底，我国各省份高速公路通车里程数

省份	公里数	省份	公里数	省份	公里数
河南	5088	四川	3379	甘肃	2077
广东	4910	辽宁	3299	贵州	2023
河北	4703	安徽	3000	重庆	2011
山东	4402	黑龙江	2807	新疆	1555
陕西	4091	云南	2607	宁夏	1300
江苏	4059	广西	2574	天津	1033
山西	4010	湖南	2525	北京	900
湖北	4009	内蒙	2460	上海	778
浙江	3492	福建	2413	青海	680
江西	3400	吉林	2250	海南	660

高速公路的飞速发展提高了车速，增大了交通流量，有效提高了运输效率，减少了交通事故的发生。然而，车辆在高速公路上的行驶速度远远超过在其他道路上行驶的车速，车辆的行驶特性也与在一般道路上行驶时不同，如果在高速公路上发生交通事故，危害性将会更严重。掌握高速公路汽车使用安全技术，是提高高速公路安全行车的必然途径。

第一节　高速公路车辆行驶特点

高速公路是一种具有中央分隔带、多车道，出入口受到控制，并且全部为立体交叉的公路。高速公路没有信号灯和平面交叉路口，也没有行人，车线清晰，坡度平缓。由于高速公路具备可以充分发挥汽车性能的条件，所以同市区道路相比，这里更容易提高车速，但安全行车的重要性同样不可掉以轻心。因在高速公路和一般道路上行车有着许多不同的特点，如转向运用要平稳、制动要提前、行驶要注意合流，长时间行驶易瞌睡，如果稍有疏忽，就孕育着发生重大交通事故的可能性。

在高速公路高速行车时，转向灵敏度要增加，车速越快，车辆对转动转向盘的反应越敏感，在高速公路高速行车时，如果仍然像在一般道路上中速、中速行车那样转动方向盘，车

辆就可能推动操纵稳定性而造成事故。

在高速公路高速行车有制动要求时，制动距离较一般道路上低、中速行驶时要长，制动侧滑甩尾的危险性也有增加。

在高速公路高速行驶时，由于车轮转速快，与地面的相互作用力变化时，轮胎与地面的局部滑移强度更大，再加上轮胎的温度上升更多，使得轮胎的使用寿命有所降低。

为了保证高速公路安全行车，驾驶员应该了解高速行驶时对其自身的影响以及对车辆性能的改变。

当行驶速度超过 80 km/h 后，驾驶员的动态视力将下降50%以上，视力的下降导致观察失误的可能性增加，对安全行车相当不利。

在高速公路上行驶，车速越高，驾驶员的有效视野越小，有效视野的缩小妨碍了驾驶员对近处情况的观察，对安全行车造成影响。

驾驶员在高速公路行驶，操作动作很少，不必操心会车相遇或平面交叉路口，减轻了劳动强度和精神负担，但与此同时又出现行车环境单调，刺激过少等不利情况。长时间处于此状态，会引起大脑活动的抑制和疲倦，使注意力开始涣散，判断及反应逐渐变得迟钝，最后导致瞌睡。

第二节　高速公路行驶车辆性能的变化

一、转弯半径急剧增加

汽车行驶时转向过程中，必然会产生一定的离心力，其大小与转弯半径成反比，与行驶速度的平方成正比，即：

$$F = MV^2/R$$

式中　F——转向时的离心力，单位：N

　　　M——汽车质量，单位：kg

　　　V——行驶车速，单位：m/s

　　　R——转弯半径，单位：m

离心力的存在使得汽车有被甩出去的趋势，地面与轮胎之间的摩擦力抗衡了汽车转弯时的离心力，汽车才得以照常行驶。

轮胎与地面之间的最大摩擦力称为附着力，计算公式为

$$F' = Mg\varphi$$

式中　F'——汽车的附着力，单位：N

　　　M——汽车质量，单位：kg；

　　　φ——路面附着系数。

可见，汽车轮胎与地面的最大摩擦力即附着力是有限的，为了保证汽车在高速行驶转弯时仍能照常行驶而不被甩出去，汽车转弯时产生的离心力不能大于附着力，即行驶速度大大提高的情况下，转弯半径也要急剧增加。汽车在高速行驶转弯时，转向盘的旋转幅度不能像在一般道路上那么大，也就是说，在高速公路上转弯时，转向盘的灵敏度大大增加了。

二、燃油消耗量增加

在高速道路上，燃料的消耗要比预想的多，故容易发生燃料用尽的故障。以 100 km/h 的速度行驶时，燃料消耗量大约是以 50 km/h 的速度行驶时所消耗的燃料的 1.6 倍。以时间为单位来计算，由于高速行驶速度是平时的 2 倍，在同一时间内行走的距离就是普通道路的 2 倍，所以高速行驶时，按时间计算每小时的燃料消耗量约为在一般道路行驶时的 3 倍（约 1.6 倍的 2 倍）。

因此，高速行驶时，燃油要准备充足，同时在综合服务区、休息站等地休息时，一定要检查燃料量，尽早补给。

三、车轮与轮胎性能的改变

1. 轮胎变形（驻波现象）

汽车的重量会使轮胎接触地面的部分稍有变形，汽车在行驶过程中，轮胎伴随着旋转，将产生压缩及膨胀，即轮胎随着旋转每一次接触地面都要产生挠曲，在低速行驶时，轮胎这种挠曲会随着旋转很快就恢复。但是，高速行驶时轮胎的旋转加快，其复原速度赶不上轮胎的转速，这种挠曲不能立刻恢复，轮胎在离开地面的部分出现波形，这种现象就是轮胎变形，也称为轮胎的驻波现象。这种现象易发生在轮胎的空气压力低的情况下，发生这种现象时轮胎内部异常高温，将产生分离现象（橡胶层与覆盖层分离），或外胎面橡胶破碎飞散等现象，增加破碎的危险。因此，高速行驶时，轮胎的气压要比平时高些。

2. 轮胎使用寿命降低

汽车在高速公路上行驶时，车速比在一般道路上行驶高，轮胎与地面接触而产生的变形更加剧烈，车轮转速的增高，使得轮胎的温度上升较高，加速了轮胎橡胶的老化。汽车在高速公路上加减速、制动、转向等状态下，作用在轮胎上的力的大小和变化程度也比在一般道路上中低速行驶时剧烈，轮胎与地面的局部滑移强度增大。上述原因，使得轮胎在高速行驶时使用寿命有所降低。

3. 车轮不平衡的影响

当车轮的质量分布质心不在车轮中心时，我们称车轮是不平衡的。在中低速行驶时，由于转速不高，车轮有些许的不平衡并不会产生很大的影响，但在高速行驶时，由于转速的增高，不在车轮中心的质心产生的离心力的增强，经过地面的反作用反馈到汽车上，就会出现车身振动和转向盘摇晃的现象，将会严重妨碍汽车的正常行驶。

如果轮胎的特性（如轮胎圆周各处的弹性）不均匀，这也是一种不平衡现象，同样会引起汽车上下振动或左右摇晃。

当车速在 46 km/h 和 64 km/h 之间产生车轮回转振动时，轮胎应做静平衡检查。当车速在 64 km/h 以上产生车轮偏摆振动时轮胎应做动平衡检查。

四、制动时车辆性能的改变

1. 制动距离增长

制动距离与汽车的行驶安全有直接关系，它指的是汽车在一定车速下，从驾驶员开始操纵制动控制装置（制动踏板）开始到汽车完全停住为止，汽车所驶过的距离。汽车的制动距离与制动前的车速和制动施加的强度有关，制动前的车速越低，施加的制动强度越大，制动距离越短。

要在制动时保证车内驾乘人员的舒适程度，制动减速度不能超过 $a = 1 \sim 2 \text{ m/s}^2$。以物体的运动方程来分析制动汽车的制动情况。

$$S = V^2/(2a) \qquad t = V/a$$

式中　S——制动距离，单位：m

　　　t——制动时间，单位：s

　　　V——制动前的车速，单位：m/s

　　　a——制动减速度，单位：m/s^2

从上式可以看出，在保证驾乘人员的舒适程度的情况下，制动前的车速越高，所需制动距离越长，制动时间也增长。

以上式计算，当在高速公路上以 108 km/h 的车速行车时，舒适制动（加速度 $a = 1 \sim 2$ m/s^2）所需的制动距离为 225 ～ 450 m。

但行车过程中，难免会出现一些突发现象，引起驾驶员增加制动强度，以增加制动减速度，缩短制动距离，这难免就要以降低驾乘人员的舒适度为代价了。

当制动减速度 $a = 3 \text{ m/s}^2$ 时，车内非固定放置的物体（如提包、书籍等）就会滑落，驾乘人员稍感摇晃，制动距离可缩短为 150 m。

紧急制动时，减速度 $a = 6 \sim 8 \text{ m/s}^2$，制动距离可缩短为 56 ～ 75 m，但驾乘人员感觉非常不舒适，由于惯性的作用，驾乘人员可能会碰到车内人员前方的物体而被撞伤，也可能会因不适应这种惯性而产生恶心呕吐等不适现象。

2. 紧急制动侧滑甩尾的危险性增加

紧急制动时，车轮可能有抱死的现象，如果前轮抱死，转向轮将失去方向控制能力，汽车将按不确定的方向行驶，可能会引起重大事故；如果后轮抱死，此时同时有侧向力的存在，后轮将不能随前轮的方向意图行驶而出现甩尾现象。

在高速公路行驶，由于行驶车速高于在一般道路上行驶的车速，达到 48 km/h 后实行紧急制动，若后轮先于前轮抱死，且有侧向力的存在（如转弯），侧滑甩尾的危险性将急剧增大。

为了避免侧滑甩尾的危险，在雨雪天气的湿滑、霜冻、积雪路面上行驶时，注意降低车速；在高速公路上行驶时，要注意遵守速度限制规定，不违章超速，注意制动要领，切记在高速行驶时突然实施紧急制动是非常危险的。

目前，汽车都配置有防抱死制动系统（ABS），很多汽车还配备有前后轮制动力大小比例调节系统，可以有效防止侧滑、甩尾等危险情况。

第三节　高速公路行车常见故障及处理方法

为确保汽车在高速公路上安全行驶，驾驶人员除了要好好学习和掌握安全行车的要领和方法、严格遵守相关规章制度之外，对高速公路上行车常见故障及处理方法也应有所了解，以便正确排除故障，还要学会上高速公路前对车辆的常规检查工作，以做到积极预防。

高速公路上快速行驶的车辆，一旦发生故障其后果不堪设想。据统计，高速公路事故的

1/3 是因为车辆故障的原因造成的，因此预防和减少车辆故障引发的事故，对驾驶员来说是值得十分重视的问题。

如果在高速公路上行车发生故障，不要惊慌失措，否则不仅干扰其他车辆正常行驶，还可能导致重大事故。当车辆因故障而无法继续行驶时，绝不可停在原来行驶的车道上，应设法驶到路肩区停车，并采取相应的安全措施。如果故障不能立即排除，可通过就近的紧急电话等与管理部门联系，切不可拦截过往车辆求助。

高速公路上常见的车辆故障有发动机过热、爆胎、车辆失火、制动失效、转向失控、油电路故障等。

1. 发动机过热

高速公路行车故障中，以发动机过热所占比例最大。故障的发生，多半是由于行驶前没有充分检查冷却装置而引起的，所以在行驶前要认真检查。

行车过程中出现水温指示装置显示水温过高、水温报警、发动机功率急速减弱、发生异常声响，或嗅到异味等情况时，首先可以断定是发生了过热现象。出现发动机过热现象故障时，应立即将车辆驶入路旁停车区，并采取如下措施，以免发动机被烧坏。

（1）不要立即熄火。

将车辆停在路肩等地待避一下，持续一段时间发动机的怠速运转，并且打开车辆的前盖（发动机罩），使发动机的温度降低。

（2）不要立即打开冷却水箱盖。

由于冷却水箱盖是加压式的，里面存储着被加了压的蒸汽。如果此时打开盖子，高压蒸汽会喷出而将手、脸等烫伤。一定要等到温度降低后，用一块大毛巾盖上稍微松动盖子，让蒸汽缓慢放出，再打开盖子。

（3）即使判断为缺水，也不能补给冷水。

由于发动机缸体处于高热状态，快速加入的冷却水会急剧冷却发动机缸体，可能导致发发动机缸体破裂。

（4）更换机油。

发动机过热会引起机油变质，降低润滑作用，应该在附近的服务区更换新的机油。

2. 爆胎

沪宁高速公路在试通车的三天内竟有80余辆汽车爆胎，事故率占80%。高速公路易发爆胎事故的主要原因与轮胎的品质低劣、轮胎的维护不合理以及硬质碎屑碾扎有关。

车辆在高速行驶中，轮胎一旦爆破，车辆将会产生向轮胎爆破一侧的侧向力（尤以前轮爆胎为甚）。如以左前轮爆胎为例，此时左前轮阻力增大，车速下降（车速＝车轮转速×轮胎半径，因爆胎，车轮半径也随之减少），促使车头向左偏转，方向盘也随之要承受向左转动的较大压力。由于轮胎爆破是突然发生的，如果驾驶员反应迟缓或方向盘未把稳，车头将向左突然偏出，使车辆的运动处于失控状态。

出现爆胎时，应紧握转向盘，全力控制住车辆的行驶方向，缓慢减速驶向路肩区停车，千万不可慌乱，以免造成严重事故。

3. 车辆失火

高速公路上不仅在发生严重撞车、翻车时会引起火灾，而且在电线短路、燃料系统起火、排气管过热等情况下也会造成车辆失火。为防止火灾发生，应对存在起火隐患的部件采取防

206

范和保护措施，如安装多作用保险器、自动断电等线路保护装置及防火、消火装置。

一旦发生火灾，驾驶员及其他人员要沉着、冷静，尽快切断油路；尽可能将车辆远离收费站、服务区、停车场等公共场所；设法采取消防和救护措施避免人员损失并及时报警。

4.制动故障

车辆在高速公路上高速行驶时一旦发生制动系统故障，特别是制动失灵，将会产生严重的交通事故，因此驾驶员要了解制动故障的原因，以便采取排除措施。

制动系统常见故障包括：制动效果不良、制动发咬、制动突然失灵及制动跑偏。

（1）制动效果不良。

主要表现为车辆行驶中制动时，制动减速度小、制动距离长，主要原因是总泵或分泵发生故障或制动管路中渗入空气等。

（2）制动发咬。

表现为踩制动踏板时感到既高又硬或没有自由行程，车辆起步困难或行驶费力。

主要原因是回位弹簧脱落、折断，皮碗发胀、活塞变形或被污物卡住等。

（3）制动突然失灵。

表现为汽车在行驶中，一脚或连续几脚制动，制动踏板均被踏到底，制动突然失灵。

主要原因是总泵内无制动液或管路严重破裂或接头脱节等。

（4）制动跑偏

表现为车辆制动时向一边偏斜。

主要原因是两前轮（或两后轮）制动鼓与摩擦片间隙的接触面积相差大；两前轮制动器回位弹簧弹力不等；某侧前轮分泵中有空气或软管老化；车架变形等。

5.转向故障

转向系统失控往往突然发生，因此高速行驶下的车辆一旦发生转向故障，其危害更大。

常见的转向故障包括：转向沉重、转向不灵、操纵不稳定、行车中跑偏、低速摆头或高速振摆等。

（1）转向沉重表现为转向时，转动方向盘感到沉重费力。主要原因是转向器缺油、螺杆滚轴过紧或损坏变形、前轮轴承过紧、车架变形等。

（2）前轮摇摆。

表现为转向操作不稳、前轮摇摆，中、高速时更为明显。

主要原因是前钢板弹簧螺栓松动，转向盘转向联动机构磨损松旷，前轮不平衡等。

（3）汽车跑偏。

表现为稍放松转向盘，汽车不能保持直线行驶而自动跑向一边等。

主要原因是两前轮胎气压不均匀，某一边钢板弹簧错位或折断、车架变形或左右轴距相差过大，前束调整不当等。

3.发动机熄火

高速公路行驶的汽车，发动机因油路或电路故障而熄火时，汽车失去了动力，汽车借惯性的力量继续往前滑行，发动机对汽车形成了倒拖制动。此时的很重要的做法是，立即踩下离合器踏板，注意后面来车，依靠汽车惯性将车辆驶入路肩区停车，再作下一步处理。切不可熄火后依旧在原车道上滑行直致停驶在原车道，这将可能会造成很严重的事故，对本车的援助工作也带来很大的不便。

第十章
汽车安全与维护

第一节　概述

汽车在远行中，由于机件磨损、自然腐蚀和其他原因，技术性能将有所下降，如长期缺乏必要的维护，不仅车本身的寿命会缩短，还会成为影响交通安全的一大隐患。因此，懂得一些维护与保养知识，对车主来说显得尤为重要。所谓汽车维护与保养是指保持和恢复汽车的技术性能，根据车辆各部位不同材料所需的保养条件，采用不同性质的专用护理材料和产品对汽车进行全新的保养护理，保证汽车具有良好的使用性和可靠性，它包含着很多学问。及时正确的保养会使汽车的使用寿命延长，安全性能提高，既省钱又免去许多修车的烦恼。但是，时下"以修代保（保养）"的观念在车主中仍旧存在，因缺乏保养或保养不当引起的交通事故屡有发生。所以及时正确的保养汽车是延长汽车使用寿命、保证行车安全的重要一环。

对于汽车维护与保养，人们传统的观念无非是洗车、打蜡、抛光或者清洗机头外表以及室内仪表板，真皮及座椅的养护等，至于如何恢复汽车引擎的性能，如何对润滑油道、变速箱或者冷却系统进行经常性的护理，很少有维修厂及养护中心作为固定的项目推介给车友，因为传统的观念不是外部护理，就是内部维修，至于日常的内部护理常常被修理厂或养护中心所忽视。

我们平时所说的汽车保养，主要是从保持汽车良好的技术状态，延长汽车的使用寿命方面进行的工作。其实它的内容更广，包括汽车美容护理等知识，概括起来讲，主要有以下三个方面：

1. 日常维护

日常维护是各级维护的基础，目的是维持车辆的车容和车况，使车辆处于完整和完好状况，以保证正常运行。由驾驶员负责执行，其作业的中心内容是清洁、补给和安全检视。它包括：出车前、行驶途中、收车后三个环节。其要求是：车容整洁；确保四清（机油、空气、燃油、蓄电池）；四不漏（油、水、电、气）；附件齐全；螺栓、螺母不松动、不缺少；保持轮胎气压正常；制动可靠，转向灵活；润滑良好；灯光、喇叭正常等。

2. 一级维护

一级维护由专业维修工负责执行。其作业中心内容除执行正常维护作业外，以清洁、润滑、紧固为主，并检查有关制动、操纵等安全部件，保持车辆的正常运行状况。一级维护的主要内容包括各总成和连接件的紧固，主要总成和部件的润滑以及在外部检查时发现的一些必要的调整作业。

3. 二级维护

由专业维修工负责执行。其作业中心内容除执行一级维护作业外，以检查、调整为主，并拆检轮胎，进行轮胎换位。其目的是为了保持车辆在以后的较长运行时间内保持良好的运行性能。二级维护的作业项目较多，除完成一级全部作业外，还必须消除一些维护作业中发现的故障和隐患。需要有一定的作业时间，所以二级维护需占用车辆一定的运行时间。

4.三级维护

仅次于车辆大修，以拆解总成，并对其进行清洗、检验、调整、消除隐患为中心，除进行二级维护外，应更深入地清洗和检查，并视需要拆检各个总成或组合件，消除故障，清除积炭、油污和结胶。清洗机油通道，清除水垢，清洗油底壳和燃油箱，拆检和调整底盘各总成，并清洗换油，检查和调整四轮定位，对车架和车身进行检查、除锈和补漆。这些作业内容都应由专业维修工负责进行。

第二节　汽车日常维护

日常维护含义及分类：

日常维护是各级维护的基础，目的是维持车辆的车容和车况，使车辆处于完整和完好状况，以保证正常运行。由驾驶员负责执行，其作业的中心内容是清洁、补给和安全检视。它包括：出车前、行驶途中、收车后三个环节。其要求是：车容整洁；确保四清（机油、空气、燃油、蓄电池）；四不漏（油、水、电、气）；附件齐全；螺栓、螺母不松动、不缺少；保持轮胎气压正常；制动可靠，转向灵活；润滑良好；灯光、喇叭正常等。

（一）每天使用前的维护

（1）环视汽车，看看灯光装置有没有损坏，后视镜的位置是否正确，车身有没有倾斜。

（2）检查发动机机油油面高度、制动液液面高度和动力转向储液罐液面高度，检查冷却液液面高度、风窗清洗液液面高度，并检查有没有漏油、漏水等泄漏情况。

（3）检查轮胎的外表情况及轮胎气压是否正常；检查车门、发动机罩盖、行李箱盖和风窗玻璃的状况，检查刮水器的状况。

（4）清理干净脚坑内的物品，防止影响制动踏板的操作。

（5）将变速杆置于空挡，将离合器踏到底，启动发动机，检查各警告灯是否正常熄灭，看看指示灯是否正常点亮。查看油量表的指示，必要时补充燃油。

（二）每星期的维护

（1）检查调整轮胎气压，清理轮胎上的杂物。注意不要忘记对备胎进行检查。

（2）查看发动机各部附件的固定情况，查看发动机各结合面有没有漏油、漏水的情况，检查调整传动带张紧度，查看各部分的管路和导线固定情况，检查补充机油，检查补充冷却液，检查补充电解液，检查补充动力转向机油，清洁散热器外表，补充风窗玻璃清洗液等。

（3）清洗汽车外表，清洁车内各部位。

（三）每月的维护

在每月保养时，应重复每星期的保养项目，但所进行的检查工作应更细致。

（1）巡视汽车，检查灯泡及灯罩的损坏情况，检查车体饰物的固定情况，检查倒车镜的固定情况。

（2）检查轮胎的磨损情况，出现或接近轮胎的磨耗记号时应更换轮胎；检查轮胎有没有鼓包、异常磨损、老化裂纹和硬伤等情况。

（3）彻底清扫汽车内部，清理行李箱的多余物品，不要让车变成移动仓库；清洁水箱外表、机油散热器外表和空调冷凝器外表上的杂物。

(4)清洁汽车外表，去除车体上的油污并修补车体脱漆的部位。

(5)检查底盘各部分有没有漏油的现象，发现有漏油痕迹，应检查漏油部位并进行适当的补充。对底盘所有的润滑脂油嘴进行充分的补脂作业。

（四）每半年的维护

每半年进行的保养，一般安排在春秋两季进行。

(1)清洗发动机外表，清洗时应注意对电气部分进行防水处理。如果电气部分的防水要求较高的话(如汽车上的电脑与传感器)，应避免用高压、高温的水枪来冲洗发动机，但可以用毛刷沾清洗剂清洗发动机外表。

(2)清洁或更换发动机"三滤"和机油。"三滤"指空气滤清器、燃油滤清器和机油滤清器。用压缩空气吹去空气滤清器的灰尘；视情况更换燃油滤清器，并清洗管路接头的滤网；结合更换机油视情况更换机油滤清器。

(3)检查蓄电池接线柱部分有没有腐蚀的现象，用热水冲洗蓄电池外表，清除蓄电池接线柱上的腐蚀物。测量调整蓄电池的电解液密度。配备免维护型蓄电池的车型没有此项维护项目。

(4)检查补充冷却液，清洁水箱的外表。

(5)检查轮胎的磨损情况，对轮胎实施换位。

(6)检查轮毂轴承预紧情况，如有间隙应调整预紧度。

(7)检查调整手制动拉杆工作行程；检查调整制动踏板的自由行程；检查车轮制动器蹄片磨损情况，如果达到磨耗记号应更换制动蹄片；检查调整车轮制动器的蹄片间隙；检查补充制动液等。

(8)检查底盘重要螺栓或螺母的紧固情况，特别对于转向系统的重要螺栓和螺母，发现有松动或缺损情况，应补充拧紧。

(9)检查底盘各部分管路情况，查看有没有泄漏情况；检查紧固所有金属连接杆件，并检查橡胶轴套有没有损坏情况；对底盘所有润滑点进行补脂润滑。

(10)彻底清洗汽车内、外部，并对脱漆和破损部位进行修补。

(11)检查修理汽车灯光；检查维护制冷、取暖装置；清洁音响系统等。

（五）每年的维护

虽然每半年的汽车保养已经很全面，但还是应该对汽车每年进行一次比较深入的检查。每年的保养是和每第二个半年保养一并进行的，即在半年的保养项目中再加上以下内容：

(1)检查调整汽油发动机的点火正时情况。现代很多车型的点火正时不可调，由电脑自动调整。对于点火正时的检查与调整，最好到修理厂进行。

(2)国内轿车仍有部分发动机装有普通气门(例如夏利2000轿车等)，应检查调整气门间隙。对于装用液力挺柱的发动机，则没有此项。

(3)清洁发动机罩盖、车门和行李箱铰链机构的油污，重新调整并润滑上述机构。

（六）每两年的维护

(1)更换防冻液并清洗冷却系统。防冻液一般的使用年限为两年，届时应在年度保养中更换防冻液，并对冷却系统进行彻底的清洗。

(2)更换制动系统和离合器传动系统的液力油。由于制动液的吸湿性，制动液应每二年更换一次。

除上述驾驶员可以自己完成的保养项目外，还应该按照汽车生产厂家的规定，将汽车送到修理厂，由修理厂进行汽车的二级保养和定程保养项目，完成一些自己不能做的保养工作。现在我国一些中高档轿车(如上海大众帕萨特轿车)的仪表板上有一个维护保养指示灯(SERVICE)，当该指示灯亮时，表示到了保养的时间，应尽快到特约维修站进行维护保养。

汽车维护是一项技术性比较高的复杂工作，单靠司机本人难以完成，需要到汽修企业去进行。而现在在我国还有一部分汽车维修企业死抱着传统的保养观念不放，保养设备和工具陈旧落后，保养方法手段还是老一套，根本不适应现代发展的需要。此外，还有个别维修企业的服务质量堪忧，为牟取暴利"黑箱作业"，保养中以旧充新、以劣充好，保养费、换件费漫天要价。所以提醒司机们保养汽车时一定要选择技术力量雄厚、服务质量可靠、信誉好的维修企业，而不要嫌麻烦、图省钱而不保养汽车，以免因小失大。

第三节　汽车一级维护

一、汽车一级维护相关知识

(1)一级维护一般按汽车生产厂家推荐或规定的行驶里程或使用时间进行。一级维护的间隔里程约为7500~15000 km或6个月，以先达到的为准。

(2)一级维护由专业维护工负责执行。其作业中心内容除日常维护作业外，以清洁、润滑、紧固为主，并检查有关制动、操纵等安全部件。这些操作，基本上以不拆卸为原则。

(3)一级维护竣工检验技术要求：

1)发动机前后悬挂、进排气歧管、散热器、轮胎、传动轴、车身、附件支架等外露件、螺母须齐全、紧固、无裂纹。

2)转向臂。转向拉杆、制动操纵机构工作可靠，锁销齐全有效，转向杆球头、转向传动十字轴承、传动轴十字轴承无松旷。

3)转向器、变速器、驱动桥的润滑油面，应在检视口下缘0~15 mm(车辆处于停驶状态)处，通风孔应畅通；变速器、减速器的凸缘螺母长围可靠。

4)备润滑脂油嘴齐全有效，安装位置正确，所有润滑点均已润滑，无遗漏。

5)空气滤清器滤芯清洁有效。

6)轮胎气压应符含充气规定，胎面无嵌石及其他硬物。

7)离合器踏板和制动踏板自由行程符合技术规定。

8)灯光、仪表、喇叭、信号齐全有效。

9)蓄电池电解液液面应高出极板10~15 mm，通风孔畅通，接头牢靠。

10)车轮轮毂轴承无松旷。

11)全车各部无漏水、漏油、漏气和漏电现象。

二、一级维护作业主要作业项目

(1)检查、清洗发动机气滤清器、曲轴箱通风空气滤清器、机油转子滤清器、检查曲轴箱油面。

（2）检查、紧固散热器、机油格、发动机前后支垫、水泵空压机、进排气歧管等装置。检查、调整风扇V带松紧度。

（3）检查、调整离合器自由行程。

（4）检查转向器、传动十字轴承、横拉杆、摇臂及前桥，添加润滑油，调整松紧度、润滑前桥球头销。

（5）检查变速器，传动轴，中间轴承和后桥，添加润滑油，畅通通气孔，校紧各部螺栓、螺母。

（6）检查紧固制动管路各接头、支架、螺栓、螺母。检查调整行车制动踏板自由行程和驻车制动自由行程。

（7）检查紧固车架、车厢及附件支架各部的螺栓、拖钩、挂钩。

（8）检查轮辋及压条挡圈的裂损情况。

（9）检查补足轮胎气压。

（10）检查轮毂轴承松紧度。

（11）检查钢板弹簧有无断裂，紧固U形螺栓和卡环。

（12）检查减振器性能。

（13）检查畜电池液面高度，补充蒸馏水。检查通气孔塞使之畅通。检查清除电极及夹头氧化物。

（14）检查灯光、仪表、信号装置。

（15）全车润滑。

（16）全车外观检查。

三、汽车一级维护主要内容

（一）润滑和补给作业

1.更换发动机机油和机油滤清器

（1）实操步骤。

1）更换发动机机油。将汽车停放于平坦场地上，在前、后车轮外垫上止滑块。

①在热车状态下，拧下机油盘下部放油螺栓（注意防止热油烫伤人），放出机油。清除螺栓上吸附的杂质，并拧回原位。

②打开汽缸盖前罩盖上的加机油口盖，取下小空气滤清器。

③加入新机油，使油面达到油标尺的上限。

④启动发动机，怠速运转数分钟，停机30 min后，用油标尺检查油面是否在2/4～4/4之间，不足时应补加。最后盖好加机油口盖。

2）更换滤清器滤芯。

①启动发动机使之运转，待达到正常的工作温度（80℃以上），然后将发动机熄火，在热车状态下放出油底和滤清器内的机油。

②当油底壳放油螺孔将旧机油放净时，用滤清器扳手卸下滤清器滤芯。准备好同样的滤芯，先在滤芯的O形圈上涂抹一层机油，用手将滤芯拧至拧不动为止。不要用滤清器的扳手拧紧，以防损坏O形圈，造成漏油。

③从加机油口加入适量机油。启动发动机，在怠速的情况下，观察滤清器有无泄漏。如

有泄漏，应拆检油封胶圈，排除漏油现象。

（2）技术要求。

机油量应位于油标尺上、下刻线之间。更换机油后，启动发动机，滤清器处无机油泄漏。

2.检查、补充冷却液

（1）实操步骤。

1）检查：检查储液罐的液面，如果冷却液面在规定标准处（一般在 max 和 min 之间），则冷却液量为合适。如果低于 min 线，则应补充冷却液。如果冷却液变得污浊或充满水垢，应将冷却液全部放掉并清洗冷却系。

2）补充冷却液：待发动机冷却后，用抹布裹着散热器盖将其打开，添加冷却液至规定位置。

（2）技术要求。

1）冷却液品种要符合本地气候条件。

2）按时更换冷却液。普通冷却液应每 6 个月更换 1 次。长效防锈防冻液一般两年更换 1 次。

3.检查、更换变速器、驱动桥、转向器的润滑油

（1）实操步骤。

1）检查、更换变速器齿轮油。拧下油位检查孔螺栓，检查油位是否达到规定油位，油位应不低于孔边 15 mm（伸入手指，一节手指应够到油面）。如果油量不足，应补充齿轮油，使油位达到规定值，并检查有无漏油现象。

更换齿轮油，应先起动车辆，运转或行驶一定距离，使变速器齿轮油升温。趁着齿轮油还处在温热状态时，拧下放油孔螺栓，放出齿轮油，再将放油螺栓拧牢固。然后加入符合要求的新齿轮油，直到齿轮油从油位检查孔向外溢出为止，最后装好检查孔螺栓。

2）驱动桥齿轮油的检查与更换。拧下油位检查孔螺栓，检查油位是否离检查孔边 0～15 mm。如果油量不足，应补充齿轮油，直到齿轮油从油位检查孔向外溢出为止。

更换齿轮油，起动车辆行驶一段距离，使桥壳齿轮油升温，趁着齿轮油还处于温热状态，拧下放油螺栓，放出齿轮油。放净齿轮油后，擦净螺栓并牢固拧回桥壳。然后拧下油位检查孔螺栓，加入新的齿轮油，直到齿轮油从油位检查孔向外溢出为止，最后装好检查孔螺栓。

3）检查、更换转向器齿轮油。拧下油位检查孔螺栓，检查油位是否距检查孔边 0～10 mm，如果油量不足，应补充齿轮油，直到齿轮油从油位检查孔向外溢出为止。

更换齿轮油，拧下放油螺栓，放出齿轮油。放净齿轮油后，将螺栓牢固拧回转向器壳。拧下油位检查孔螺栓，加入新齿轮油，直到齿轮油从油位检查孔向外溢出为止，最后装好检查孔螺栓。

（2）技术要求。

齿轮油的质量要符合原厂规定，补充齿轮油至检查孔下边缘 0～15 mm。

4.更换制动液

（1）实操步骤。

1）放出旧制动液启动发动机并保持其怠速运转。拧下制动储液罐的加油口盖。拧松放气阀，连续踩下制动踏板，直到制动液不再流出为止。拧紧放气阀，然后向储液罐内加入足量的同种制动液。

2）排放液压管路内的空气时，应按由远及近的原则，按制动管路分布情况对各轮缸进行放气作业，由两人配合进行，一个人在驾驶室内连续踩动制动踏板，使踏板位置升高并保持踩下踏板不动。此时车下另一人拧松放气阀，使管路中的空气和制动液一同排出。踏板位置降低时，立即拧紧放气阀，如此反复多次，直到塑料管内没有气泡排出为止。然后扭紧放气阀并装好防尘套，按上述方法依次对其他轮缸进行放气。

3）在排气时应一边排除空气，一边检查和补充制动液，以免空气重新进入制动管路，直到完全排放干净为止，将储液罐的制动液补充到规定位置。

（2）技术要求。

制动液质量和数量要符合原厂规定。

5. 注意事项

（1）各个部分补给的润滑油或工作液应适量。加注后，一定要检查油面是否合适。

（2）检查油量时应检查油质的好坏，如已失效或变质则应更换新油。

（3）补充或更换机油时，应注意机油的牌号和种类。

（4）补充冷却液时，一定要等待发动机冷却后再打开加水盖，以防烫伤或引起缸体、缸盖变形。

（二）检查、紧固作业

1. 检查排气系统和三元催化净化器

（1）实操步骤。

1）检查排气系统泄漏情况，维护时应检查排气系统的泄漏情况，发现泄漏应及时修理或更换泄漏的部件。

2）检查三元催化净化器，其简易方法是：在发动机起动快速暖机（发动机快怠速）时，察看排气管口是否有水珠排出，若有水珠排出，说明三元催化净化器正常。如果长时间滴水，则应检查发动机是否有故障。

（2）技术要求。

排气系统无泄漏；三元催化净化器完好。

2. 更换空气滤清器滤芯

（1）实操步骤。

1）清洁空气滤芯。

2）松开滤清器锁扣，卸下固定滤芯的螺母，取下护盖后拔出滤芯。取出滤芯时，要注意防止杂质掉入化油器内。用抹布蘸汽油擦拭空气滤清器壳内和外部。

3）检查滤芯污染程度并进行清洁。当滤芯积存干燥的灰尘时，可用压力不高于 500 kPa 的压缩空气，从滤芯内侧开始，上下均匀地沿斜角方向吹净滤芯内外表面的灰尘。如果没有压缩空气，可用旋具柄轻轻敲打滤芯，再用毛刷刷净外部污垢。

注意：操作时，不得用大力敲打或碰撞滤芯。在清洁时，如果发现滤芯损坏，应更换滤芯，正常使用的纸质滤芯也应按规定时间更换。

4）检查滤芯。将照明灯点亮放入滤芯里面从外部观察有无损伤、小孔或变薄的部分，检查橡胶垫圈有无损伤。如有异常，应更换滤芯和垫圈。

5）更换空气滤清器的滤芯，根据车型的行程规定（一般为 30000 km）进行更换。换滤芯时，应注意检查新滤芯有无损伤，垫圈是否有缺损，发现缺损，应予以配齐。

6）安装空气滤清器。按其拆卸相反的顺序，将各部件安装好。注意：必须可靠地装滤芯，不宜用手或器具接触滤芯的纸质部分，尤其不能让油类污染滤芯。

（2）技术要求。

1）汽车行驶 7500~8000 km 应对空气滤清器进行维护。

2）汽车行驶 30000 km 应更换滤芯。

3）滤芯应清洁无破损，上、下衬垫无残缺，密封良好；滤清器应清洁，安装牢固。

3. 检查 V 带状况，调整其张紧度

（1）实操步骤。

1）检查 V 带状况与张紧度 检查 V 带有无损伤、剥落。V 带在断裂之前，会出现滑磨声，V 带表面会出现龟裂的裂纹、磨损以及剥落等前兆现象。因此，应仔细观察，如出现上述现象应及时更换 V 带。

检查 V 带张紧度时，用拇指以 98~147 N 的力按压 V 带中间部位，挠度应为 10~15 mm。如果不符合要求，应进行调整。

2）调整 V 带张紧度，调整风扇 V 带张紧度时，用调整螺栓将整个交流发动机向里或向外移位以调整 V 带的张紧度。凋整后，应可靠地拧紧固定螺栓。

（2）技术要求。

1）V 带应无损伤、剥落、裂纹。

2）V 带张紧度合适，用拇指以 98~147N 的力按压 V 带中部，挠度应为 10~15 mm。

4. 检查、清洁火花塞

（1）实操步骤。

1）拆卸火花塞。拆卸火花塞前，要清除火花塞孔处的杂物和灰尘。如果火花塞孔处有灰尘和杂物，可用嘴吹去灰尘和杂物。如果不易吹掉，可用抹布和旋具进行清除。

用火花塞套筒逐一卸下各缸的火花塞。拆卸时，火花塞套筒要确实套牢火花塞，否则，会损坏火花塞的绝缘磁体而引起漏电。为了稳妥，可用一手扶住火花塞套筒并轻压套筒，另一只手转动套筒，卸下的火花塞应按顺序排好。

2）检查火花塞状态。逐一检查火花塞，如果火花塞的电极呈现灰白色，而且没有积炭则表明该火花塞工作正常，燃烧良好；如果电极严重烧蚀或有积炭，甚至有污迹或其他异现象，则表明该火花塞有故障，应予更换。

检查火花塞的绝缘体，如有油污和积炭应清洗干净。磁芯如有损坏、破裂，应予更换。清除积炭时，最好使用火花塞清洁器进行清洁，不要用火焰烧烤。

3）检查、调整火花塞电极间隙。用火花塞量规测量火花塞电极间隙，火花塞间隙大时，可用旋具柄轻轻敲打外电极来调整；间隙过小时可用一字旋具插入电极之间搬动一字旋具把间隙调整到符合要求为止。注意：调整间隙时，只能弯动旁电极，不能弯动中央电极，以免损坏绝缘体。

火花塞间隙调整好后，外电极与中央电极应略成直角，如过度弯曲或电极烧蚀成圆形，则表示该火花塞不能再使用，应予更换。

4）安装火花塞。安装火花塞时，先用手抓住火花塞的尾部，对准火花塞孔，慢慢用手拧上几圈，然后再用火花塞套筒拧紧。如果用手拧入有困难或费力，应把火花塞取下来，再试一次，千万不要勉强拧入，以免损坏螺纹孔。为使安装顺利，可以在火花塞螺纹上涂抹一点

机油。

（2）技术要求。

1）火花塞性能良好，电极呈现灰白色，无积炭。

2）火花塞间隙应在 0.7~0.9 mm 之间。

5.燃料系统的检查与清洁

（1）实操步骤。

1）清除燃油系滤网中的沉淀物。松开汽油泵、化油器的进油接头，取出滤网，倒出滤网中的污物，在汽油中清洗并吹干净滤网后，装回原处，拧紧油管。启动发动机，观察汽油泵有无渗漏现象，如有渗漏现象应检修汽油泵。

2）清洗或更换汽油滤清器。如果要进行清洗，应先从车上拆下汽油滤清器总成。清洗时，要按汽油流动方向逆向进行。

3）汽油泵的检查。用手指堵死进油口，推动摇臂，手指应感到进油口有吸力，再将进、出油口接上油管，将进油管口浸入汽油盆内，并使出油管口对准水平方向，摆动摇臂，检查出油管口喷油距离，该距离能达到 50~70 mm 属正常。确定有故障时，应解体检查其泵膜、进出油阀和泵体密封性，检查摇臂弹簧、泵膜弹簧的工作情况，检查摇臂磨损情况。

4）化油器的检查。取下空气滤清器，拆洗化油器进油口滤网；用抹布蘸化油器清洗剂，将化油器外表擦拭干净，然后启动发动机，使发动机转速保持在中等速度。用化油器清洗剂向化油器腔室内喷洗，将化油器腔室、暖管等处的油污清洗下去，检查联动机构，紧固连接螺栓。在清洗过程中注意控制发动机转速，清洗剂的喷出量应适当控制，使清洗后的物质能随混合气燃烧后排出发动机。

（2）技术要求。

1）燃油系各连接螺栓应紧固，衬垫良好，不漏油，不漏气。

2）汽油泵工作正常，管路畅通，无凹陷、裂损，接头不漏油。

3）化油器滤网清洁、作用良好，外部清洁无泥垢，节气门、阻风门开闭完全，联动件运动灵活不松旷，垫圈、锁销齐全有效。

6.点火系统的检查和调整

（1）实操步骤。

1）清洁分电器内部。

①打开分电器盖的卡簧，卸下分电器盖。用抹布擦拭分电器盖的内外部，检查分电器盖有无破损或龟裂的痕迹，分电器盖出现破损或龟裂现象必须更换。

②检查中央电极的碳棒及弹簧，用手或旋具轻压中央电极，松开时，电极应能弹回原位。中央电极的碳棒及弹簧如果损坏，应更换。

③用布擦净分火头，检查分火头有没有裂纹或破损，如果有龟裂或破损，应及时更换。

④当分电器盖装到分电器上时，要用卡簧固定住，并检查各缸高压线是否套牢。

2）调整触点间隙。用塞尺检查分电器触点间隙，间隙标准值为 0.35~0.45 mm，如不符合，则通过其上的调整螺钉进行调整。

（2）技术要求。

1）分电器盖无破损或龟裂，分火头无裂纹和破损。

2）触点完好，触点间隙在 0.35~0.45 mm 之间。各线路接头牢固可靠，无漏电，各连接轴无松旷和轴向窜动。

7. 检查传动轴及等速万向节

（1）实操步骤。

1）检查传动轴的技术状况。检查传动轴各轴承，拧紧各部螺栓、螺母，检查添加润滑油。必要时，拆检传动轴，更换万向节。

2）检查传动轴万向节防尘套。检查传动轴万向节防尘套的破损情况，发现传动轴万向节防尘套破损时，应拆检传动轴万向节，如果发现万向节磨损，应予以更换；如果万向节脏污，可更换防尘套。

（2）技术要求。

万向节、中间轴承、花键轴无松旷，万向节防尘套无破损，真空助力器工作状态良好。

8. 检查轮胎气压

（1）实操步骤。

检查轮胎气压，轮胎气压应符合规定要求，必要时进行补气和调整。轮胎气压检查步骤如下：

1）拧下轮胎气嘴防尘帽，用轮胎气压表测量轮胎气压。轮胎气压应符合轮胎上的规定，轮胎气压通常标注在轮胎的侧壁上。气压不足，应进行补充；气压过高，应放出部分气体。

2）检查完轮胎气压后，用唾液涂在气嘴上，查看是否漏气，如果唾液涂在气嘴上有明显的气泡或抖动，表示气嘴芯漏气，应拧紧或更换气嘴芯。最后，将气嘴的防尘帽拧上，以防脏物和水汽进入气嘴。

（2）技术要求。

轮胎气压符合标准，气门嘴不漏气。

9. 蓄电池的维护

（1）实操步骤。

1）清洁蓄电池外部接头。

①检查蓄电池及各桩柱导线夹头的固定情况，应无松动现象。

②检查蓄电池壳体应无开裂和损坏现象，极柱和夹头应无烧损现象，否则，应将蓄电池从车上拆下修复。

③用布块擦净蓄电池外部灰尘，如果表面有电解液溢出，可用布块擦干。清洁极柱桩头上的脏物和氧化物，擦净连接线外部及夹头，清除安装架上的脏污。疏通加液口盖通气孔，并将其清洗干净。安装时，在极柱和夹头上涂一薄层工业凡士林。

2）检查蓄电池液面高度。用一根内径 6～8 mm、长约 150 mm 的玻璃管，垂直插入加液口内，直至极板边缘为止，然后用拇指压紧管上口，用食指和无名指将玻璃管夹出，玻璃管中电解液的高度即为蓄电池内电解液高出极板的高度，应为 10～15 mm，最后再将电解液放入原单格电池中。

3）补充电解液。如果电解液液面过低时，应及时补充蒸馏水或市场上销售的电瓶补充液，不要添加自来水、河水或井水，以免混入杂质造成自行放电的故障；也不要添加电解液，否则，会使电解液浓度增大而缩短蓄电池的使用寿命。

注意：电解液液面不能过高，以防充、放电过程中电解液外溢造成短路故障。调整液面之后应对蓄电池充电 0.5 h 以上，以便使加入的蒸馏水能够与原电解液混含均匀。否则，在冬季会使蓄电池内结冰。

（2）技术要求。蓄电池壳体无开裂和损坏，通气孔畅通，电柱夹头清洁、牢固，电解液液面高出极板 10～15 mm。

10. 灯光、仪表、信号装置的检查及调整

（1）实操步骤。

1）检查灯光、信号和线束。

①检查、调整灯光和信号显示装置，如果发现损坏，及时修复。

②检查、紧固全车线路。

⑧检查全车线路接头，要求干净、整齐、连接可靠。

④检查全车线路的绝缘层。如有破损，可用胶布包裹好，破损较多的导线，应予以更换。

③检查全车线束固定情况。卡子应齐全，固定可靠，无松动。

2）检查报警信号。检查各报警信号灯、传感器及连线，均应完好无损，发现损坏或显示异常应及时修理，以确保行车安全。

3）检查全车灯光情况。两个人配合检查前照灯、转向灯、示宽灯、制动灯等灯光装置。检查时，先打开灯光开关，依次检查全车各部位的灯光，踩下制动踏板查看制动灯情况。发现不亮现象应予以排除。常见的灯光不亮故障多为灯泡烧毁或熔丝烧断所致，更换灯泡或熔丝即可排除故障。

（2）技术要求。

1）各报警信号灯、传感器及连线完好无损。

2）前照灯、转向灯、示宽灯、制动灯工作正常，大灯光束符合 GB7258—1997《机动车运行安全技术条件》的要求。

11. 空调装置的维护

（1）实操步骤。

1）查找冷冻油和制冷剂泄漏部位。

①检查漏油痕迹。在空调制冷循环系统中，冷冻油是用来润滑密封轴承以及压缩机内其他运动部件的，冷冻油与制冷剂互溶，并与制冷剂一同在系统中循环。如果制冷循环系统发生泄漏，泄漏处就会出现油渍，所以在检查中，发现管路及接头处有油渍，就可以确定该处有泄漏故障，应进行修理。

②观察检视窗，判定制冷剂泄漏情况。启动发动机（约 1000 r/min），打开制冷控制开关（A/C），将温度开关控制杆置于 COLD（冷）位置，风扇开关开到最大位置，可以从检视窗处观察到制冷剂的流动状态，以此来判断制冷循环系统中有无泄漏现象。

制冷剂流动正常：制冷剂大体上透明，此时出风口的风是冷的。

没有制冷剂：如果制冷系统严重泄漏，观察玻璃窗内就什么也看不到，此时空调系统不会制冷。

2）检查空调系统的工作情况。检查时将汽车停放在通风良好的场地上，保持发动机中速运转，将空调机风速开到最大挡，使车内空气循环。

①从各部的温度判断空调状况。用手触摸空调系统各部件，检查表面温度。正常情况下，低压管路呈低温状态，高压管路呈高温状态。检查顺序如下：

高压管路：压缩机出口→冷凝器→储液罐→膨胀阀进口处。这些部件应该先热后暖，手

摸时，应特别小心，避免被烫伤。如果在其中某一点发现有特别热的部位，则说明此处有问题，散热不好。如果某一处特别凉或结霜，也说明此处有问题，可能有堵塞。干燥储液罐进出口之间若有明显温差，说明此处堵塞。

低压管路：膨胀阀出口→蒸发器→压缩机进口。这些表面应该由冷到凉，但膨胀阀处不应发生霜冻现象。

压缩机高低压侧（即进出口）之间应该有明显的温差，若没有明显温差，则说明空调系统内没有制冷剂，空调系统有明显的泄漏。

②清理空调装置的杂物。检查蒸发器通道及冷凝器表面，以及冷凝器与发动机水箱之间（停机检查）是否有杂物、污泥。若有，要注意清理，仔细清洗。冷凝器可用毛刷轻轻刷洗，注意不能用蒸汽冲洗.

③检查调整空调 V 带。检查 V 带松紧度是否适宜，表面是否完好。以上检查如果发现异常，应进行修理。

3）检查冷暖风机。

①打开驾驶室内的风机开关，检查电动鼓风机的运转情况，要求转动正常，无异常响声。否则，应检查并排除故障。当运转中有异常响声时，应检查鼓风机风扇叶片有无损坏及风扇配重片有无脱落。

②检查送风橡胶软管有无老化和破损现象，如有损坏应予更换。

③启动发动机升温后，打开暖风开关和鼓风机开关，供暖通风设备状况应符合要求，否则，应予以调整和修理。

（2）技术要求。

1）整个系统无漏油痕迹，制冷剂剂量合适。

2）空调系统工作正常。

3）冷暖风机运行正常。

第四节　汽车的二级维护

除一级维护作业外。以检查、调整转向节、转向摇臂、制动蹄片、悬架等经过一定时间的使用容易磨损或变形的安全部件为主，并拆检轮胎，进行轮胎换位，检查调整发动机工作状况和排气污染控制装置等，由维修企业负责执行的车辆维护作业。

一、二级维护相关知识

1. 二级维护主要内容

除一级维护作业外，以检查、调整转向节、转向摇臂、制动蹄片、悬架等经过一定时间的使用容易磨损或变形的安全为主，并拆检轮胎，进行轮胎换位，检查、调整发动机工作状况和污染控制装置等，由维修企业负责执行的车辆维护作业。

2. 一、二级维护周期

汽车一、二级维护周期的确定，应以汽车行驶里程为基本依据。汽车一、二级维护行驶里程依据车辆使用说明书的有关规定，同时依据汽车使用条件的不同，由省级交通行政主管部门规定。

3. 二级维护作业过程

汽车二级维护时首先要进行检测，汽车进厂后，根据汽车技术档案的记录资料（包括车辆运行记录、维修记录、检测记录、总成维修记录等）和驾驶员反映的车辆使用技术状况（汽车的动力性、异响、转向、制动及燃、润料消耗等），确定所需检测项目。依据检测结果及车辆实际技术状况进行故障诊断，从而确定附加作业项目，附加作业项目确定后与基本作业项目一并进行二级维护作业。二级维护过程中要进行过程检验，过程检验项目的技术要求应满足有关技术要求或规范。二级维护作业完成后，应经维修企业进行竣工检验，竣工检验合格的车辆，由维修企业填写《汽车维护竣工出厂合格证》后方可出厂。

二、二级维护作业项目

1. 汽车发动机二级维护基本作业项目

（1）拆检清洗机油粗滤器，更换滤芯。

（2）拆检机油细滤器。

（3）拆检清洗机油盘、集滤器；检查曲轴轴承松紧度，校紧曲轴轴承螺栓、螺母。

（4）热车放出脏机油后，加入清洗剂，清洗发动机油道。

（5）检查清洗汽油滤清器。

（6）检查汽油泵及管路。

（7）清洗火花塞积炭，校正电极间隙，检查有无漏油现象。

（8）清洁、检查、调整分电器。

（9）检查调整气门间隙。

（10）检查紧固进、出排气歧管。

（11）清洁发动机空气滤清器和曲轴箱通风空气滤清器。

（12）清洁曲轴箱通风单向阀及管路。

（13）校紧水泵螺栓、螺母；调整风扇 V 带松紧度。

（14）按规定次序和扭矩校紧缸盖螺栓。

（15）拆洗化油器进口滤网；清洁化油器外壳；检查联动机构；紧固连接螺栓。

（16）检查发动机支架的连接及损坏情况。

（17）检查、紧固、调整散热器及百叶窗。

（18）检查、紧固汽油箱及油管。

（19）检查、紧固排气管及消音器。

（20）检测发动机燃烧效果，进行调整。

2. 汽车底盘二级维护作业项目

（1）检查离合器片；检查分离轴承；检查分离杠杆，调整其与分离轴承之间的间隙；调整离合器踏板自由行程；润滑变速器第一轴前轴承和分离轴承。

（2）检查转向节衬套与主销的配合松紧度；校紧主销横销螺栓。

（3）检查前轮制动器调整臂的作用。

（4）拆检前轮毂轴承、制动蹄、偏心销；清洗转向节、轴承、偏心销；清洁制动底板等零件；检查制动底板、制动凸轮轴，校紧装置螺栓；检查转向节及螺母、保险片及油封、转向节臂；校紧装置螺栓；检查内外轴承、制动蹄及支承销、制动蹄回位弹簧；检查前轮毂、制动蹄及轴承外座圈；校紧轮胎螺栓内螺母；装复前轮毂，调整前轮轴承松紧及制动间隙。

（5）检查转向器的工作状况及密封性，校紧装置螺栓；检查转向传动机构，校紧装置螺栓及横销螺栓。

（6）解体横直拉杆，清洗检查各部件。

（7）检查调整前束及转向角。

（8）检查转向器齿轮油油面。

（9）检查变速器润滑油油面；检查紧固变速器第二轴凸缘螺母；拆检清洗变速器通气塞。

（10）检查传动轴万向节、中间轴承有无松旷；检查、紧固传动轴凸缘和中间支承 U 形支架。

（11）拆下后桥壳盖，清除沉积物，检视减速器齿轮，校紧减速器壳连接螺栓螺母、差速器轴承盖螺母；检查调整主、被动圆锥齿轮的啮合间隙；检查校紧主动圆锥齿轮凸缘螺母；拆洗通气孔；加注齿轮油。

（12）检查后轮制动器调整臂的作用。

（13）拆下半轴、轮毂总成、制动蹄、支承销；清洗各零件及制动底板、半轴套管；检查制动底板、制动凸轮轴，校紧连接螺栓；检查后桥半轴套管、螺母及油封；检查内外轴承；检查制动蹄及支承销；检查制动蹄回位弹簧；检查后轮壳、制动鼓及轴承外座圈；检查紧固半轴螺栓；检查轮胎螺栓，校紧内螺母；检查半轴；装复后轮毂，调整制动间隙。

（14）拆洗空气压缩机的空气滤清器，检查空气压缩机底座有无裂纹。

（15）检查制动阀各管路接头是否漏气和紧固；检查制动气室；检查挂车室、分离开关、连接接头和管路。

（16）检查储气筒放水阀、安全阀、单向阀的工作情况；紧固储气筒连接部位。

（17）检查紧固翼子板、发动机罩、前脸、挡泥板等。

（18）检查驾驶室有无缺陷，紧固驾驶室连接部位；检查调整车门、玻璃升降器、门锁。

（19）检查、调整、紧固气动刮水器。

（20）检查车厢，校紧各部螺栓。

（21）检查车架铆钉，检查校紧车架保险杠，检查校紧前后拖车钩；检查校紧车架上各支架螺栓。

（22）检查钢板弹簧吊耳；检查钢板弹簧；检查紧固钢板弹簧卡子和 U 形螺栓，检查紧固减振器固定螺栓及支架。

（23）分解车轮，检查清洁挡圈及轮辋；检查内外胎。

（24）检查备胎、补气。

（25）轮胎换位。

（26）润滑水泵轴承、离合器与制动踏板轴、变速器第一轴前轴承、制动调整臂、传动轴十字轴轴承、传动轴滑动叉、传动轴中间支承轴承、转向节上下轴承、前后钢板弹簧销、横直拉杆球销、转向传动轴滑动叉及十字轴轴承、前后制动凸轮轴、驻车制动蹄片轴。

3. 汽车电气二级维护基本作业项目

（1）清洁蓄电池表面及极柱，在接线头上涂润滑脂，检查电解液密度，视情加注蒸馏水。

（2）清除发电机滑环表面油污，清洗检查轴承，填充润滑脂，检查二极管。

（3）检查调整发电机调节器。

（4）清洁起动机整流子，清洗检查轴承，填充润滑脂。

（5）检查灯光、仪表、信号、暖风装置的工作情况，检查紧固全车线路。

三、汽车二级维护保养验收标准

汽车作为损耗品，为保持其具有的优良性能，一般每行驶7500～10000 km 就要进厂做二级维护保养。但车主对二级保养存在怀疑态度，怀疑是否服务商在二保时敲上一笔，或者不给足保养。实际上，车主可以凭借一定标准验收二级保养质量，交纳费用也有标准可循。

汽车二级维护保养的验收标准：

（1）发动机通过三清三滤作业后，应易启动、运转平稳、排气正常（指尾气达标）、水温、机油压力符合要求、转速平稳、无异响、各皮带张紧适度，无四漏（水、油、电、气）现象。

（2）方向自由行程和前束符合要求，转向轻便、灵活、可靠，行驶时前轮无左右摆头和跑偏。

（3）离合器自由行程符合要求，操作方便、分离彻底、结合平稳、可靠，无异响，液压系统无漏油。

（4）变速箱、驱动桥、万向节（或半轴）传动装置等润滑良好，连接可靠，无异响和过热，不跳挡、换挡灵活、不漏油。

（5）制动踏板自由行程和制动器间歇符合要求，行车、驻车制动良好，制动时无跑偏现象和制动时拖滞现象，惯性比例阀工作正常，不漏油。

（6）轮胎压力正常（不同的车型规定的高低压标准不同）。

（7）悬臂、减振固定可靠，功能正常，轮毂轴承温度在行驶后不高热。

（8）发电机、起动机、灯光、仪表、信号灯、按钮、开关附属设备齐全、完整，能工作正常。

（9）全车各润滑点加注润滑油。

（10）全车冲洗清洁。

维修厂家只要做到以上10条二级保养作业，车辆就是合格产品，车主可以放心。

第五节　汽车的季节性维护

汽车的季节性维护又称换季维护，它是指汽车进入夏冬季运行，在季节变换之前为使汽车适应季节变化而实施的维护。季节性维护通常结合定期维护（日常维护和一、二级维护都属定期维护）一并进行。

一、春季汽车保养要"三防"

汽车服务厂的专家提示车主，春季车主用车要特别留意做好汽车的"三防工作"，即"防水、防菌和防疲劳驾驶"。

1. 防水

雨水中的酸性成分对汽车的漆面具有极强的腐蚀作用，久而久之就会对汽车的漆面造成损害，因此在雨水较多的春季，换季保养一定不要忽视汽车的防水工作。在进行换季保养时，最好能给爱车进行一次漆面美容。最简单的是打蜡，更长久更有效的是进行封釉美容。

无论何种方法，都给爱车穿上一件看不见的保护外衣，防止漆面褪色老化，让亮丽的车容常伴左右。

2.防菌

春季气温升高，再加上空气潮湿，是各种病菌繁衍生长的季节，因此要特别注意汽车室内的防菌工作，让汽车室内保持干爽卫生，特别是对汽车坐垫、出风口这些卫生死角更要做好清扫工作，保持车内环境的干爽整洁。

3.防疲劳驾驶

春季是容易犯困的季节，因此春季开车，不但自己尽量不要疲劳驾驶，同时在出行中也要控制好自己的车速，尽量避免一些危险的驾驶动作和不良的驾驶习惯。

二、夏秋交替注意汽车保养

空调的保养。在经过了一个夏天超负荷的运转后，进入秋季，还应该先做一次检查与养护。夏天雨水多，车辆经常会走一些涉水路面，空调冷凝器下部就不可避免的沾染泥沙。天长日久，泥沙及灰尘大量淤积，严重影响空调使用寿命。

正时皮带保养。在多雨的季节里，车辆容易进水，一般会有水沾到皮带里，而水中的杂质则会加速皮带的老化，造成皮带突然断裂。

点火系保养。点火系关乎着车辆能否启动，在逐步步入秋季之时，车主朋友应该仔细检查一下这些部位，尤其是一些插头部位，看看是否生锈，一旦生锈，就要使用专业清洗剂处理。

充电系的保养。在这个部位的保养上，要着重检查发电机皮带在经过雨打高温后是否老化或者开裂，如果没有发现上述状况，还要看看皮带的松紧度。皮带过松，会引起皮带的嚣叫，使皮带早期磨损；皮带过紧，又会造成发电机轴承的偏磨，从而带来不必要的麻烦。

四季分明地区汽车保养常识：

油液适当：现代保养的核心思想是使用优质的车用机油、防冻液及相应的添加剂。冬季是苛刻的季节，气温下降后，机油的黏度会增大，因此，在入冬前，应该换用优质、高效的防冻液和润滑油。换油液的工作应到特约站点或信誉可靠的专业保养中心进行。

调整电瓶：蓄电池最怕低温，在冬季来临之前，须补充蓄电池的电解液，并检查存电情况，温暖天气时使用正常的蓄电池，在寒冷的气温下经常失效，故蓄电池的保养应引起司机朋友的特别重视。

检查轮胎：北方的冬季寒冷干燥，对轮胎的伤害不小。如遇冰雪天气，路面湿滑，情况更难控制。所以，在入冬前，应仔细检查轮胎的气压及磨损情况，如有裂痕，须及时修补或更换。有条件的，可更换冬季防滑轮胎

护理底盘；雨雪天气，常有泥沙、水渍沾在底盘上，很难冲洗。入冬后，天气寒冷，容易结冰，更难冲洗。时间长了，底盘容易被侵蚀、氧化、生锈，所以，在入冬前，要彻底作底盘清洗及防锈处理。

三、秋冬季来临谈谈汽车保养

秋冬季即将来临，在例行保养的同时，检查车内外状况同样重要。

检查车辆外部。如果有明显刮伤，要及时做外部的喷漆处理。因为油漆的作用不仅是美

观，它更重要的功能是防锈。

检查发动机舱。内容包括机油、方向机油、刹车油及防冻液。一般防冻液的更换周期为2~3年或是行驶3~4万km。在加注防冻液前先要对发动机冷却系统进行清洗。

检查刹车系统。注意制动液是否够量，品质是否变差，需要时应及时添注或更换。注意制动有无变弱、跑偏，制动踏板的蹬踏力度及制动时车轮抱死点的位置。必要时清理整个制动系统的管路部分。

检查轮胎是否有明显的外伤、刮痕及胎压是否标准。秋冬季橡胶变硬相对较脆，不但摩擦系数会降低，也较易于漏气、扎胎。要注意经常清理胎纹内夹杂物，尽量避免使用补过一次以上的轮胎，更换掉磨损较大和不同品牌不同花纹的轮胎也是不可忽视的。

检查进风口或进风格栅、电子扇等位置是否有杂物。可以用压缩空气吹走灰尘，在发动机冷却状态下，可用水枪由里向外冲洗上述部位。

检查暖风管线及风扇。特别是要注意风挡玻璃下的除霜出风口出风是否正常，热量是否够，风挡除霜出风口有问题在秋冬季驾车会带来许多麻烦和不安全因素。

最后，清理车辆内饰。使用专业清洗剂配合高温内饰桑拿机不但可以去除车内污垢、异味，同时能够有效地杀灭细菌、不伤内饰。在清理后再用保护剂进行护理，可使车内饰件焕然一新。门轴、导轨由于风沙侵袭和洗车的影响容易生锈，开关困难并发出异响等问题，利用专用的防锈润滑剂可解决如上现象。

四、冬季汽车保养：不可随便添加冷却液

冷却液是现代汽车发动机不可缺少的一部分。它在发动机冷却系统中循环流动，将发动机工作中产生的多余热能带走并散发到大气中，使发动机能以正常工作温度运转。

当冷却液不足时，将会使发动机水温过高，而导致发动机机件的损坏。车主一旦发现冷却液不足，应该及时添加。不过冷却液也不能随便添加，因为除了冷却作用外，冷却液还应具有以下功能：

1. 各季防冻

为了防止汽车在冬季停车后，冷却液结冰而造成水箱、发动机缸体胀裂，要求冷却液的冰点应低于该地区最低温度10℃左右，以备天气突变。

2. 夏季防沸

冷却液沸腾过程中产生的气泡一方面可能造成冷却系中产生气阻，影响冷却系的循环，另一方面会对水泵叶片、水管等部件产生气蚀，因此要求冷却液有较高的沸点。

3. 防腐蚀

冷却液应该具有防止金属部件腐蚀、防止橡胶件老化的作用，延长冷却系寿命。

4. 防水垢

冷却液在循环中应尽可能少地减少水垢的产生，以免堵塞循环管道，影响冷却系的散热功能。综上所述，在选用、添加冷却液时，应该慎重。首先，应该根据具体情况（要求的冰点、沸点）去选择合适配比的冷却液。

将选择好配比的冷却液添加到水箱中，使液面达到规定位置即可。

如果车在途中"开锅"，而又没有合适的冷却液添加时，最好添加河水、烧开了的水。等车开至维修厂时，需将冷却系中的冷却液全部更换。在添加时注意，等到冷却系温度降低后

再添加，以防被烫伤。在添加过程中，最好对冷却系进行放气，以免造成气阻。

第六节　汽车走合期维护与安全

磨合也叫走合。汽车磨合期是指新车或大修后的初驶阶段，一般为 1000～1500 km，这是保证机件充分接触、摩擦、适应、定型的基本里程。在这期间可以调整提升汽车各部件适应环境的能力，并磨掉零件上的凸起物。汽车磨合的优劣，对车的寿命、安全性、经济性将会产生重要的影响。汽车磨合的目的是使机体各部件机能适应环境的能力得以调整和提升。新车、大修车及装用大修发动机的汽车在初期使用阶段都要经过磨合，以便相互配合机件的摩擦表面进行吻合加工，从而顺利过渡到正常使用状态。

汽车出厂前虽然按规定进行了磨合处理，但零件表面仍然较粗糙，加之新零配件间有较多的金属粒脱落，使磨损加剧。机件在加工、装配时存在一定的偏差和难以发现的隐患，在磨合期间很可能出现发热和渗漏等故障。磨合期间，汽车具有零件磨损快、易出故障、润滑油易变质、耗油量大的特点。

汽车的磨合期不仅包括发动机的磨合，还包括变速箱的磨合、刹车的磨合、车胎的磨合等，汽车的磨合期就是这些主要部件磨合的统称，发动机的磨合又包括很多小的方面，如活塞和缸套之间、连杆和轴瓦之间、连杆和轴承之间的磨合等，发动机的磨合大约要经过 3000 km 的行驶距离才能度过。因此，磨合期内，不能让发动机的工作超载，像急刹车、突然加速、加速过弯等情况都最好尽量避免。

变速箱主要是齿轮之间的磨合，它的磨合时间一般需要 5000 km 的行驶距离，也就是差不多按照规定的标准换过两次机油基本就度过磨合期了；轮胎和地面之间的磨合时间是最短的，一般 200～300 km 左右；刹车的磨合主要包括刹车片和刹车碟、刹车蹄和刹车鼓的磨合等，一般行驶 400 km 左右就可以完成了。

顺利度过磨合期对车辆今后是否耐用、毛病多少、油耗高低、动力足与否等等指标起着至关重要的作用。磨合期间的驾车与过磨合期后的驾车有着一些不同，注意这些不同，是保证顺利度过磨合期的关键。

一、新车磨合期维护内容

(1)100 km 内：检查维护方面，应紧固外露的螺栓、螺母，添加燃油、机油，补充冷却液，检查变速器、前后驱动桥、传动轴、轮毂和轮胎的气压，检查灯光仪表、电瓶以及制动系统的制动能力；摩擦制动片尚未达到 100% 制动效果，轮胎摩擦力也不够，因此，刹车时，要比正常情况多用力。

(2)100～500 km：检查维护方面，此时要更换发动机机油，并用煤油清洗油底壳，更换机油滤芯，并将前、后轮毂螺母进行紧固；轮胎附着力尚未达到最佳效果，车主应尽量避免快速过弯时紧急刹车。

(3)500～2500 km：应温和驾驶，时速不超过 100 km，转速不超过 2500 转；

(4)2500～3500 km：在水温达工作温度(水温指针在刻度中间处)时，车主可将车速提高到最高车速或发动机最大转速，另外，如果您的爱车是国产车，就要更换变速器、主减速器和方向机内的齿轮油，并检查调整离合器踏板。

磨合前期：清洁全车；紧固外露的螺栓、螺母；添加燃油、机油；补充冷却液；检查变速器、轮胎的气压；检查灯光仪表；检查电瓶；检查制动。

二、汽车磨合期使用要求及注意事项

限载、限速、选用优质润滑油、低速升温、慢起步、慢加油、适时换挡、慢刹车、严格控制水温、经常检查变速器、驱动桥和轮毂的温度。

最好选择条件好的道路进行走合。

选择优质润滑油：选择低黏度和优质润滑油，能使摩擦表面得到良好的润滑，减缓机件磨损。汽油机应选用 SE 级，柴油机应以 CL-4 级为佳。

减载：汽车在磨合期内装载量不能超过额定载荷的 75%。新车在装载时应低于规定的载重量或人数，更不能超载，因为超载会加重发动机、变速器、传动系统及悬挂系统等部件的负担，加重磨损，对车辆造成损害。

合理使用油料：要尽量添加质量比较好的汽油（汽油标号不一定非常高，但一定要清洁）。

（一）磨合期的使用要求

（1）起步先预热：这是针对电喷车而言的，起步前，应先将钥匙转到第二挡后等 5~10 s，再启动，这是由于钥匙门打开后，汽油泵就开始工作，使油压及喷油量进行调整，因此，几秒钟后再启动以保护发动机。

（2）忌紧急制动：紧急制动不仅使磨合中的制动系统受到冲击，还会加大底盘和发动机的冲击负荷，在初次行驶的 300 km 内，最好不要紧急制动。

（3）避免负荷过重：新车在磨合期如满载运行，会对机件造成损坏，因此，在初次行驶的 1000 km 内，国产车不能超过额定载荷的 75%~80%。另外，为减少车身和动力系统负荷，选较平坦的行车路面，避免振动、冲撞或紧急制动。

（4）忌跑长途：新车在磨合期内跑长途，发动机连续工作的时间就会增加，易造成机件磨损。

（5）勿高速行驶：新车磨合期内有速度限制，国产车一般在 40~70 km/h 内，进口车一般在 90 km/h 内，当油门全开时，车速不能超过最高时速的 80%，且在行驶中注意观察发动机转速表和车速表，确保发动机转速和车速在中速工作，一般情况下，磨合期发动机转速应在 2000~3500 r/min。

（6）及时换挡：及时换挡是为了避免高挡位低转速和低挡位高转速行驶，不要长久用一个挡位，也不要在各个挡位使车速达到极限，一般而言，各挡位时速控制在极速 3/4 范围内，具体为：1 挡 25 km、2 挡 40 km、3 挡 60 km、4 挡 90 km、5 挡 100 km；

（7）使用优质汽油：新车在磨合期内使用的汽油不能低于厂家规定的标号，应尽量添加优质的汽油，切勿添加抗磨损的油精，以免里程数已够而磨合不足；

（二）磨合期的注意事项

（1）机油、冷却水、轮胎气等，一定要充足，无泄漏现象发生，发现亏欠时应及时补充。

（2）各部分如有不正常的响声，要及时检修，磨合期间的机械故障对车辆造成的影响，往往比度过磨合期的车辆受机械故障的影响要大得多。

（3）一般车上在仪表盘中都有警报灯，有的车上甚至还装上了电脑。及时发现仪表盘和电脑里的警报信息，才能更好地掌控车辆的状况。

(4)处于磨合期的车辆装载质量一定不要超过额定载重量的70%，满载、超载对新车各个构件都会造成极大的损害。

三、养护车身常识三要三不要

(一)汽车维护常识三要

(1)车身要定期检查。车身外观最让人烦恼的就是锈蚀，造成的原因主要是钣金金属直接与外界接触。除了常见的原因，碰撞、刮伤、放着不管、日久生锈以外，还有一种情况，就是行车时，前车车胎弹起的小石块造成的点撞，会使漆面出现一个个剥落的小点，产生小锈斑。这种小痕迹常被人们忽视，平时要定期检查车体、发动机盖和车身四周，一旦发现就要马上处理。

(2)汽车的前期漆面要保养。买了新车后应该在车身上一层镜面釉。镜面釉以高分子聚合物为主要成分，它直接作用于车漆表面。上釉时，先清洗车身，然后用抛光机将镜面釉通过振动挤压进车漆内部，形成如同网状的牢固的保护膜，它大大提高了漆面的硬度。同时，耐高温抗紫外线的特性更好地保护了车漆，如果定时洗车打蜡的话，镜面釉效果可以保持一年之久。

(3)车上放管普通牙膏。一旦发现有小小的新蹭痕，就随手涂上一点。下雨或洗车后，别忘了再涂一下，可简单地起到隔绝作用，短期内没问题。这只是个简单应付之法，最终还是要到美容店去彻底去除。若想既省事也省钱，可等车身上类似的破损处多了再集中修理。

(二)汽车维护常识三不要

(1)不要用掸子擦车身。很多司机习惯性地用掸子擦擦前风挡玻璃、拂拭车漆表面的灰尘。这其实是自欺欺人的做法。掸子里夹带了大量的沙尘，车主每天用同一把掸子擦车，就如同用锉刀在车漆上蹭，亲手在车漆上制造细微的划痕；劣质洗车机的毛轮使用尼龙丝等硬质材料，洗车时毛轮高速旋转，对车漆表面有很强的切削力；普通的车蜡中都会添加一些研磨粒子，装饰工人为车上蜡时，会转着圈打磨抛光，将车漆磨亮的实质是这些肉眼看不到的颗粒将车漆抛光的过程。水蜡较柔软，易挥发，依靠手工摩擦无法渗透进车漆内部，只能增强车漆的亮度，对车漆的光泽并无修复功能。

(2)停放在室外的车辆不要罩车衣。一旦遇上刮风下雨的天气，风吹雨打在车衣外面，车衣的内层就会反复抽打车漆，在车身上划出无数道细小的划痕，这些划痕遍布全车，清洗或打蜡都不能完全去除掉，时间一长还会造成漆面发乌。

(3)车门内部不要积留水。车身容易积水的地方，如轮弧内外缘、车门和行李箱的底部、边角等处，时间长了，也容易产生锈蚀。如果车门下缘的排水口堵塞或不很顺畅，下雨或洗车时渗入的水分长期积留在车门内部，一段时间以后，就会由内向外开始生锈，等到发现时，就很难处理了。

第七节 汽车常用运行材料安全选用

汽车在使用的过程中会用到各种各样的不同油料，主要包括燃油、机油、齿轮油等。

1. 汽油

我们通常使用的汽车都是用内燃机作动力，根据其工作方式的不同又分为汽油机和柴油机，所使用的燃油分别是汽油和柴油。

（1）汽油的主要特点。

汽油是从石油中提炼制成。远古时期的动、植物遗体由于地壳的运动被压在地层深处，在高温、高压和缺氧的条件下，经过复杂的化学变化而逐渐形成石油。从地下开采出来的原油在厂里经过非常复杂的炼制工序，最终提炼出汽油、柴油和煤油等燃料。为改善汽油的抗爆性，人们在基础油中加入了一些添加剂。早期添加了四乙基铅的汽油称为有铅汽油，由于燃烧后污染较大，因此，自2000年起我国已规定在全国城市停止对有铅汽油的使用。添加了甲基叔丁醚或者叔丁醇的汽油，燃烧后不会形成含铅的有毒物质，故称为无铅汽油，现在我们采用的都是无铅汽油。

（2）汽油的性能指标。

汽油的性能指标用汽油蒸发性、抗爆性、氧化安定性及防腐性来衡量。其中最主要的是汽油的抗爆性和蒸发性。

①抗爆性。抗爆性是指汽油在发动机气缸内燃烧时抵抗爆燃的能力，常用辛烷值表示。辛烷值越高，汽油的牌号亦越高，其抗爆性能越好。

爆燃，是因为气缸内温度或压力过高，导致可燃混合气自燃的一种不正常的燃烧现象。爆燃不但会引起发动机过热、油耗过高，而且还会导致发动机内部机件损坏，产生异响，时间一长易引发严重机械故障。这时就必须使用高牌号汽油来保证不形成爆燃，牌号越高，形成爆燃的趋势越小。

发动机要产生动力，必须压缩发动机汽缸内的油气混合物，在做功冲程将混合物用电火花引爆，产生强大的膨胀气体，推动活塞及连杆做功输出动力。气体压缩愈强，爆发力愈大，发动机动力越澎湃。但压缩比越大，形成爆燃的可能性就越大。所谓爆燃，是指汽油发动机火花塞的电极中心形成电火花后，以电极为中心形成一个焰心，焰锋以一定方向和速率向整个燃烧室传播。远离焰心的油气混合物，如果在焰锋到达前开始形成爆炸性燃烧，形成强烈的振动与冲击性压力波，称为爆燃。

②蒸发性。汽油的蒸发性是指汽油由液态变为气态的难易程度。

汽油的蒸发性越好，就越易汽化，形成的油气混合物也越均匀。汽化良好的混合气燃烧速度快，发动机易起动，加速及时，油门响应快，同时可以减少发动机的机械磨损，降低油耗及汽车尾气有害物质的排放。但汽油蒸发性过高，在炎热气候和大气压较低的地区易发生汽油蒸气，形成气阻。一旦发生气阻，车辆易出现加油不畅、加速不起、易熄火等现象。

（3）汽油的选用安全。

在车辆的日常使用中，我们无法清楚汽油的蒸发性等汽油性能参数，也没必要花时间了解，但有一点我们很容易知道而且需要用心选用，那就是汽油的辛烷值，也就是汽油的牌号。

目前最常用的辛烷值测定方法有两种：马达法和研究法，两种方法测出辛烷值数值不一样。现在我国车用汽油的牌号采用研究法测定的数值，主要有90号、93号及97号，部分沿海城市有98号汽油供应。

发动机必须根据压缩比的不同选用不同牌号的汽油，这在每辆车的使用手册上都会标明，同时在油箱加油口的门上一般都有相应的油品要求。一般说来，压缩比越大的发动机应选用牌号越高的汽油。因为压缩比越大，油气混合物压缩愈强，爆发力愈大，发动机动力越澎湃，但压缩比大，形成爆燃的可能性就越大，所以我们应选用高牌号的汽油。若将低牌号的汽油加在高压缩比的发动机上，除了会产生爆震外，还会使发动机功率下降、油耗上升，发动机内部零件损坏,严重缩短发动机的正常寿命;同样,高牌号的汽油加在低压缩比发动机上,除用车成本会增加外,更会产生着火慢、燃烧时间长,而导致功率下降,此外还容易因燃烧气体温度过高而烧坏进排气门的座圈,导致气门关闭不严。

2. 柴油

柴油和汽油一样也是从石油中提炼制成。柴油是将石油加热到温度2600～3500℃时,从石油中提炼出来的碳氢化合物,柴油一般分为轻柴油、重柴油和军用柴油等,汽车均选用轻柴油。

柴油有五大品质要求:良好的蒸发和雾化性能;良好的低温流动性能;良好的燃烧性能;良好的安定性和抗腐蚀性及低磨损性。

(1)蒸发性和雾化性。为了保证高速柴油机的正常运转,轻柴油要有良好的蒸发性,以便与空气形成均匀的可燃混合气,柴油的蒸发性用馏程和闪点两个指标来评定。①馏程:柴油的馏程在200～365℃范围内。②闪点又叫闪火点,它是在规定条件下,加热油品所溢出的蒸汽组成的混合物与火焰接触瞬间闪火时的最低温度,以℃表示。柴油的闪点既是控制柴油蒸发性的项目,也是保证柴油安全性的项目。

(2)流动性。柴油的流动性主要是用粘度、凝点和冷滤点来表示。

①粘度是柴油重要的使用性能指标,在标准要求的粘度范围内,才能保证柴油对发动机燃油系统的良好润滑性,保证柴油有较好的雾化性能和供给量,从而保证柴油有较好的燃烧性能。

②凝点是指在规定条件下,柴油遇冷开始凝固而失去流动性的最高温度,是柴油储存、运输和收发作业的界限温度。

③冷滤点是指柴油在规定条件下不能通过滤网的最高温度。同种柴油,冷滤点高于凝点4～6℃。

(3)燃烧性。柴油的燃烧性也叫发火性,它表示柴油自燃的能力。评定柴油燃烧性能的指标是十六烷值。十六烷值是指和柴油燃烧性能相同的标准燃料中所含正十六烷的体积百分数。使用十六烷值高的柴油易于启动,燃烧均匀而且完全,发动机功率大,油耗低。

(4)安定性。柴油的安定性是指柴油在储运和使用过程中抵抗氧化的能力。评定轻柴油安定性的指标主要用总不溶物和10%蒸余物残炭表示,其值越大,说明柴油的安定性越差,越易氧化变质,颜色加深变黑,胶质增大,越容易在发动机生成积炭,对柴油的储存和使用有很大影响。

(5)腐蚀性。不论是轻柴油还是重柴油,都不能有大的腐蚀性,否则会腐蚀发动机,缩短使用寿命。柴油的腐蚀性用含硫量、酸度、铜片腐蚀三个指标控制。

(6)柴油的选用安全。轻柴油按凝点分为10号、5号、0号、-10号、-20号、-35号和-50号等七个牌号。选用柴油牌号必须以保证柴油冷滤点高于使用环境的最低气温为原则,根据不同地区、气温和季节,选用不同牌号的轻柴油。气温低,选用凝点较低的轻柴油;反之,则选用凝点较高的轻柴油。一般可按下列情况选用:

10号轻柴油适合于有预热设备的高速柴油机使用;

5号轻柴油适合于风险率为10%的最低气温在8℃以上的地区使用;

0号轻柴油适合于风险率为10%的最低气温在4℃的地区使用;

-10号轻柴油适合于风险率为10%的最低气温在-5℃以上的地区使用;

－20 号轻柴油适合于风险率为 10% 的最低气温在 －14℃ 以上的地区使用；

－35 号轻柴油适合于风险率为 10% 的最低气温在 －29℃ 以上的地区使用；

－50 号轻柴油适合于风险率为 10% 的最低气温在 －44℃ 以上的地区使用。

3. 发动机润滑油

（1）发动机润滑油的特点及使用。

汽车用润滑剂种类很多，有润滑机油、润滑脂、齿轮油、自动变速器油等，我们重点介绍发动机润滑油，又称机油。

发动机润滑油的主要作用是润滑，其次还有冷却、密封、清洗、减振、防锈等功能。发动机润滑油是由基础油和添加剂两部分组成。基础油是从石油中提炼的精选成分，具有最基本的黏度特征，但是单靠基础油并不能满足发动机机油诸多的性能要求，所以必须加入添加剂。

发动机润滑油的等级分类有粘度分类法和质量分类法两种。

①粘度分类法。

粘度等级分类法是美国汽车工程师协会（SAE）的机油等级标准。按其规定，润滑油可分为夏季用的高温型、冬季用的低温型和冬夏通用的全天候。具体含义如下：

高温型（如 SAE20 ~ SAE50）：其标明的数字表示 100℃ 时的粘度，数字越大粘度越高。说明机油在高温下的保护性能越好，但较高粘度的机油对运动部件的阻力也相对较高，耗费功率、增加油耗，而且机油容易氧化、影响冷起动。

低温型（如 SAE0W ~ SAE25W）：W 是 Winter（冬天）的缩写，表示仅用于冬天，数字越小粘度越低，低温流动性越好，代表可供使用的环境温度越低，在冷启动时对发动机的保护能力越好。

全天候型（如 SAE15W/40，10W/40，5W/50）：表示低温时的粘度等级分别符合 SAE15W，10W，5W 的要求、高温时的粘度等级分别符合 SAE40，50 的要求，属于冬夏通用型。

高温型和低温型机油也叫单级机油，全天候型机油叫多级机油。

市场中现有的单级机油的类型有 0W，5W，10W，15W，20W，25W，20，30，40，50 等几种类型；多级机油的类型有 5W－20，5W－30，5W－40，5W－50，10W－20，10W－30，10W－40，10W－50，15W－20，15W－30，15W－40，15W－50，20W－20，20W－30，20W－40，0W－50 等类型。

②质量分类法。

质量分类法是美国石油协会（API）的机油等级标准。根据该标准，润滑油分成汽油机用和柴油机用两大类，通过 API 测试认证的油品可以在机油瓶身标打上 API 的双环标志。

汽油机用润滑油的等级有 SA，SB，SC，SD，SE，SF，SG，SH，SJ，SL 等 10 种等级，字母排序越后，润滑油的品质越高。

SL 级别的油适用的车型：奔驰，宝马，保时捷，沃而沃等一流车型；

SJ 级别的油适用的车型：奥迪，福特，别克，帕萨特，本田，现代等中高档车型；

SG 级别的油适用的车型：捷达，长期在外奔驰的出租车等轿车；

SF 级别的油适用的车型：夏利，云雀，桑塔纳，富康，长安之星，奥托等车型。

柴油机用润滑油的等级有 CD，CE，CF，CF－4，CG－4，CH－4 等几种，字母排序越后，润滑油的品质越高。

发动机润滑油的选用主要有使用级的选择和粘度级的选择。

在选用发动机润滑油的时候，要严格按照汽车使用说明书所规定的机油使用级选用，若无相同级别的机油，可以使用高一级的机油，但绝不能用低级别的代替。一般而言，新型号的发动机对机油使用级别要求更高。

机油粘度级选择的主要依据是环境温度的高低。一般情况下，在4—9月全国大部分地区都可选用20~40号的各级夏季用机油，但实际上，目前我们在选用发动机用润滑油时大多采用多级机油。需要注意的是，在选用发动机润滑油的粘度级时还必须考虑发动机的负荷、转速和磨损情况。如果发动机负荷大、转速低或磨损严重时，应该选用粘度较大的机油，反之则应选用粘度较小的机油。

（2）齿轮油的特点及使用。

汽车齿轮油用于机械式变速器、驱动桥和转向器的齿轮、轴承等零件的润滑，起到润滑、冷却、防锈和缓冲的作用。由于汽车齿轮工作条件复杂，接触压力大，速度快，油温高，故对齿轮油的要求较高。其中双曲线齿轮传动的工作条件更苛刻，对相应齿轮油使用性能要求更高，使用中如果不能正确选用合适的齿轮油，就不能保证齿轮的正常润滑，容易导致齿轮的早期磨损和擦伤，甚至会造成大的车辆和人身事故。因此，汽车齿轮油的正确选用非常重要。

美国石油学会（API）将齿轮油分为 GL-1，GL-2，GL-3，GL-4，GL-5 等质量级别。级别中数值排列越靠后，级别越高，表示齿轮油越能满足更为苛刻的工作要求。选用齿轮油首先要看这个质量级别标志。

随着汽车发动机功率的提高和转速的增加，传动齿轮机构的工作强度也相应增加。齿轮的负荷重、滑动速度等数值越高，比其他齿轮对齿轮油的要求要高。因此，我们要选择的质量级别也较高。

选用齿轮油时光看质量级别还不够，还要看粘度级别。美国汽车工程师学会（SAE）将齿轮油划分为：90，140，75W/90，80W/90，85W/90，85W/140 等粘度级别。在选用齿轮油的时候，要根据当地的环境温度及车辆的实际使用情况来定，一般夏天选用的齿轮油的粘度稍高一些；冬季选用粘度稍低一些的齿轮油。另外，汽车齿轮油必须严格按车辆使用说明书的规定，正确选用齿轮油；齿轮油加注要适量。加注量不足，润滑不良，磨损增加；加注过多，增加动力损失和造成密封漏油。

汽车齿轮油在使用中性能逐渐劣化，对汽车齿轮油的更换通常采用定期更换。一般国产载货汽车行驶 24000 km、乘用车 30000~40000 km 更换一次齿轮油。南京依维柯行驶 60000~65000 km 需更换齿轮油。

第八节　汽车火灾的成因及预防

车辆火灾事故屡屡发生，每一起车辆火灾事故，轻则使车辆报废，重则造成伤亡，使国家财产和人民生命财产遭受了巨大损失。因此，研究发现汽车火灾成灾原因，制订切实可行的防范措施，最大限度减少人员伤亡，已成为当前汽车消防安全工作中迫切解决的问题。

一、汽车火灾常见的原因

（1）燃油系统故障引起的火灾。燃油系统的功能主要是将燃油与空气按一定比例混合供给发动机气缸燃烧后产生动力。汽车燃油系统故障引起火灾的原因主要有以下三种：一是供油系统容器破裂或输油管松动引起漏油，遇到静电、火花就会起火引起火灾；二是输送给发动机汽缸内的混合气体比例失调，使化油器回火引起火灾；三是气缸内汽油燃烧不充分引起火灾。

（2）电路系统故障引起的火灾。其主要原因有：一是内部电气线路短路引起火灾。电源线相接或相碰撞、电气线路接触电阻过大发热将绝缘层引燃起火引起火灾；二是线路接点接触不良，局部电阻过大发热使导线或接点受热熔化，引燃导线或周围的可燃物引起火灾；三是蓄电池内的电流倒回发电机，使发电机线圈产生高温引起火灾。

（3）夏季高温引起的汽车火灾。主要有以下两种原因：一是高温易使一些车辆的橡胶部件软化、储液密封容器内的压力加大，易造成汽车机油等液体泄漏，遇到静电、火花就会起火引起火灾；二是夏季汽车在阳光下暴晒时间过久，车内温度最高能够达到 50～70℃，这时车内的一次性打火机或装在压力容器里的喷雾剂等物件，都很可能因高温发生爆燃，从而引起汽车燃烧。

（4）违章用火引起火灾。驾驶员或乘客不注意安全，在车内吸烟时，吸烟者常在烟头或火柴未熄灭的情况下乱抛乱扔，若烟头接触易燃的坐椅、坐垫，或烟头直接掉落在可燃物或可燃装饰材料上常会发生火灾事故。

二、预防汽车火灾的发生措施

（1）预防汽车火灾的发生须消防宣传教育先行，增强汽车驾驶人员的消防安全意识。一是消防部门应开展形式多样的消防安全宣传教育，增强消防安全意识，使汽车驾驶人员充分认识到汽车火灾事故的危害性、严重性；二是组织驾驶人员进行消防安全专项培训，结合案例系统讲解车辆防火的基本常识，就如何预防火灾，发现排除火灾隐患，发生火灾后组织人员疏散和自救的方法进行培训，提高扑救能力；三是进行消防器材实际操作演练，使驾驶人员掌握灭火器使用常识，做到小火可自救，大火能控制。

（2）预防汽车火灾的发生须严把车辆质量关，整体上减少车辆自身的隐患。消防部门应联合质监部门对车辆质量安全、车辆的防火性能进行技术分析，对不符合要求的汽车生产商提出整改意见，改进车体设计，增强车体防火性能，制定有效的技术标准，从整体上减少车辆自身的隐患。一是车内用品应用新型耐火材质，对车上的座椅及内部装饰物品进行阻燃处理，增强其耐火性能；二是提高车内电气系统耐高温、抗老化性能，增强绝缘性。电线应选用阻燃电线，将易产生电火花的接头进行防爆处理；三是油路系统选用耐腐蚀、高强度的材质，尽量减少漏油、泄油事故。在油箱、输油管、发动机等汽油容易泄漏形成爆炸性混合气体部位的电气线路应考虑防爆问题；四是大型客车增设非常应急出口及各种车辆的特点设计制造合适的车载灭火器。

（3）驾驶员应养成良好的习惯，将问题消灭在萌芽状态。一是驾驶人员应坚持对车辆日常保养、定期保养和换季保养，确保车况良好。行车前做好安全检查，检查高、低压电路是否短路、漏电、松动等情况。检查化油器是否回火、油路是否漏油、排气管是否放炮，如有问题,应立即检修。要保持蓄电池通气孔畅通,务必将问题消灭在萌芽状态;二是车内易燃易爆物品要集中有序管理,注意打火机、灭蚊剂等易燃易爆品物品的摆放,应统一放入杂物篮中,切勿将易燃物品放在仪表盘上;三是汽车不可违章操作,汽车内部线路不要乱接,以免造成局部负荷过大,令线路发热;四是当车辆进行修理或更换零件时应尽量选择正规修理厂和正规零配件;五是在停车时,也要尽量避开太阳曝晒的地方。

(4)加强客运车辆监督管理,消除火灾隐患。一是公安、消防、交通三部门应定期对客运系统进行消防安全专项整治联合检查,切实加强营运车辆的管理,扎实做好消防安全工作;二是客运驾驶人员应做好乘客上车前的检查工作,严禁乘车人员携带易燃易爆化学危险物品上车,确保人、车的安全,注意统一管理旅客携带的行李物品。三是公交、客运、出租汽车车辆上应设醒目的禁止吸烟标志,禁止使用明火等标志。

第九节 汽车故障应急处理与检查

随着汽车工业的迅猛发展以及汽车消费的迅速普及,汽车终究会成为一种代步工具进入千家万户,就像冰箱、彩电一样成为我们生活的必需品。现在,会开车的人越来越多,可是要真正懂车可就难了。车辆行使在途中随时可能会出现各种各样的问题,驾车人在平时注意保养自己爱车的同时,也要掌握一些必要的故障识别处理能力,才能在问题出现的时候不至于手忙脚乱。下面介绍了一些汽车出行时一些问题的应急处理方法。

1. 熄火

病症:夏季行车首先检查燃油的油量,燃油保持油表指示 1/3 以上的位置,因燃油箱的燃油越少所产生的气阻也就越大,易产生熄火。

处方:避免长时间行驶,如长途可适当休息以降低燃油温度。注意观察水温,避免高温行驶,高温也会造成熄火。如在途中熄火不要慌乱,要注意安全,这时刹车及转向会没有助力但同样有效。

如在途中熄火可将车停放安全位置后打开燃油加注口及引擎盖约半小时可再次启动,但要注意听一下燃油泵是否有异常响声,如没有可正常行驶。

2. 自燃

病症:夏季汽车自燃事故发生的频率要远远高于其他季节。

处方:造成汽车自燃的原因多种多样。常见的有:车体内的电线因维修或加装车内配置等原因暴露在外,行驶中发生摩擦、破损而造成短路起火;因油路有问题而产生漏油等现象,一旦出现静电火花往往起火。所以,在夏季驾驶员更应该对汽车的电路和油路做进一步的检查(现在轿车的技术越来越复杂,建议新驾驶员在维修站里请专业的技术人员进行检查);随车一定要配备消防工具,以防万一。此外,不可加油过满。汽车油箱盖都有通气孔,如果汽油加得太满,行驶的颠簸会使汽油溢出,遇上静电就会引发火灾。

不要在车内放置打火机、可乐等易拉罐饮料,特别是仪表台上。强烈的太阳光穿过弯曲的风挡玻璃后,足以使液化气、汽油为燃料的打火机发生爆炸或自燃引发火灾,也可以使罐装饮料炸开。

3. 开锅

病症:"开锅"是炎热季节行车最常见的问题。对于驾驶者来讲,只要水温表显示偏高

（一般轿车水温表进入红色区域内为水温过高），车就最好不要再开了。

处方：夏季开车时应随时留意水温表，发现水温偏高，应立即停车降温。预防开锅，平时应经常检查散热系统，比如说发动机散热器的叶片上是否有积垢，保持风扇、散热器等部件的机件灵敏，这些是发动机升温的重要原因；每天出车前检查一下水箱冷却液是否足够，如果不足应及时加满（如果临时没有防冻液可加，可用水代替，但最好使用纯净水）。

4. 爆胎

病症：汽车在高温条件下行驶时，车辆运行轮胎散热慢，易使气压增高而引起爆胎，严重的将导致交通事故。

处方：夏季应经常注意轮胎气压，特别是在上高速公路行驶以前，更是要仔细检查。一般来讲，夏季轮胎的气压要低于正常胎压值10%左右。用胎压表可以测量到准确的胎压，最好去维修站测量。用户检查胎压最简单的方法就是学会目测车胎，通过观察轮胎接触地面的变形程度来判断轮胎的胎压是否正常。

夏日柏油路面容易软化，使车轮与路面摩擦系数降低，制动性能下降，行驶中要注意控制车速，采取措施谨防侧滑。

参考文献

［1］刘浩学.汽车使用安全技术.北京：人民交通出版社，2002

［2］回秀利，等.机动车驾驶员的健康与交通安全.北京：人民交通出版社，1993

［3］何宗华，等.高速公路安全行车基本知识.北京：中国铁道出版社，1999

［4］段里仁.交通管理与行车安全.武昌：武汉大学出版社，1986

［5］杜·舒尔茨.应用心理学.广州：广东高等教育出版社，1987

［6］方例洛，皮文轻.劳动心理学.北京：团结出版社，1988

［7］公安部交通管理局.全国道路交通事故统计资料汇编.北京：群众出版社，2006

［8］皇甫思，苗丹民.航空航天心理学.西安：陕西科学技术出版社，2000

［9］颜少明，郑丝英.立体视觉检查图.北京：人民卫生出版社，1985

［10］杨治良，等.基础实验心理学.兰州：甘肃人民出版社，1991

图书在版编目(CIP)数据

汽车使用安全技术/罗子华,李卫主编—长沙:中南大学出版社,
2012.12

ISBN 978 – 7 – 5487 – 0733 – 2

Ⅰ.汽… Ⅱ.①罗…②李… Ⅲ.汽车驾驶 – 安全技术
Ⅳ.U471.15

中国版本图书馆 CIP 数据核字(2012)第 301628 号

汽车使用安全技术

罗子华　李　卫　主　编

尤丽刚　刘宝杰　刘　滔　副主编

□责任编辑	谭　平	
□责任印制	易建国	
□出版发行	中南大学出版社	
	社址:长沙市麓山南路	邮编:410083
	发行科电话:0731 – 88876770	传真:0731 – 88710482
□印　　装	长沙德三印刷有限公司	

□开　　本	787×1092 1/16 　□印张 15.25 　□字数 366 千字
□版　　次	2013 年 1 月第 1 版 　□2018 年 9 月第 2 次印刷
□书　　号	**ISBN 978 – 7 – 5487 – 0733 – 2**
□定　　价	**37. 00 元**